继电保护事故
缺陷处理技术与实例

黄国平　主编

中国电力出版社
CHINA ELECTRIC POWER PRESS

内 容 提 要

本书收集了大量继电保护的典型故障案例，总结了许多继电保护事故、缺陷处理的经验。书中详细描述了事故缺陷的现象及过程，深刻分析了其产生的原因，并给出处理方法及防范措施。

全书共分五章，主要内容包括继电保护事故缺陷处理基本原则、继电保护事故处理、继电保护缺陷处理、继电保护安全技术、继电保护事故缺陷预防管理。

本书可作为现场继电保护工作者进行事故、缺陷处理的指导书，也可作为继电保护设计、管理、现场调试运行维护人员以及高等院校相关专业的参考书。

图书在版编目（CIP）数据

继电保护事故缺陷处理技术与实例/黄国平主编 .—北京：中国电力出版社，2012.12（2023.3 重印）
ISBN 978 - 7 - 5123 - 3784 - 8

Ⅰ.①继…　Ⅱ.①黄…　Ⅲ.①电力系统—继电保护—事故—处理　Ⅳ.①TM77

中国版本图书馆 CIP 数据核字（2012）第 286126 号

中国电力出版社出版、发行

（北京市东城区北京站西街 19 号　100005　http://www.cepp.sgcc.com.cn）
三河市航远印刷有限公司印刷
各地新华书店经售

*

2012 年 12 月第一版　　2023 年 3 月北京第六次印刷
710 毫米×980 毫米　16 开本　15.25 印张　264 千字
印数 4368—4867 册　定价 **76.00** 元

编 委 会

前　言

　　继电保护是保障电力系统安全运行的重要手段。尤其是超高压系统的继电保护事故及故障缺陷，如果不及时处理，往往使事故扩大，造成大面积停电、设备损坏等，使国民经济产生严重损失。继电保护事故或设备故障，不仅涉及继电保护的原理及元器件，同时还涉及运行系统及运行单位。因此，继电保护一旦误动或拒动则必须查清原因，找出问题根源所在，以便彻底解决问题。这对继电保护工作人员的技术、技能提出了更高的要求。为了适应电力生产安全经济运行，有效提高继电保护人员的素质、岗位能力和生产技能，电力企业大力开展继电保护职工岗位技能培训和职业技能鉴定。因此，编者结合继电保护在各类高压电气设备和输电线路中实际应用时出现的故障缺陷，编写成本书。

　　如何更快、更安全地排除继电保护在运行过程中出现的故障缺陷，是许多从事继电保护人员所面临的困境。编者结合多年继电保护日常维护、故障缺陷处理、故障缺陷排查的实践工作心得，撰写了本书，以便读者通过该书解决继电保护理论与现场实际保护维护工作所遇到的问题，领会继电保护在运行过程中出现故障缺陷的排查方法，从而提高对继电保护工作的兴趣，培养分析问题、解决问题的能力。

　　本书自始至终贯彻实用、通俗的原则，一切从继电保护的日常运行维护出发，将运行中出现的故障缺陷现象、故障缺陷的原因分析、故障缺陷的处理过程及采取的防范措施，进行了详细的阐述。根据知其然而必知其所以然的原则，采取措施防止同类故障缺陷的发生。

　　本书以现场人员亲身所见、亲身经历并处理过的问题为主，列举了大量继电保护日常运行中出现的故障缺陷实例，内容丰富，资料实用，是现场继电保护工作者进行事故缺陷处理的指导书，可作为继电保护设计人员、管理人员、现场调试运行维护人员以及高等院校相关专业师生的参考书。

本书在编写过程中得到了佛山供电局领导张卓、郑建平的大力支持和指导，在此深表感谢！

由于编写时间紧迫，编者水平有限，书中难免存在疏误之处，恳请广大读者批评指正。

编 者

2012 年 10 月于佛山

目　录

第一章

继电保护事故缺陷处理基本原则

继电保护是保障电力系统安全运行的重要手段。虽然继电保护管理工作更加规范、保护功能的配置更加完善、保护动作的行为更加可靠，但是，继电保护的故障依然存在。继电保护的故障类型不尽相同，加之辅助的故障录波、信号指示不一致、不正确、不清晰，给继电保护事故缺陷分析处理增加了难度。继电保护事故缺陷的原因是多方面的，有设计不合理、原理不成熟、制造工艺差、元器件老化、定值问题、调试问题和维护不良等。这就对继电保护工作人员的技术、技能提出了更高的要求。经常参与继电保护事故缺陷处理的工作人员，首先要明确现场事故缺陷的分类，根据各种故障信息寻找事故缺陷的根源，才能有针对性地消除事故缺陷并采取防范措施。

第一节　继电保护事故缺陷分类

继电保护事故缺陷主要包括设计不合理，保护性能问题，互感器及其二次回路特性问题，设备元器件，电源损坏及软件故障，误碰、误操作问题，定值问题，二次回路绝缘问题，接线错误等。

一、设计不合理

以某备用电源自动投入装置（简称备自投）跳闸回路设计存在的问题为例进行分析。

继电保护人员带断路器做进线备自投传动试验。试验备自投方式 1，1 号进线运行，2 号进线备用，继电保护人员使Ⅰ段母线失压，1 号进线断路器跳闸后，2 号进线断路器未合闸，跳闸灯亮，合闸灯不亮。

检查开入量状态时，发现 1 号进线断路器在合位，1 号进线 KKJ＝1，说明该信号已接入。查设计图纸，发现设计单位对 KKJ 信号含义理解不够，把备自投跳 1 号进线断路器的输出引至操作回路的手跳输入端。当备自投跳开 1

号进线断路器时，造成 KKJ＝0。程序认为 1 号进线断路器为人工分闸，使备自投放电，导致 2 号进线断路器无法合闸。

备自投动作跳 1 号进线的跳闸回路，应与 1 号进线的保护跳闸回路并联，而不能与 1 号进线的手动跳闸回路并联。备自投动作合 1 号进线，可与重合闸回路并联。1 号进线保护屏实际接线如图 1-1 所示。

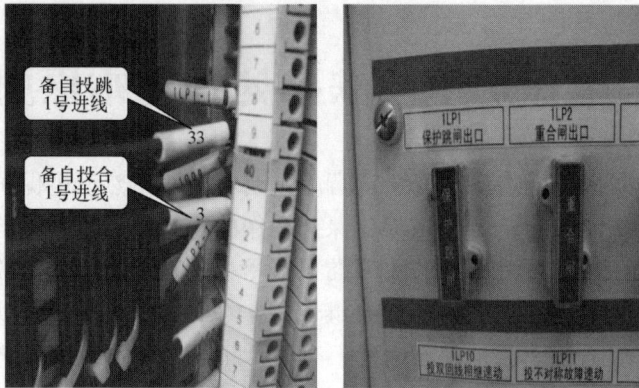

图 1-1　1 号进线保护屏实际接线图

二、保护性能问题

保护性能问题包括两方面内容：一是性能方面，即装置功能存在缺陷；二是特性方面，即装置特性存在缺陷。具体举例如下。

（1）变压器差动保护未躲过励磁涌流。某 220kV 变电站 3 号主变压器扩建，主变压器为高阻抗变压器。当变压器充电冲击时，产生很大的励磁涌流，保护装置差流达到动作值而出口跳闸。由于变压器高、中、低压侧绕组的排序原因，使励磁涌流较大，产生的零序电流也较大。通过厂家及继电保护专家组协商讨论后，提高变压器差动保护定值，从而躲过励磁涌流，保证了变压器内部故障时保护能可靠跳闸。

（2）某 110kV 线路保护装置，定检时距离保护的动作阻抗值与整定值相差较大，定检中发现方向过流保护装置的一些插件失去了方向性，变成纯过流保护，判断是由元件特性变化所致，且切除故障电流后出口触点不能自动返回。有些继电保护的动态特性偏离静态特性很远也会导致保护判断错误。

三、互感器及其二次回路特性问题

1. 电流互感器

电流互感器二次回路不能开路，其参数及绕组的选择均将影响保护的正确动作。

（1）电流互感器二次绕组接地是保证二次绕组及其所接回路上保护装置、测量仪表等设备和人员安全的重要措施。由于电流互感器一次绕组接入一次系统电压，该电压通过一次、二次绕组间的耦合电容引入到二次设备上，当人员与这些设备接触时，会造成触电危险，二次回路直接接地可以避免高电压引入。此外，接地点越接近电流互感器本体，二次绕组感应电压对一次绕组影响越小，因此，独立的、与其他电流互感器二次回路没有电的联系的电流互感器二次回路，宜在开关场实现一点接地。与其他互感器二次回路有电的联系的电流互感器二次回路，宜在保护屏实现一点接地。

（2）同一电流回路存在两个或多个接地点时，可能出现：①部分电流经大地分流；②因大地电位差的影响，回路中出现额外的电流；③加剧电流互感器的负载，导致互感器误差增大甚至饱和。上述情况可能造成保护误动或拒动，因此电流互感器的二次回路必须有且只有一点接地。

（3）二次绕组选择错误。例如，将电流互感器的测量绕组作为保护绕组，将使保护拒动，因为测量绕组饱和速度快，不能正确反映故障量的传递变送。

现以某 500kV 变电站 500kV 甲线电抗器保护误动作为例进行分析。

继电保护人员对 500kV 甲线开展年检，结束后恢复供电。当运行人员合上 500kV 甲线 5063 断路器对线路充电时，500kV 甲线电抗器第二套保护装置（零序比率差动、比率差动）动作跳闸，其他保护未动作。

事故发生后，继电保护人员对保护动作信息分析，检查 500kV 甲线电抗器第二套保护回路，发现 500kV 甲线电抗器第二套保护取用的中性点侧 A 相电流线散股，并与 N 相电流端子碰在一起，有细铜丝短路，引起中性点侧 A 相电流分流，造成 500kV 甲线电抗器第二套保护在 A、N 相产生差流，差流达到 500kV 甲线电抗器第二套保护定值，保护动作跳 5063 断路器。

2. 电压互感器

电压互感器二次回路不能短路。

（1）通过电压互感器二次侧向不带电的母线充电称为电压互感器二次回路反充电。如 220kV 电压互感器，变比为 2200，停电的一次母线未接地，其阻抗（包括母线电容及绝缘电阻）值较大，假定为 1MΩ，但从电压互感器二次侧看，阻抗只有 $1000000/2200^2 = 0.2（\Omega）$，阻抗值很小，近乎短路，故反充电电流较大（反充电电流大小主要取决于电缆电阻及两个电压互感器的漏抗），造成运行中电压互感器二次侧自动空气开关跳开或熔断器熔断，使运行中的保护装置失去电压，可能造成保护装置误动或拒动。

（2）电压互感器切换回路主要用于解决双母线接线形式下，保护不能自动选择母线电压的问题。此外，在传统设计中，也利用该回路实现失灵保护和母差失灵保护的出口跳闸功能。

（3）为正确选择母线电压，电压切换回路需解决的问题有：

1）如实反映一次隔离开关位置。

2）当电压切换回路失电时，仍能按失电前的工作状态为保护装置提供母线电压。

3）当电压切换回路失电时，应发出告警信号，提示运行人员处理。

4）为防止两组母线电压在二次侧异常时并列，当两条母线的电压切换继电器同时动作时，也应发出告警信号。

（4）在四统一设计中，电压切换回路采用母线隔离开关的动合辅助触点串接常规电压继电器的方式，当电压切换回路失电时（如回路接线松动或触点接触不良），保护装置失去母线电压，造成电压互感器断线甚至保护不正确动作。

（5）在随后的改进中，采用母线隔离开关的动合辅助触点串接双位置电压继电器励磁线圈，母线隔离开关的动断辅助触点串接双位置电压继电器返回线圈的方式。若切换回路失电，继电器不返回，对于告警信号，没有考虑母线隔离开关的动断辅助触点接触不良的情况。因此，切换继电器同时动作时仍采用母线隔离开关的动合辅助触点串接常规电压继电器的做法，即用两条母线的两个继电器的动合触点串接后作为切换继电器同时动作的报警信号。由于这两个继电器仅反映母线隔离开关的动合辅助触点的状态，没有自保持功能，所以当隔离开关的动断辅助触点接触不良时进行该间隔的倒闸操作，就会造成两条母线的双位置继电器同时动作，切换继电器同时动作告警但继电器不动作的情况。若此时两条母线一次电压不一致，就会进一步导致两组母线电压在二次侧并列异常，在电压切换回路形成很大的环流，进而烧毁电压继电器和操作箱。由于在传统设计中，也利用电压切换回路实现失灵启动母差失灵保护的出口跳闸功能。当电压切换继电器烧毁时，还可能导致误启动失灵保护和母差失灵保护误动的严重事故。

四、设备元器件、电源损坏及软件故障

（1）设备元器件损坏包括液晶显示面板损坏、CPU插件损坏、管理板损坏、通信插件损坏、交流采样插件损坏和开入、开出插件损坏等。

（2）电源损坏。在某些保护设备中，电源插件质量相对较差，容易出现损坏。

（3）软件故障主要是指装置死机及告警等软件故障。该类缺陷的消缺方法主要包括装置上电重启、软件升级、更改软件配置等。

五、误碰、误操作问题

由于工作措施执行不得力、对设备了解程度不够，操作人员存在违章行为，误碰、误操作不能彻底杜绝，产生严重后果，举例如下。

1. 某 220kV 变电站因母线保护定检人员误碰二次接线端子造成 1 号主变压器高压侧 2001 断路器跳闸

继电保护人员完成母线保护装置功能的检查试验工作，恢复二次回路接线。恢复顺序为：信号、录波正电源→母线电压线→电流回路线→母线保护出口跳闸线。已经恢复信号、录波、电流电压回路、母线保护跳 220kV 分段 2012 断路器二次接线以及母线保护跳 1 号主变压器高压侧 2001 断路器第二组控制回路正电源线（回路号 1B－143B：101Ⅱ，接入正电源接线端子 1CD2）。当工作人员恢复母线保护跳 1 号主变压器高压侧 2001 断路器第一组控制回路跳闸线（回路号 1B－143A：R133Ⅰ，接入接线端子 1CD4）时，由于 2001 断路器跳闸回路端子布置在屏顶，位置较高，紧固端子螺钉的螺丝刀用力方向出现偏差，造成正在接入端子 1CD4 的 1 号主变压器跳闸线 1B－143A：R133Ⅰ撞开已封在端子 1CD2 上的绝缘胶布而碰到端子 1CD2，使 1 号主变压器高压侧 2001 断路器第一组三相跳闸回路接通而跳闸，如图 1-2 所示。

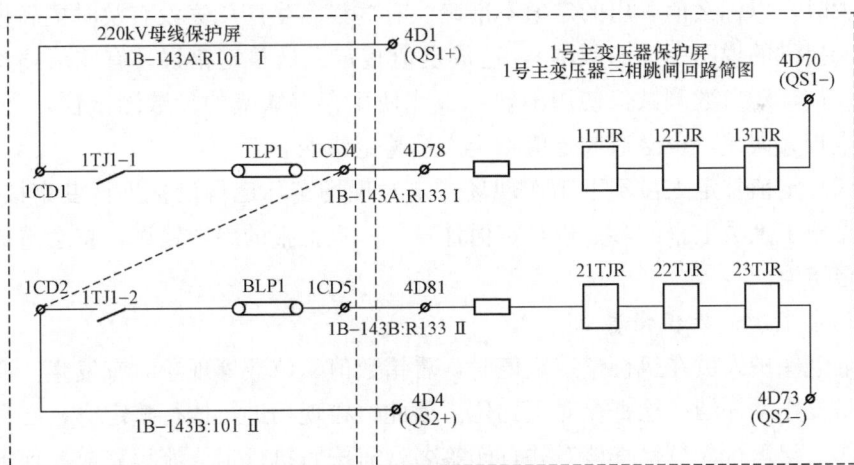

图 1-2　误碰二次接线端子造成 1 号主变压器 2001 断路器跳闸示意图

2. 某 110kV 变电站 110kV 甲线因误调试跳闸

继电保护人员执行第二种工作票 "110kV 变电站安全稳定控制装置定检" 的工作，在定检过程中，需要检查备用出口连接片（根据调度中心意见，日后需要在"安全稳定控制装置屏"上增加出口线路，检查是否有备用出口连接片）。因为设计时未将备用出口回路画出，而现场检查该备用连接片在屏内有配线，因此继电保护人员想通过试验的方法确定备用连接片是否可以出口。具体工作如下：

（1）按照原理先将定值中该连接片出口的控制字临时改为"允许出口"；

（2）检查连接片出口接线与装置背板出口触点是否正确连接。

（3）加模拟量使装置动作，以验证备用连接片出口跳闸逻辑情况是否正确。加入模拟量使装置动作时，测量备用连接片出口触点没有接通。继电保护人员计划通过测量其他类同的出口触点来比较判断备用连接片触点不通是装置本身问题还是回路问题，于是测量了已经有引出线的 110kV 甲线出口端子对。由于工作人员测量时没有意识到万用表还在电阻挡（应使用高阻电压挡，电阻挡不能测量带有电压的回路），而错误使用万用表电阻挡测量，造成 110kV 甲线跳闸。

六、定值问题

1. 整定计算错误

（1）由于电力系统的参数或元件参数的标幺值与实际值有出入，当两者差别较大时，以标幺值算出的定值不准确。有些设备生产厂家没有及时更新说明书（所提供的说明书为旧版本），造成定值整定人员整定错误。有些线路参数测试人员，对参数测试仪使用不熟练（或使用存有缺陷的参数测试仪），使参数产生较大误差，也会造成定值整定人员整定错误。

（2）定值整定人员不下工作现场，未对现场实际运行设备进行勘察核对，只根据施工人员上报的参数进行定值计算，一旦上报的参数错误，将会造成定值整定错误。

2. 执行整定定值错误

继电保护人员在执行整定定值时，看错数值、位数等现象时有发生，原因主要是工作不仔细、检查核对不到位。因此，在现场进行执行整定时，必须认真操作，与运行人员检查核对并打印签名（需按照执行定值流程完成，保证定值准确），才能避免整定错误。另外，在设备送电前再次进行装置定值的核对，也是防止误整定的有效措施。

3. 定值零漂的影响

引起定值零漂的原因主要有温度的影响（设备运行在高温环境下将使电子元器件的特性产生很大影响）、电源的影响（工作电源的变化将影响到给定电位的变化，所以要选择性能稳定的电源插件，以保证装置的特性稳定）、元器件老化的影响（元器件使用时间过长）、元器件损坏的影响（如 CPU 插件、交流插件、出口信号插件等损坏，将严重影响保护装置的正确运行）。

所以在运行过程中要加强保护装置对采样的监视。定检时，要对装置的采样进行校对，严密监视其在所规定的范围之内。

现以某 110kV 变电站 3 号主变压器高压侧后备保护零序过压试验为例进行具体分析。

某 110kV 变电站 3 号主变压器高压侧后备保护整定要求为：间隙零序过流保护退出（控制字为 0），投入零序过压保护（控制字为 1），但调度中心下发 3 号主变压器高压侧后备保护的整定定值单控制字二的整定为 FC00，这样在做零序过压试验时，零序过压保护启动但不动作。根据零序过压保护逻辑图，当间隙零序过流保护退出时（控制字为 0 时），间隙并联也应退出，所以 3 号主变压器高压侧后备保护控制字二应整定为 EC00，才能使零序过压保护正确动作。

七、二次回路绝缘问题

由于发电厂、变电站设备运行环境较差，容易引起二次回路绝缘损坏。运行中因二次回路绝缘损坏而造成的事故缺陷较多，举例如下。

1. 跳闸回路 33 接线端子与正电源接线端子未经空端子隔开引起断路器跳闸

某 220kV 变电站 110kV 甲线端子箱处，"33" 接线端子与正电源接线端子未经空端子隔开，因天气潮湿，两端子之间的绝缘下降，绝缘阻值仅为 0.8Ω，使正电源与 33 端子接通而跳闸。DL/5136—2001《火力发电厂、变电所二次接线设计技术规程》9.4.7 条规定："正负电源之间以及经常带电的正电源与合闸或跳闸回路之间的端子排，宜以一个空端子隔开，以免造成误跳闸。"

2. 隔离开关自动合闸

某 110kV 变电站 110kV 乙线为冷备用状态，当时天下着大雨，110kV 乙线隔离开关机构箱的门密封不好，雨水沿着门边缝渗入隔离开关机构箱内。雨过天晴，机构箱内的雨水蒸发成水蒸气凝聚在隔离开关合闸按钮底部，使隔离开关合闸按钮绝缘降低接通，造成隔离开关自动合闸。为避免同类故障发生，运行部门规定在间隔停电检修时，必须断开隔离开关电机电源的三相（～380V）自动空气开关，确保人身安全。

八、接线错误

新建的发电厂、变电站或技改项目中,接线错误的现象比较普遍,因此留下的隐患可能造成事故,举例如下。

1. 接线错误导致保护误动

某 110kV 变电站,由于受雷击而造成 1 号主变压器低压侧 501 断路器损坏,更换工作结束后的验收启动工作没有制订启动方案,对验收工作仅采取口头汇报方式。且由于连夜抢修和匆忙送电,变压器运行 3h 后,1 号主变压器差动保护动作跳两侧断路器,10kV Ⅰ 段母线失压。

经检查发现:1 号主变压器低压侧 501 断路器柜内电流互感器差动保护用二次绕组极性接反,把 A481、B481、C481 接到 1K2,把 N481 接到 1K1(正确接法应为 A481、B481、C481 接到 1K1,把 N481 接到 1K2),造成 1 号主变压器差动保护出口跳闸。由于工作人员没有认真核对低压侧 501 断路器柜的电流互感器接线,且主变压器带负荷测试时,负荷较轻,受技术水平限制,现场测试人员未能判断出差动回路电流互感器极性接反,从而造成事故的发生。

2. 接线错误导致保护拒动

某 220kV 变电站在技改时,施工人员将电流互感器 N421 错误接在保护装置 1D7 端子,造成所有与零序相关的保护均不能动作(即拒动),如图 1-3 (a)所示。虽然保护中零序方向、零序过流元件均采用自产的零序电流计算,但是零序启动元件仍由外部的输入零序电流计算,因此如果零序电流的 N421 线接错或不接,将造成所有与零序相关的保护拒动。正确接线如图 1-3 (b)所示。

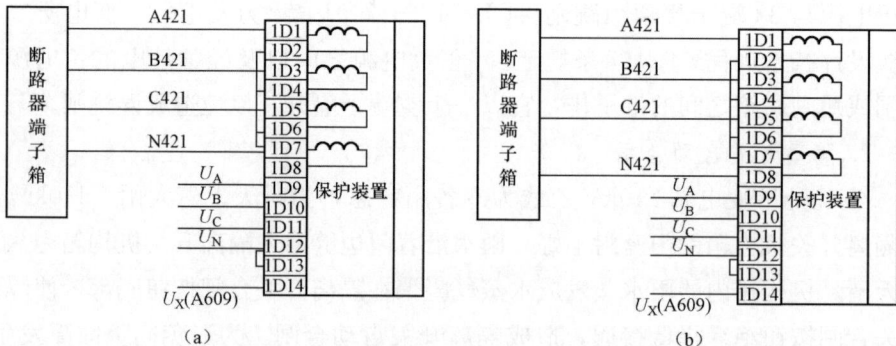

图 1-3 保护装置交流回路接线图

(a)错误接线;(b)正确接线

第二节　继电保护事故缺陷处理思路

在现场实际工作中，应根据事故缺陷类型采取不同的措施，确定事故缺陷的处理方法。另一方面，根据继电保护事故缺陷现象，可以进一步确定事故缺陷的种类，从而得到解决问题的思路。

一、正确利用故障时的各种信息

到现场后，首先查看各种故障信息，借鉴以往的经验，对简单故障可以即时判断排除；对于复杂故障，仅凭经验不能解决问题，应根据故障现象，逐步进行工作。

1. 根据信号判明故障点

对现场的光字牌、微机保护事件记录、故障录波波形、装置的灯光信号、继电保护掉牌信号进行认真分析，去伪存真，作出正确的判断，是解决问题的关键。

一旦判断故障点是由二次回路问题引起的，应尽量保持原状、做好记录，待做出必要的分析并制订事故缺陷处理计划后再开展工作。同时，要做好安全措施，以免发生危害设备及人身安全的事故。

2. 根据一次设备的运行情况判明故障点

利用现场的信号判断一次设备是否发生故障，是电气故障缺陷分析的基本思路。在无法分清是一次设备故障还是二次设备误动作的情况下，最有效的办法是同时对一次、二次设备开展排查工作。对一次设备的观察及检测工作，可以在较短的时间内给继电保护人员提供有价值的参考信息。

在一次设备发生故障后，若继电保护能够正确动作，则不存在"继电保护故障缺陷的处理"；本书主要讨论一次设备未发生故障而继电保护动作，和一次、二次设备同时存在故障的情况。

3. 人为事故的防止

如果按照现场的信号指示没有找到故障原因，或者断路器跳闸后没有信号指示，在这种情况下的工作缺陷处理比较困难，必须先清楚是人为事故还是设备故障。一旦发生人为事故，必须如实反映，以便采取措施防止此类事故再次发生。

二、运用逆序检查法

逆序检查法是从事故的结果一级一级地往前查找，直到找出原因为止。例如电容器的电压、电流保护功能逻辑（正逻辑）如图1-4所示。

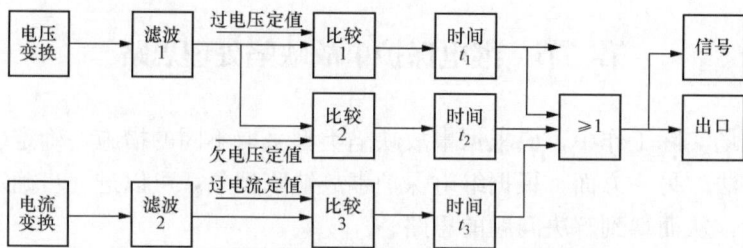
图 1-4 电容器电流、电压保护逻辑图

假设输入电压电流元件没有动作而出口元件有动作信号输出，可按下列顺序检查。

1）第一路：或门→t_1→比较1→滤波1。

2）第二路：或门→t_2→比较2→滤波1。

3）第三路：或门→t_3→比较3→滤波2。

若查到t_1有高电平输出，t_2、t_3均为低电平，则问题出在第一路；若t_1输入为正常低电平，则表明t_1元件损坏，依此类推。逐级逆序检查法常用在保护出现误动时。

三、运用顺序检查法

全面的顺序检查法常用于继电保护出现拒动或者逻辑错误的事故缺陷处理。根据现场的检修规程，按外部检查、绝缘检查、定值及逻辑校验、反措执行情况检查、采样检查、输入输出触点检查等顺序检查。这种检查法与检验调试相类似，目的是运用检验调试的方法寻找故障缺陷的根源，但事故缺陷的处理与检验调试又不同，前者的任务是寻找故障缺陷点，后者是检验装置性能指标是否合格，然后将不合格的指标调整到合格的范围内，指标不合格不一定会导致故障的发生。

1. 外观检查

主要检查保护元件有无机械损伤、烧坏、脱焊、螺钉松动等问题，特别是电流互感器回路的螺钉及连接片不允许松动。外观检查内容见表1-1。

表1-1   外 观 检 查 内 容

序号	检 查 内 容
1	保护插件、插头接触情况
2	保护元件的完好性、颜色，焊接是否正常
3	印刷电路板的腐蚀情况

序号	检 查 内 容
4	插件固定支架的螺钉、电流端子的螺钉是否拧紧，相互之间是否有接触及过热现象，带电部分与边框金属件的距离是否满足要求
5	插件板上各元件及导线的高度不超过框架的高度
6	各端子排连接紧固，接线正确
7	所有接线无压伤现象
8	跳闸、合闸及电流连接片等是否可靠正确连接
9	操作开关、操作按钮是否正常

2. 绝缘检查

绝缘检查时，所有回路均应在断开电源的情况下进行，绝缘检查内容见表1-2。

表 1-2　　　　　　　　　　绝 缘 检 查 内 容

序号	检 查 内 容
1	TA回路绝缘检查，使用1000V绝缘电阻表，回路对地阻值大于1MΩ
2	交流电压回路绝缘，使用1000V绝缘电阻表，回路对地阻值大于1MΩ
3	交、直流之间绝缘检查，使用1000V绝缘电阻表，阻值大于1MΩ
4	信号回路绝缘检查，使用1000V绝缘电阻表，回路对地阻值大于1MΩ
5	弱电回路绝缘检查，使用500V绝缘电阻表，回路对地阻值大于1MΩ

3. 反措执行情况检查

反措执行情况检查内容见表1-3。

表 1-3　　　　　　　　　　反措执行情况检查内容

序号	检 查 内 容
1	对该间隔的二次设备的反措情况
2	保护直流供电电源
3	电流互感器接地点
4	电压互感器接地点
5	电压互感器中性点避雷器或放电间隙检查
6	电压互感器回路断点
7	其他反措

4. 断路器本体信号回路检查

断路器本体信号回路检查内容见表1-4。

表1-4　　　　　　　　　断路器本体信号回路检查内容

序号	检查内容
1	断路器（隔离开关）、SF_6（气室）压力低告警回路检验
2	断路器 SF_6 压力低闭锁操作回路检验
3	油压、气压低闭锁操作（启动电机、闭锁重合闸、闭锁分合闸）回路检验
4	断路器弹簧压力低告警及闭锁操作检验
5	油（气）泵过载回路检验
6	油（气）泵运转超时回路检验
7	控制回路断线信号检验
8	三相不一致回路检验
9	断路器防跳功能回路检验
10	就地操作回路检验
11	交、直流电源消失信号检验

5. 交流回路校验

进入"保护状态"菜单中"DSP 采样值"子菜单，在保护屏端子上分别加入额定电压、电流量，在液晶显示屏上显示的采样值应与实际加入量相符，其误差应小于±5%。

6. 输入、输出触点检查

进入"保护状态"菜单中"开入状态"子菜单，在保护屏上分别进行各触点的模拟导通，在液晶显示屏上显示的开入量状态应相应改变。

7. 通道检查（线路保护）

（1）步骤1：保护通道尾纤自环，或与另一台同型号装置尾纤互环。

（2）步骤2：置保护控制字"专用光纤"＝1。

（3）步骤3：进菜单"保护状态"→"通道状态"中，"不完整报文"、"CRC 出错"应不增加，"完整报文数"累加，面板"通道异常"指示灯不亮。

当现场调试时，将两侧装置的光端机（CPU 插件内）经专用光纤或 PCM 机光纤复用接口装置相连，根据实际情况设置保护定值控制字"专用光纤"为 1 或 0。若通道正常，两侧装置的"通道异常"指示灯均不亮，且"通道状态"中"不完整报文"、"CRC 出错"不增加，"完整报文数"累加。

8. 定值及逻辑校验

测试保护定值与定值单是否相符，若发现问题，应分清是计算错误还是整定错误，并予以纠正。按照定值进行保护装置逻辑的校验，检查逻辑关系是否正确。

9. 传动试验

对于配置的保护、自动装置及重合闸等，应相互配合作联合试验，检查跳、合闸出口继电器的跳合闸能力，以及相互配合的逻辑关系的正确性。

以上的检查内容应根据不同的故障情况和特点选用。

四、运用整组试验法

整组试验法用于检查继电保护装置的逻辑功能是否正常、动作时间是否正确，它在较短时间内再现故障，并判明故障根源。在进行整组试验时输入模拟量、开关量使保护装置动作，如果动作关系异常，结合上述逆序检查法查找损坏的元器件。

以上事故缺陷处理方法，关键在于灵活运用。如果继电保护人员了解系统状况、掌握保护原理、熟悉二次接线，则保护的事故缺陷处理工作就较容易了。

五、注意事项

在现场的检查过程中，如果检测的数据与标准值相差较远，应仔细检查试验接线、试验电源、电流电压的极性、试验仪器、试验方法等是否存在问题。确认这些方面正确无误后，再考虑被试元器件的问题。

1. 对试验电源的要求

在进行保护检验时，要求单独的供电电源作为试验电源。若条件不允许，则应核实所用电源能否满足三相为正序、对称的电压，其波形是否为正弦波、中性线连接是否可靠、容量是否足够等。

2. 对仪器、仪表的要求

选用经过鉴定的综合试验仪器以简化接线，万用表、电压表、示波器必须选用具有高输入阻抗的，移相器、三相调压器应注意其性能稳定及对称性。

第三节　继电保护事故缺陷处理途径

了解继电保护故障缺陷的基本类型，掌握继电保护事故缺陷处理的基本思路和必要的理论知识，运用正确的工作方法，同时要求工作人员思路清晰、动作迅速地排除故障，才能在消缺时不扩大故障范围，保证电网安全运行。

一、掌握必要的理论知识

继电保护工作人员在进行事故缺陷处理时，应理论与实践、调查研究与逻辑思维相结合，为提高事故缺陷处理水平，应具备以下三点。

1. 学好电子技术知识

电网的迅速发展使微机保护应用越来越广泛，而微机保护由电子元件构成，所以继电保护工作人员应学好电子技术知识，作为工作时的理论支持。

2. 掌握继电保护原理

为了分析事故缺陷的原因，迅速确定故障部位，找出并消除故障，继电保护人员必须掌握继电保护原理与性能，熟记保护原理逻辑图，熟悉电路原理图、原理展开图及各个装置之间的电路联系图。

3. 备全相关的技术资料

在现场进行故障缺陷查找时，不能完全凭经验进行，还需要具体的资料、数据支持，否则容易出错。在初步确定故障点后，查询各种技术资料，包括规程、产品说明书、调试大纲、调试记录、定值通知单、定检报告、电路方框图、原理图、展开图、安装图、检修及消缺记录等。这些资料应由专人负责管理，确保齐全、真实，应加强资料管理的标准化、正规化，促进信息共享，提高积累意识。

二、运用正确的查找方法

在进行事故缺陷处理时，必须防止经验主义、纸上谈兵、盲目动手的错误做法，否则不但不能迅速排除故障，反而容易使故障扩大或复杂化。因此，对继电保护及自动装置进行事故缺陷处理，应遵循一定的规则。

现场可根据具体情况选用顺序检查法、逆序检查法及整组试验法。有时经过简单的检查，就能发现故障部位。如果故障比较隐蔽，应采用逐级逆向排查的方法，即从故障现象的暴露点分析故障原因，由故障原因判断故障范围，在故障范围内确定故障的元器件并加以排除。如果仍不能确定故障原因，就要采用顺序检查法，对装置进行全面检查，并进行认真分析。

三、掌握事故缺陷处理的技巧

现场事故缺陷的处理时应掌握技能技巧，才能迅速正确查找、判断、消除故障缺陷，具体总结如下。

1. 万用表测量电阻法

用万用表测量电路电阻和元件阻值确定故障部位及故障元件，如断路器无法跳、合闸时，可用万用表测量跳、合闸线圈的电阻值，进行比较后确定跳、合闸线圈是否损坏。

2. 采用电流测量判断法

用钳形电流表测量电路回路的电流确定故障部位及故障元件，如交流电流采样不正常，怀疑电流互感器故障或电流回路有开路或两点及多点接地，可利用钳形电流表逐级测量交流电流回路的电流值，以确定故障点的位置及故障元件。

3. 万用表测量电压法

对所有可能发生故障的电路回路的各参考点进行电压测量，如控制回路断线故障，可用万用表测量控制回路各点对参考点的电压。当断路器在合闸位置时，测量"37"对负电源的电压，如果电压为 220V 或 110V（直流系统分为 220、110V 等系统），说明"37"至负电源之间有元件损坏或触点不通，再测量"37"至负电源之间各元件或触点对负电源的电压，直到找出故障点及故障元件。当断路器在分闸位置时，测量"7"对负电源的电压，方法同上。

4. 采用替代法、对比法

替代法是用规格相同、性能良好的插件或元件替代保护或自动装置上不方便测量的插件或元件。对比法是将故障装置的各种参数与正常装置的参数或以前的检验报告进行比较，差别较大的部位就是故障点。

四、掌握事故缺陷处理的特点

1. 分离元件事故缺陷处理的特点

分离元件与微机保护相比，最明显的特点是直观，元件参数及原理电路都能一目了然，工作原理也较容易理解。由分离元件构成的保护装置中各元件的工作特性、工作状况都可以用试验方法检查，因此分离元件的保护出现故障后，现场的工作人员能够直接找出故障器件并进行更换，使问题得以解决。

2. 微机保护事故缺陷处理的特点

微机保护的原理与分离元件构成的保护原理是一致的，只是微机保护把测量、判断和输出等环节集中在插件中，利用软件程序工作。其硬件分为人机接口和保护两部分，相应的软件也分为接口软件和保护软件。

微机保护在现场的事故缺陷处理比较简单，运行单位可以更换插件或更换芯片。例如：

（1）显示功能不正常，更换液晶显示面板。

（2）输入信号数值不正确，检查测量通道元件是否损坏，确认损坏后更换插件。

（3）输出信号不正确，检查测量输出插件相关元件，确认损坏后更换插件。

第二章

继电保护事故处理

一、两组跳闸回路并接形成寄生回路引起的误动跳闸

（一）现象描述

某变电站运行人员进行保护屏端子排灰尘清扫的工作，当清扫 220kV 某甲线时，线路断路器三相跳闸，保护装置跳 A、跳 B、跳 C 灯亮，重合闸不成功，第一组跳闸线圈失电后又转为控制回路断线。运行人员及时向调度汇报并通知继电保护人员。

（二）分析处理

继电保护人员查看保护装置故障报告及故障录波记录，显示一切正常，未发生故障。进行现场检查，用万用表测量控制回路对地电位，发现带正电，从而判断负电源未通，检查 QF 辅助触点及跳闸线圈正常，最后发现 KM1 负电源松脱，紧固后，控制回路断线信号消失。冷备用状态下，重新合上断路器，一切正常，用试验仪加故障量到保护装置，保护装置跳闸正确，从而排除保护装置有问题。重新合上断路器，一切正常后，把 KM1 负电源拧松，断路器即时三相跳闸。

查找有关图纸，发现保护装置只有一组跳闸出口触点，为使双跳闸线圈均能接受跳闸命令，将保护装置同一组跳闸出口触点并接在第一组、第二组跳闸回路上，如图 2-1 所示，跳闸出口 CKJ 触点①、②短接在一起，③、④短接在一起，形成寄生回路。当正常运行时，由于操作回路直流电压没有突变，断路器不跳闸；当运行人员清扫灰尘不小心碰松 KM1 负电源时，操作回路直流电压产生突变，并产生突变电流，突变电流的方向如图 2-1 箭头所示，在继电保护装置未动作的情况下，造成断路器三相跳闸。

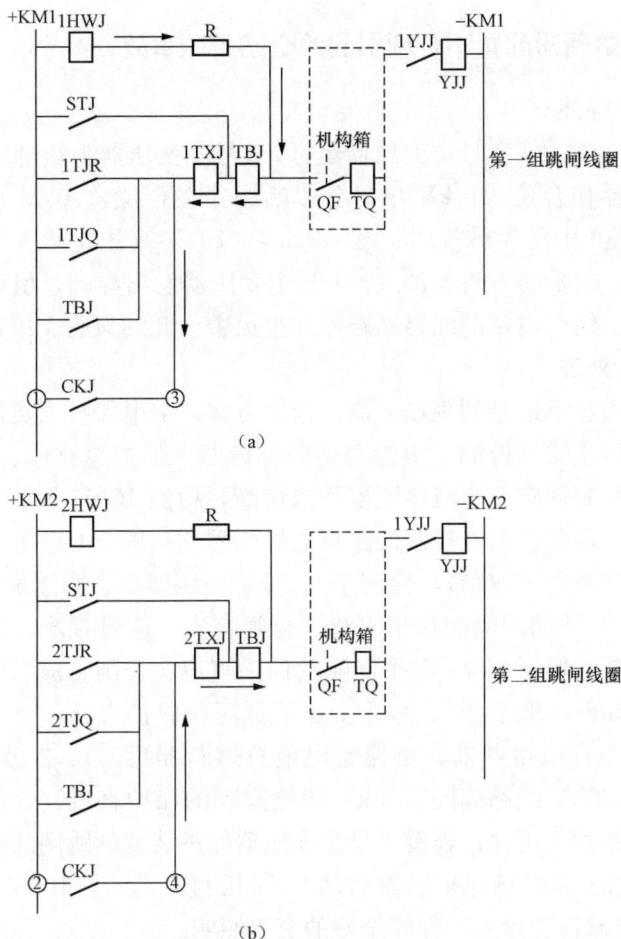

图 2-1 并接第一组、第二组跳闸回路形成的直流寄生回路示意图

（a）第一组跳闸线圈；（b）第二组跳闸线圈

（三）防范措施

根据反措要求，双重化配置的两套保护装置与断路器的两组跳闸线圈一一对应，如主Ⅰ保护对应第一组跳闸线圈，主Ⅱ保护对应第二组跳闸线圈，主Ⅰ保护和第一组跳闸线圈应取自同一组直流电源，主Ⅱ保护和第二组跳闸线圈应取自另一组直流电源。当继电保护人员解开跳闸出口 CKJ 触点①、②及③、④的短接线，便取消主Ⅰ保护与第二组跳闸线圈的接线，并在主Ⅰ保护屏退开第二组跳闸出口连接片；同理，取消主Ⅱ保护与第一组跳闸线圈的接线，并在主Ⅱ保护屏退开第一组跳闸出口连接片。

二、直流熔断器配置不合理引起的全站失压事故

（一）现象描述

某 110kV 变电站，1 号主变压器运行，2 号主变压器为热备用状态，35kV 单母分段断路器在合位，10kV 单母分段断路器在合位，10kV 站用变压器运行，35kV 站用变压器为热备用状态。22 时，10kV 高压室火光冲天，全站的交流照明失压，保护装置直流消失，1 号主变压器发出异响，值班员即时通知调度要求切开上级变电站的线路断路器并报火警（此站只有 1 组蓄电池）。

（二）分析处理

相关工作人员迅速赶到现场，制订抢修方案。继电保护人员用万用表测量蓄电池组的电压正常，检测蓄电池总熔断器熔断，保护总直流、合闸总直流、信号总直流、控制回路总直流熔断器均未熔断，检测 10kV 各个间隔的保护直流、合闸直流、信号直流、控制回路直流熔断器均熔断（1 号主变压器低压侧合闸直流电源熔断器未熔断），检测 1、2 号主变压器高、中压侧间隔、110kV 线路间隔、35kV 线路间隔的保护直流、合闸直流、信号直流、控制回路直流熔断器均未熔断；取下 10kV 各个间隔的保护直流、合闸直流、信号直流、控制回路直流熔断器，取下 1、2 号主变压器低压侧保护直流、合闸直流、信号直流、控制回路直流熔断器；更换蓄电池总熔断器后，1、2 号主变压器高、中压侧间隔、110kV 线路间隔、35kV 线路间隔的保护直流、合闸直流、信号直流、控制回路直流正常；查看 1 号主变压器保护装置的跳闸故障记录，发现 1 号主变压器低压侧后备保护装置启动 0.1s 后直流消失，10kV 高压室着火，35kV 站用变压器自动投入，保障全站的交流照明。

经过继电保护人员现场勘察分析，1 号主变压器低压侧合闸直流电源熔断器额定电流比合闸总直流熔断器额定电流小一个级差，而合闸总直流熔断器额定电流又比蓄电池总熔断器额定电流小一个级差；当 1 号主变压器低压侧 501 开关柜 5010 隔离开关与 1 号主变压器低压侧电缆连接处发生短路（现场有只烧焦的老鼠），1 号主变压器低压侧后备保护装置应启动并延时 0.5s 跳开低压侧 501 断路器，但由于 1 号主变压器低压侧 501 断路器的合闸直流电源小母线经过 5010 隔离开关附近，当短路电流很大并抢弧燃烧，瞬间烧毁了合闸直流电源小母线，引起蓄电池总熔断器熔断，使 1 号主变压器低压侧后备保护装置启动 0.1s 后直流消失而未跳闸切除故障。

虽然蓄电池总熔断器熔断，但如果此时 35kV 站用变压器自动投入，直流充电机仍能运行，从而保证全站的直流供电，但是 35kV 站用变压器自投装置

需要直流供电 2s 后才能启动自投出口，0.1s 后直流电源消失影响了交流 380V 备自投的启动，因此全站的交流照明失压，也使直流充电机不能保持运行以提供直流电。

（三）防范措施

直流总输出回路、直流分路均装设熔断器时，熔断器应分级、逐级配合。直流总输出回路装设熔断器，直流分路装设自动空气开关时，必须确保熔断器与自动空气开关有选择性的配合。直流总输出回路、直流分路均装设自动空气开关时，必须确保上、下级自动空气开关有选择性地配合。直流回路应选择直流特性的自动空气开关，不同特性的自动空气开关其过电流保护特性不同，以过电流情况与自动空气开关动作时间的关系曲线来描述。当直流自动空气开关与熔断器配合时，应考虑动作特性的不同，对级差做适当调整。直流自动空气开关下一级不宜接熔断器。上、下级均为熔断器的，按照 2 倍及以上额定电流选择级差配合。上、下级均为直流自动空气开关的，按照 4 级及以上选择级差配合。上级为熔断器，下级为直流自动空气开关的，按照 2 倍及以上额定电流选择级差配合。变电站内设置直流保护电器的级数不宜超过 4 级。

全面检查各变电站的直流熔断器及自动空气开关的配置情况，对不符合要求配置的，按照反措要求进行整改并填写检查情况表，向主管部门反馈。

为防止直流自动空气开关（直流熔断器）不正常动作（熔断）或失灵而扩大事故，应对已投运的熔断器和自动空气开关进行定期检查，严禁质量不合格的熔断器和自动空气开关投入运行。

三、蓄电池组维护不当引起的全站失压事故

（一）现象描述

某 110kV 变电站，110kV 乙线运行，110kV 甲线热备用，110kV 丙线检修状态，110kV 线路备自投正常充电。3 时，110kV 乙线受雷击跳闸，110kV 线路备自投不成功，造成全站失压，保护装置直流消失（此站只有 1 组蓄电池）。

（二）分析处理

继电保护人员用万用表测量蓄电池组的总电压为 12V，大部分蓄电池胀肚、变形，确定蓄电池组损坏。做好隔离措施，安装好备用蓄电池组并投入运行，恢复保护装置的直流供电。查看 110kV 乙线保护装置记录及 110kV 线路备自投装置记录，并打印故障录波，110kV 乙线保护装置及 110kV 线路备自投装置均启动，但均未动作，在 0.2s 后失去记录。110kV 乙线由上级 220kV

某站零序三段动作跳闸。

故障发生前一个星期，蓄电池组进行过充、放电核容校检，放电不到 2h，此蓄电池组的 3、7、11、23、34、36、44、49 号蓄电池电压降低到 5.4V（标称为 6V），立即停止放电并进行均充，做好记录并向主管部门汇报情况，由于没有备用电池可以更换，蓄电池组带着缺陷继续运行，雷击产生的冲击波对蓄电池组产生冲击，使蓄电池组瞬间损坏，致使直流系统在 0.2s 后瘫痪，而备自投需要 2.8s 才出口动作，导致全站失压。

（三）防范措施

加强蓄电池组的巡视与校验，每年进行 1 次充、放电检验，每月进行 1 次蓄电池内阻、电压测量，结合每月测量的数据进行比较分析。对极柱锈蚀现象要加强巡视，进行锈蚀处理，密切注意同组其他电池是否有锈蚀发展趋势。购买备用蓄电池，更换不合格的蓄电池后进行充、放电试验，加强维护。

四、220kV 断路器跳闸线圈相别接错拒动，引起主变压器差动保护误动

（一）现象描述

某 220kV 变电站，220kV 乙线发生 C 相接地故障，保护动作跳 C 相断路器并发出重合闸命令，重合闸使用单重方式，重合不成功而三相跳闸。220kV 乙线保护及重合闸动作信号表示正确；同时 220kV 某站 1 号主变压器差动保护动作跳三侧断路器。

（二）分析处理

继电保护人员查看 220kV 乙线保护装置及 1 号主变压器保护装置故障记录，打印故障报告及故障录波记录，未发现异常。使用继电保护测试仪对 220kV 乙线保护装置及 1 号主变压器保护装置进行测试，一切正常；对记录及录波波形进行分析，发现 220kV 乙线 C 相故障，而保护跳闸的却是 A 相断路器，故障没能切除而跳开三相断路器；1 号主变压器故障录波的 C 相波形电流值比 A、B 相电流值少 1 倍，用继电保护测试仪对保护装置加入采样电流，采样正确。在 1 号主变压器保护装置处断开 TA 二次回路的工作接地，用绝缘电阻表测量 TA 二次电缆对地的绝缘电阻，发现高压侧 TA 二次电缆对地绝缘为零；在 220kV 高压场地端子箱端子排处断开 TA 二次电缆接头，测量其对地的绝缘电阻，发现端子排至 TA 二次接线柱之间的电缆对地绝缘电阻为零；在 TA 二次接线柱断开三相电缆接线，测量 A、B、C 三相对地绝缘电阻，发现 C 相为零，判断 C 相电缆破损接地，使 TA 二次回路产生分流。

由于 220kV 乙线断路器跳闸线圈 A、C 相接反,当线路 C 相发生故障时,保护动作跳开 A 相断路器并重合,但故障仍然存在,保护判断为永久性故障而跳开三相断路器。由于 1 号主变压器保护 TA 二次回路 C 相电缆破损接地,产生分流;在正常运行时,产生的分流不明显,达不到差动动作电流;当 220kV 乙线 C 相发生故障,保护动作跳开 A 相断路器并重合,但故障仍然存在,保护判断为永久性故障而跳开三相断路器,产生较大分流且时间较长,从而使 1 号主变压器差动保护误动。

（三）防范措施

（1）在新设备投入运行之前,应认真做好验收工作,尤其是 220kV 线路保护的验收,应派人员到高压场地,对断路器逐相进行传动验收核对,确保保护发出的跳闸命令与高压场地断路器跳闸相别对应。在新装置的交接试验和投运 1 年后的第一次全部检验中必须严格遵照检验规程做全项目,重点检查保护屏内配线、保护屏与外部设备的相关二次回路接线的正确性。

（2）在二次回路上作业,所有拆、接的二次线,必须办理二次设备及回路工作安全技术措施单,确保拆、接的二次线正确。工作完毕,一定要联动继电保护装置,做断路器的分相跳、合闸试验,派人员到高压场地,观察断路器跳、合是否与保护装置发出的跳闸命令对应。

（3）每次保护装置及二次回路定检,均必须按照要求用绝缘电阻表对各个二次回路进行绝缘电阻的检测,确保二次回路电缆绝缘合格,不影响安全运行。

五、切除 1 条 110kV 线路故障时,引起 110kV 母差保护误动,造成 4 座 110kV 变电站失压

（一）现象描述

某 220kV 变电站 110kV 母差保护在 110kV 甲线故障切除时Ⅰ母差动误动,跳开 110kV 母联 100 断路器、乙线 121 断路器、1 号主变压器中压侧 101 断路器、丙线 125 断路器、丁线 127 断路器,并闭锁甲线 129 断路器重合闸,造成 4 座 110kV 变电站失压。

（二）分析处理

继电保护人员查看 110kV 甲线保护装置故障记录及 110kV 母差保护装置故障记录,并查看打印 110kV 故障录波屏的有关记录及波形。110kV 甲线保护装置动作正确,重合闸被 110kV 母差保护动作闭锁;110kV 母差保护达到 6A 的差流且录取的各支路的电流波形不规则,有的支路电流波形偏移在时间轴的一侧,有的支路电流波形正常。从而确定 110kV 母差保护装置有问题。

继电保护试验仪校验 110kV 母差保护装置正常，模拟故障试验的电流波形也正常。110kV 母差保护误动的原因为：模拟试验加入的故障量与实际运行产生的故障量有区别，即静态模拟故障不能真正反映运行时的动态故障。

110kV 甲线故障切除时，110kV 母差保护装置的 B 相从机 I 母电流差动元件动作和主机的 I 母电压突变量元件动作，造成 I 母差动出口。从母差保护的故障动作报告可以看到各支路的电流值均不大，但部分支路的电流叠加了较大的直流分量，部分支路的电流基本没有直流分量，故障线路（110kV 甲线支路）的电流直流分量也较小。有直流分量的各支路其电流采样值偏移在时间轴的一侧，导致母线出现高达 6A 的差流。由于该母差保护是早期的微机母差产品，其运算软件对由于母线所连接各支路的电流互感器暂态分量衰减周期不一致所产生的差流没有进行处理，当区外故障切除后，如果各支路暂态分量衰减不一致产生差流时会造成动作。因此，此站 110kV 母差保护的误动作是由保护原理缺陷造成的。

（三）防范措施

（1）加强电网结构的完善。该站 110kV 母差误动的事故反映了整个区域电网的薄弱性，全区 12 个 110kV 变电站，基本上只由一个 220kV 电源供电，系统故障时将造成大面积的停电（多达 4 个 110kV 变电站失压）。同时，这次母差误动还突显了备自投的重要性：通过 110kV 线路备自投的动作，使 110kV 甲站、110kV 乙站避免了失压；如果 110kV 丙站安装有 110kV 线路备自投，就能避免失压；如果 110kV 丁站、110kV E 站的备用电源由另一个 220kV 电源提供，也能避免失压。由此可见，110kV 线路备自投在避免电网事故方面具有非常重要的作用。

（2）根据该站 110kV 母差保护误动暴露的原理缺陷，由厂家人员协助，对 110kV 母差保护软件升级，并增补技改项目，包括 110kV 丙站加装 110kV 线路备自投装置，更换此站 110kV 母差保护装置。

六、电流互感器二次开路缺陷造成的事故

（一）现象描述

继电保护人员接到某 220kV 变电站巡检人员电话，反映该站 220kV W1 甲线某型号保护装置零序保护长期启动，并发告警信号；220kV 母线保护装置发出电流回路断线信号。

（二）分析处理

继电保护人员检查 220kV W1 甲线保护装置、220kV 母线保护装置的电流

采样值及记录的信号，发现 220kV W1 甲线保护装置 A 相电流采样值为 3.8A，220kV 母线保护装置的 A 相电流采样值为零，其他两相相电流为 2.6A；用钳形电流表在保护装置背板处测量 220kV W1 甲线保护装置 A 相电流值为 3.8A，220kV 母线保护装置的 A 相电流值为零，其他两相相电流为 2.6A；说明了保护装置交流插件或 CPU 插件不存在故障，判断电流互感器母差保护绕组二次回路有开路，电流互感器线路主 1 保护绕组二次回路有外加电流，检查保护屏端子排、端子箱端子排的连接电缆及电流端子接线均正常；并用钳形电流表在端子箱端子排的连接电缆接线处测量电流互感器线路主 1 保护绕组二次回路 A 相电流值为 3.8A、电流互感器母差保护绕组二次回路 A 相电流值均为零，其他两相相电流为 2.6A；判断电流互感器二次接线盒内母差保护绕组接线开路，电流互感器线路主 1 保护绕组有外加电流；申请停电处理。

　　拆开电流互感器二次接线盒，发现电流互感器二次接线盒内接线柱烧焦碳化变黑，3TA A 相接线柱的电缆接线松脱，4TA A 相接线柱烧焦碳化变黑；由于电流互感器二次接线盒内，各组电流绕组经电缆引出，而电缆均套有铁管子。该铁管子固定不牢靠，当检修人员清扫电流互感器瓷套时，需借助铁管子向上攀登，所以铁管子经常受到拉力，相应的电缆也受到拉力的作用，使接线端子松动，引起 3TA a 的 a 端子开路，如图 2-2 所示。A 点出现高电压，飞弧至 B 点，使保护装置的 A 相电流增大，出现零序电流。

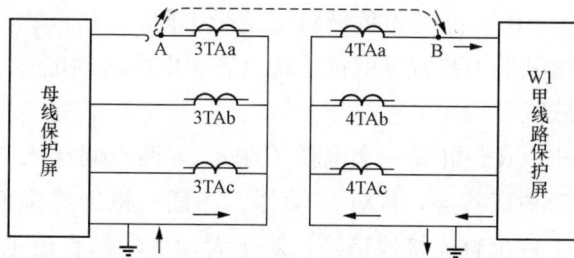

图 2-2　电流互感器二次开路示意图

（三）防范措施

　　在安装施工时，电流互感器二次接线盒的电缆线穿入铁管子后，一定要将铁管子固定牢靠，并设置此处禁止攀登警告牌。现场继电保护调试人员在进行设备安装完工后的验收试验、保护装置及二次回路定检时，均必须按照要求用绝缘电阻表对各二次回路进行绝缘电阻检测，确保二次回路电缆绝缘合格，用万用表检测电流互感器二次回路的导通情况，确保电流互感器二次回路不发生开路和两点接地。

七、直流一点接地引起的跳闸事故

(一) 现象描述

某 220kV 变电站 1 号主变压器高压侧 TA 更换后，做电流互感器带负荷电流测六角图试验，试验结束后，拆除试验接线，在断开 N 相试验导线时，接在 TA N 相回路导线的一端尚未断开（接地端），而试验导线的另一端不小心掉到 XB 连接片上端，造成 1 号主变压器无故障跳闸，如图 2-3 所示。

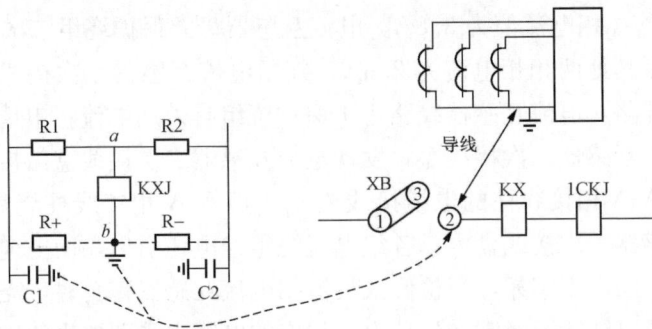

图 2-3　直流一点接地示意图

图 2-3 中，R1、R2、KXJ（电流型继电器）组成直流电源监测装置。R＋、R－分别为直流系统正极和负极对地绝缘电阻，C1、C2 分别为直流系统正极和负极静态继电保护装置等值抗干扰电容及电线对地电容之和。

(二) 分析处理

R1、R2、R＋、R－组成一个电桥，在 a、b 两点间接入继电器 KXJ，正常运行时电桥处于平衡状态，KXJ 不动作。当任一极绝缘降低时，电桥失去平衡，KXJ 动作，发出直流接地信号。对于大型变电站直流系统，C1、C2 值不可忽视。

经检查造成跳闸的原因是：接在 TA N 相回路导线的一端尚未断开（接地端），而试验导线的另一端掉到 XB 连接片上端，通过直流对地的电容 C1 向 1CKJ 继电器电流线圈放电，造成 TQ 带全压动作跳断路器（跳闸线圈 TQ 的动作电压为 125V），且站内屏蔽电缆的大范围应用使直流对地电容量较大。因此，在执行《电力系统继电保护及安全自动装置反事故措施要点》的同时，要切实注意跳闸回路的绝缘问题。

（三）防范措施

（1）各套保护装置出口继电器及断路器跳闸线圈的动作电压不得小于55%额定电压，尽量避免直流正极接地时误启动跳闸。

（2）保证直流一点接地时，直流接地监测继电器 KXJ 在满足动作灵敏度的基础上尽量加大 R1、R2 电阻值。

（3）对于有跳闸危险的连接片、跳闸中间继电器等应采用绝缘材料遮盖，避免误跳闸事故。

八、同杆并架线路零序互感对零序方向元件影响而引起的事故

（一）现象描述

某 500kV 变电站 220kV 甲、乙线为同杆并架线路，220kV 乙线主 I 保护动作，C 相断路器跳闸。同时，220kV G 变电站 220kV 丙线主 II 保护动作，跳开 B 相断路器。0.8s 后保护装置重合闸启动，重合 B 相断路器；对侧 220kV F 变电站 220kV 丙线主 II 保护未动作。

220kV 丙线为弱馈线路，220kV F 变电站由 220kV G 变电站 220kV 丙线带全站负荷，220kV F 变电站侧主 II 保护装置弱电源侧整定为 1。220kV 丙线双侧保护检测到故障零序电流、零序电压，主 II 保护为允许式纵联保护。

从 220kV G、F 变电站两侧保护装置及故障录波数据，结合电网当时的运行方式、天气和线路走廊分析：从线路走向布置图可以看出：220kV 丙线与 220kV 甲、乙线有一部分同杆并架，220kV 乙线的 C 相与 220kV 丙线的 B 相最近。因此，220kV 丙线受强磁弱电影响，产生零序电流、电压，导致 220kV 丙线主 II 保护纵联零序方向误判为正方向。

（二）分析处理

220kV F 变电站侧零序电压、零序电流、零序电压与零序电流相对相位和零序功率如图 2-4 所示，零序功率方向为正方向。

220kV F 变电站侧负序电压、负序电流、负序电压与负序电流相对相位和负序功率如图 2-5 所示，负序方向为正方向。

220kV G 变电站侧零序电压、零序电流、零序电压与零序电流相对相位和零序功率如图 2-6 所示，零序功率方向为正方向。

220kV G 变电站侧负序电压、负序电流、负序电压与负序电流相对相位和负序功率如图 2-7 所示，负序方向为反方向。

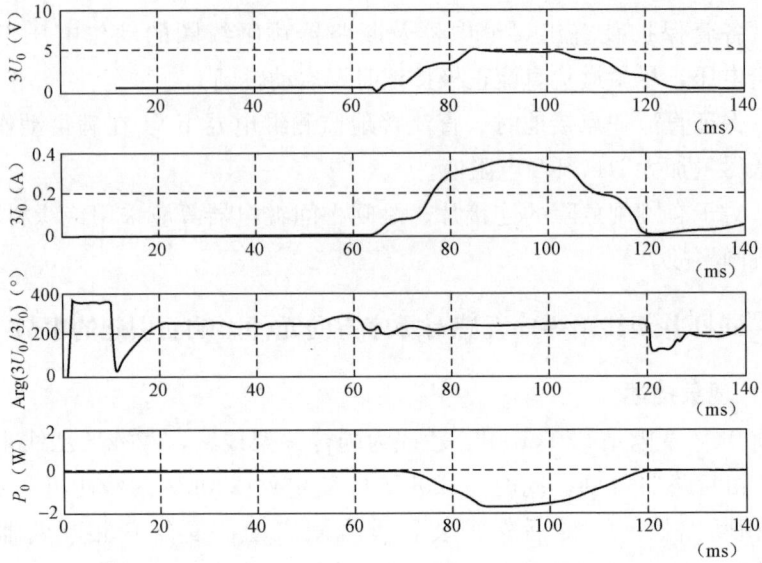

图 2-4　F 变电站侧零序电压、零序电流，零序电压与零序电流相对相位和零序功率图

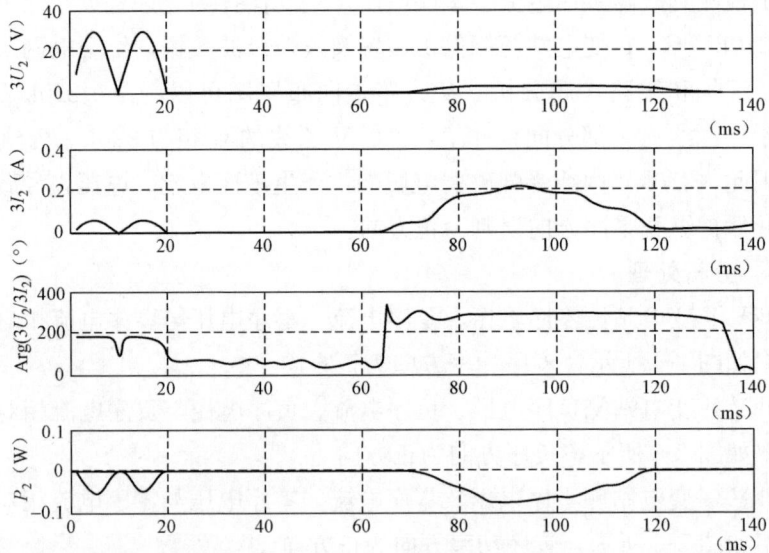

图 2-5　F 变电站侧负序电压、负序电流，负序电压与负序电流相对相位和负序功率图

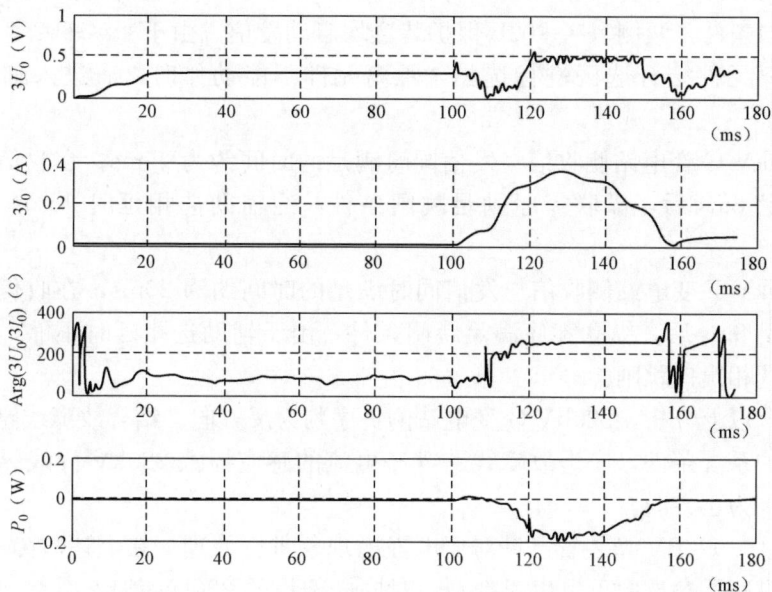

图 2-6　G 变电站侧零序电压、零序电流、零序电压与零序电流相对相位和零序功率图

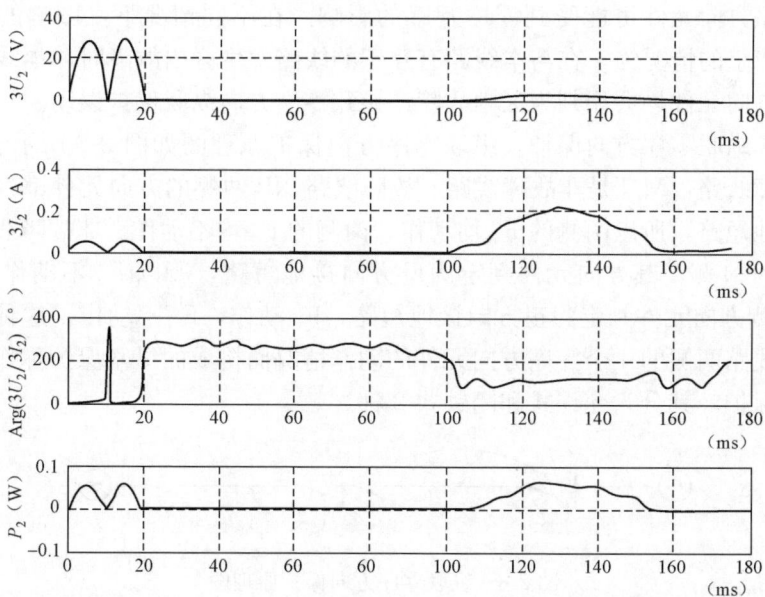

图 2-7　G 变电站侧负序电压、负序电流、负序电压与负序电流相对相位和负序功率图

从离线计算来看，220kV F 变电站侧和 220kV G 变电站侧纵联零序均满足正方向条件，两侧××-902B 保护装置均启动发信，由于××-902 系列保护采用距离元件结合选区进行选相，距离元件不能动作时，需进入辅助选相逻辑。

220kV G 变电站侧收信与发信同时满足的时间约为 35ms，在收信、发信同时满足 8ms 后，纵联零序满足跳闸条件，经辅助选相延时 15ms 后 B 相跳闸。

220kV F 变电站侧收信与发信同时满足的时间约为 20ms，在收信、发信同时满足 8ms 后，纵联零序满足跳闸条件，由于辅助选相延时不够，纵联零序未能选相出口跳闸。

综合以上分析，220kV G 变电站侧负序判为反方向。结合故障线路与本线路同杆的系统条件，应是故障线路零序电流的感应导致 220kV 丙线纵联零序方向误判为正方向。

××—902BV 型装置已针对弱电强磁现象进行处理，在上述故障条件下，能确保纵联零序方向不发生误判别。对同杆架设的 220kV 线路××—902B 型保护装置软件进行升级。

（三）防范措施

零序方向元件可能受到零序互感的影响，在不同情况下，影响的程度不同。最严重的情况为，在与本线路有互感的线路发生区内故障时，本线路两侧的零序方向元件均会误判为区内故障，导致零序方向纵联保护误动。

（1）纵联零序方向保护。纵联零序方向保护原理图如图 2-8 所示。NP 线路是故障线路，MN 是非故障线路。故障线路 NP 两侧的方向元件都判定为正方向接地短路，所以两侧的 F_+ 均动作，两侧的 F_- 均不动作。非故障线路中近故障点的 N 侧，其方向元件判定为反方向接地短路，所以 F_+ 不动作，F_- 动作，M 侧方向元件判定为正方向接地短路，F_+ 动作，F_- 不动作。这种通过比较输电线路两侧的 4 个零序方向元件的动作情况而构成的纵联保护称作纵联零序方向保护，其分为允许式和闭锁式 2 种。

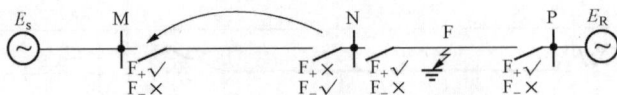

图 2-8　纵联零序方向保护原理图

√—动作；×—不动作

（2）零序方向元件。零序方向元件（即零序方向继电器）的最基本思想是比较零序电压与零序电流的相位，区分正、反方向的接地短路，如图 2-9 所示。

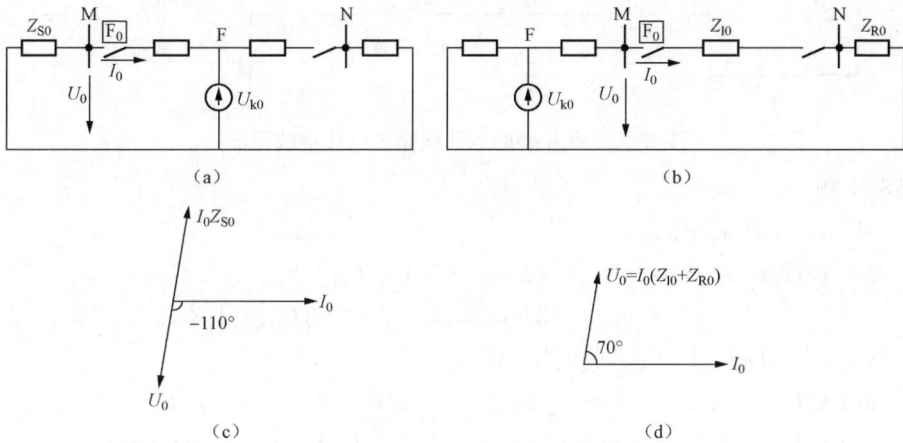

图 2-9　正、反方向接地短路时的零序网图和相量图

(a) 正方向短路；(b) 反方向短路；(c) 正方向短路相量图；(d) 反方向短路相量图

设零序方向继电器 F_0 装在 MN 线路的 M 侧。在图 2-9 所示的零序序网中，加在继电器的零序电压、零序电流按传统方式规定正方向，如图 2-9 所示的电压、电流箭头所指的方向。

由图 2-9（a）所示的正方向接地短路的零序序网图可得

$$U_0 = -I_0 Z_{S0} \tag{1-1}$$

由图 2-9（b）所示的反方向接地短路的零序序网图可得

$$U_0 = I_0 (Z_{l0} + Z_{R0}) \tag{1-2}$$

如果系统中各元件零序阻抗的阻抗角均为 70°，正方向接地短路时，零序电压超前零序电流的角度为

$$\varphi = \arg U_0 / I_0 = \arg (-Z_{S0}) = \arg Z_{S0} - 180° = -110° \tag{1-3}$$

反方向接地短路时，零序电压超前零序电流的角度为

$$\varphi = \arg U_0 / I_0 = \arg (Z_{l0} + Z_{R0}) = 70° \tag{1-4}$$

由式（1-3）、式（1-4）可知，在正、反方向接地短路时的零序电压超前零序电流的角度只与保护安装处与短路方向相反一侧零序阻抗的阻抗角有关。在正方向接地短路时，零序电流超前零序电压；在反方向接地短路时，零序电压超前零序电流的角度是保护安装处正方向零序阻抗的阻抗角。

（3）接地故障分析。

1）有互感的双回线路区内接地故障图如图 2-10 所示。

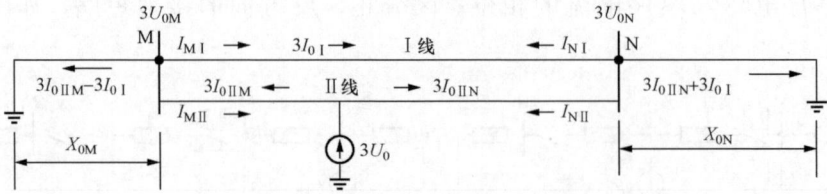

图 2-10　有互感的双回线路区内接地故障图

线路 N 侧

$$3U_{0N} = (3I_{0IIN} + 3I_{0I})X_{0N}$$

$$\arg(3U_{0N}/I_{NII}) = \arg\left[(3I_{0IIN} + 3I_{0I})/I_{NII}\right]X_{0N}$$

$$= \arg\left[(3I_{0IIN} + 3I_{0I})/(-3I_{0IIN})\right]X_{0N}$$

因（$3I_{0IIN} + 3I_{0I}$）与 $3I_{0IIN}$ 同相位，则

$$\arg(3U_{0N}/I_{NII}) = \arg(-X_{0N}) = -110°$$

$$\arg(3U_{0N}/I_{NI}) = \arg\left[(3I_{0IIN} + 3I_{0I})/I_{NI}\right]X_{0N}$$

$$= \arg\left[(3I_{0IIN} + 3I_{0I})/(-3I_{0I})\right]X_{0N}$$

因（$3I_{0IIN} + 3I_{0I}$）与 $3I_{0I}$ 同相位，$3I_{0I}$ 与 $3I_{0IIN}$ 是（$3I_{0IIN} + 3I_{0I}$）的不同支路，则

$$\arg(3U_{0N}/I_{NI}) = \arg(-X_{0M}) = -110°$$

在 N 侧，线路Ⅰ、线路Ⅱ均为正方向。

线路 M 侧

$$3U_{0M} = (3I_{0IIM} - 3I_{0I})X_{0M}$$

$$\arg(3U_{0M}/I_{MII}) = \arg\left[(3I_{0IIM} - 3I_{0I})/I_{MII}\right]X_{0M}$$

$$= \arg\left[(3I_{0IIM} - 3I_{0I})/(-3I_{0IIM})\right]X_{0M}$$

因（$3I_{0IIM} - 3I_{0I}$）与 $3I_{0IIM}$ 同相位，则

$$\arg(3U_{0M}/I_{MII}) = \arg(-X_{0M}) = -110°$$

$$\arg(3U_{0M}/I_{MI}) = \arg\left[(3I_{0IIM} - 3I_{0I})/I_{MI}\right]X_{0M}$$

$$= \arg\left[(3I_{0IIM} - 3I_{0I})/(3I_{0I})\right]X_{0M}$$

因（$3I_{0IIM} - 3I_{0I}$）与 $3I_{0I}$ 不同相位，是 $3I_{0IIM}$ 不同支路分流，则

$$\arg(3U_{0M}/I_{MI}) = \arg(X_{0M}) = 70°$$

在 M 侧，线路Ⅱ为正方向，线路Ⅰ为反方向。

线路Ⅱ的纵联零序方向保护动作，而线路Ⅰ的纵联零序方向保护不动作。

2）有互感的相邻线路区内接地故障图如图 2-11 所示。

如果故障点靠近Ⅱ线路 M 侧的出口，且Ⅰ线路和Ⅱ线路有互感，则会在Ⅰ线上感应出纵向零序电动势 $3U_{0II}$，根据故障点的零序电压最高，则 $3U_{0I} >$

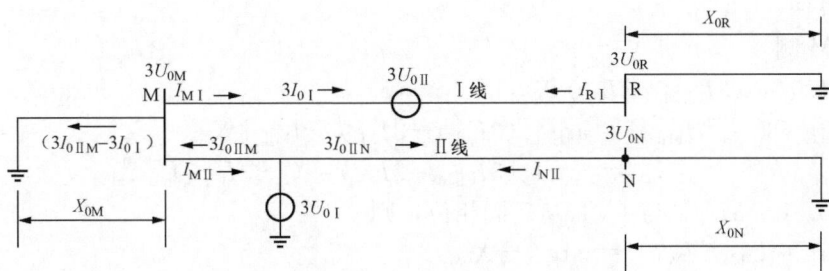

图 2-11　有互感的相邻线路区接地故障图

$3U_{0\text{II}}$，所以 $3U_{0\text{I}}$ 和 $3U_{0\text{II}}$ 抵消后使得 $3I_{0\text{I}}$ 的方向是从 M 侧流向 R 侧。

对于线路 I：

线路 R 侧

$$3U_{0\text{R}} = (3I_{0\text{I}})X_{0\text{R}}$$

$$\arg(3U_{0\text{R}}/I_{\text{RI}}) = \arg[(3I_{0\text{I}})/I_{\text{RI}}]X_{0\text{R}}$$

$$= \arg[(3I_{0\text{I}})/(-3I_{0\text{I}})]X_{0\text{R}}$$

$$= \arg(-X_{0\text{R}})$$

$$= -110°$$

为正方向。

线路 M 侧

$$3U_{0\text{M}} = (3I_{0\text{IIM}} - 3I_{0\text{I}})X_{0\text{M}}$$

$$\arg(3U_{0\text{M}}/I_{\text{MI}}) = \arg[(3I_{0\text{IIM}} - 3I_{0\text{I}})/I_{\text{MI}}]X_{0\text{M}}$$

$$= \arg[(3I_{0\text{IIM}} - 3I_{0\text{I}})/(3I_{0\text{I}})]X_{0\text{M}}$$

因 $(3I_{0\text{IIM}} - 3I_{0\text{I}})$ 与 $(3I_{0\text{I}})$ 不同相位，则

$$\arg(3U_{0\text{M}}/I_{\text{MI}}) = \arg(X_{0\text{M}})$$

$$= 70°$$

为反方向。

对于线路 II：

线路 N 侧

$$3U_{0\text{N}} = (3I_{0\text{IIN}})X_{0\text{N}}$$

$$\arg(3U_{0\text{N}}/I_{\text{NII}}) = \arg[(3I_{0\text{IIN}})/I_{\text{NII}}]X_{0\text{N}}$$

$$= \arg[(3I_{0\text{IIN}})/(-3I_{0\text{IIN}})]X_{0\text{N}}$$

因 $3I_{0\text{IIN}}$ 与 I_{NII} 相位相反，则

$$\arg(3U_{0\text{N}}/I_{\text{NII}}) = \arg(-X_{0\text{N}})$$

$$= -110°$$

为正方向。

线路 M 侧

$$3U_{0M} = (3I_{0\text{II}M} - 3I_{0\text{I}}) X_{0M}$$

$$\arg(3U_{0M}/I_{M\text{II}}) = \arg[(3I_{0\text{II}M} - 3I_{0\text{I}})/I_{M\text{II}}] X_{0M}$$

$$= \arg[(3I_{0\text{II}M} - 3I_{0\text{I}})/(-3I_{0\text{II}M})] X_{0M}$$

因（$3I_{0\text{II}M} - 3I_{0\text{I}}$）与（$3I_{0\text{II}M}$）同相位，则

$$\arg(3U_{0M}/I_{M\text{II}}) = \arg(-X_{0M})$$

$$= -110°$$

为正方向。

所以在线路 II 发生区内故障时，线路 I 不会两侧均判为正方向。

（4）不同电压等级线路零序互感电动势的分析。不同电压等级线路零序互感电动势分析如图 2-12 所示，$3U_0$ 为不同电压等级线路发生故障时，本线路感受到的纵向零序互感电压。

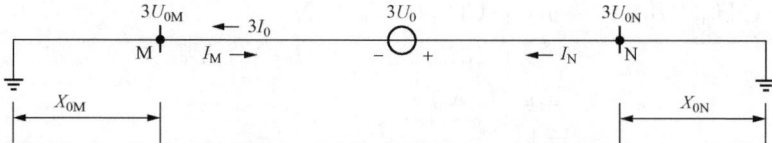

图 2-12 不同电压等级线路零序互感电动势分析图

线路 N 侧

$$3U_{0N} = (-3I_0) X_{0N}$$

$$\arg(3U_{0N}/I_N) = \arg[(-3I_0)/I_N] X_{0N}$$

$$= \arg[(-3I_N)/I_N] X_{0N}$$

因 $3I_0$ 与 I_N 同相位，则

$$\arg(3U_{0N}/I_N) = \arg(-X_{0N})$$

$$= -110°$$

为正方向。

线路 M 侧

$$3U_{0M} = (3I_0) X_{0M}$$

$$\arg(3U_{0M}/I_M) = \arg[(3I_0)/I_M] X_{0M}$$

$$= \arg[(-3I_M)/I_M] X_{0M}$$

因 $3I_0$ 与 I_M 相位相反，则

$$\arg(3U_{0M}/I_M) = \arg(-X_{0M})$$

$$= -110°$$

为正方向。

所以线路两侧均判为正方向。

（5）强磁弱电线路零序互感电动势的一般分析。强磁弱电线路零序互感电动势的一般分析如图 2-13 所示。

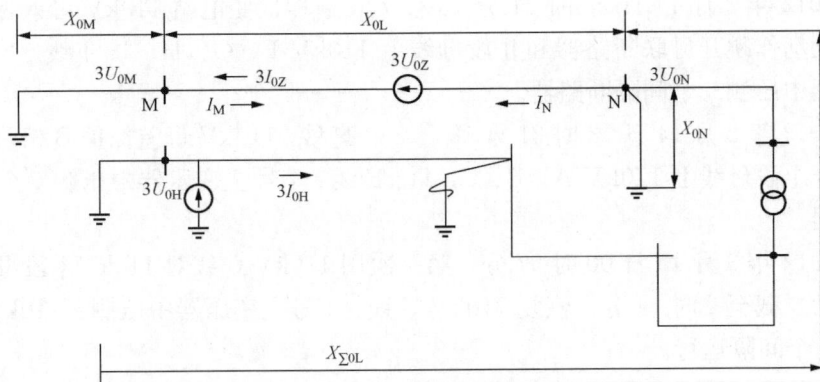

图 2-13　强磁弱电线路零序互感电动势的一般分析图

对于线路 N 侧：

$3U_{0N}$ 由横向电动势 $3U_{0H}$ 和纵向电动势 $3U_{0Z}$ 在 X_{0N} 上的分压叠加而成。纵向电动势 $3U_{0Z}$ 在 X_{0N} 上的分压为

$$(3U_{0N})_Z = (X_{0N} // X_{\Sigma0L}) / (X_{0M} + X_{0L} + X_{0N} // X_{\Sigma0L})$$

式中：$X_{\Sigma0L}$ 为线路 N 侧除 X_{0N} 以外的其他零序阻抗的归算阻抗；X_{0L} 为线路的零序阻抗。

横向电动势 $3U_{0H}$ 在 X_{0N} 上的分压为

$$(3U_{0N})_H = 3I_{0H} \times K_{F1} \times K_{F2} \times \cdots\cdots \times K_{FN} \times X_{0N}$$

而纵向电动势 $(3U_{0N})_Z$ 主要取决于 X_{0M}、X_{0L}、X_{0N}，而横向电动势 $(3U_{0N})_H$ 取决于多级分支系数 $K_{F1} \times K_{F2} \times \cdots\cdots \times K_{FN}$ 的乘积，有时可能是非常小的。

当 $(3U_{0N})_Z > (3U_{0N})_H$ 时，纵向电动势 $(3U_{0N})_Z$ 起主要作用，线路如同发生区内故障一样，两侧零序方向元件均判为正方向，而决定线路零序方向保护是否动作的条件是零序电流门槛。

当电的联系经过变压器以后，可能变得更弱，就如同不同电压等级线路的零序互感作用一样。

九、××－800 型母线保护装置误动，造成某 220kV 变电站 110kV 母线失压

（一）事故经过

某 220kV 变电站事件前运行方式：110kV1、2 号母线并列运行，110kV

A、B、C、D、E 线、1 号主变压器中压侧挂 I 段母线运行，110kV F、G、H、I、J 线、2 号主变压器中压侧挂 II 段母线运行。

2012 年 3 月 14 日 23 时 21 分 18 秒 770 毫秒，变电站 110kV 母差保护 B 相差动动作跳开母联断路器和 II 段母线上 110kV F、G、H、I、J 线、2 号主变压器中压侧 6 个间隔断路器。

2012 年 3 月 14 日 23 时 21 分 18 秒 830 毫秒，110kV 母差保护 B 相差动动作跳开 I 段母线上 110kV A、B、C、D、E 线、1 号主变压器中压侧 6 个间隔断路器。

2012 年 3 月 15 日 00 时 57 分，第一次用 110kV C 线对 110kV I 段母线充电成功，截至 2 时 14 分，恢复 110kV C 线、1 号主变压器中压侧、110kV A、E 线 4 个间隔运行。

2012 年 3 月 15 日 02 时 15 分 55 秒 63 毫秒，110kV 母差保护 C 相差动动作跳开 I 段母线上 110kV C 线、1 号主变压器中压侧、110kV A、E 线 4 个间隔断路器。

（二）110kV 母差保护装置及定值

110kV 母差保护装置相关信息和部分定值分别见表 2-1 和表 2-2。

表 2-1　　　　　　　　　110kV 母差保护装置相关信息

设备型号	投产日期	上次定检日期
××－800	2001 年 11 月	2011 年 6 月

表 2-2　　　　　　　　　110kV 母差保护装置部分定值

序　号	定值名称	整定值	序　号	定值名称	整定值
1	大差电流定值	2.8A	3	制动系数	0.6
2	小差电流定值	2.8A			

（三）保护动作初步分析

（1）2012 年 3 月 14 日 23 时 21 分 18 秒 770 毫秒，母差保护 B 相差动动作跳开母联断路器和 II 段母线上 110kV F、G、H、I、J 线、2 号主变压器中压侧 6 个间隔断路器。II 段母线差电流 $I_d = 89.0$A（二次值），达到差动电流整定值 $I_{cd} = 2.8$A（二次值）；事后现场人员检查发现 II 段母线 TV 的 B 相引下线支柱绝缘子有明显的电弧闪络痕迹，从故障点所处位置及保护动作定值判断，母差保护动作正确。

（2）II 段母线母差保护动作 60ms 后，即 23 时 21 分 18 秒 830 毫秒，110kV 母差保护 B 相差动动作跳开 I 段母线上所有间隔断路器，事故现场未发现故障点，经继电保护技术人员分析判断为母差保护误动作。

（3）110kV 母线失压后，为了尽快恢复对用户供电，决定对 110kV 母线试送电，在 3 月 15 日 1 时至 2 时 14 分期间恢复了 110kV C 线、1 号主变压器中压侧、110kV A、E 线的运行。3 月 15 日 2 时 15 分，110kV 母差保护 C 相差动动作跳开接入 I 段母线的 110kV C 线、1 号主变压器中压侧、110kV A、E 线 4 个间隔断路器。I 段母线小差电流 I_d＝59.0A（二次值），达到差动电流整定值 I_{cd}＝2.8A（二次值）；事后现场人员检查发现 I 段母线发生母线支柱绝缘子 C 相接地故障，从故障点所处位置及保护动作定值判断，母差保护动作正确。

（四）110kV 母差 I 段母线误动作分析

经继电保护技术人员分析，23 时 21 分 18 秒 830 毫秒的母差保护动作为误动作。

110kV 母线采用××－800 型母线保护装置，差动保护出口 6 个连续采样点满足：①满足差动门槛和制动方程；②电压闭锁开放；③不满足电流波形识别闭锁条件。

II 段母线 B 相故障时，对 I 段母线而言为区外故障，虽然有差流出现，但是区外故障产生的制动量很大，不存在 6 个连续采样点满足动作方程，故无法动作，如图 2-14 所示。

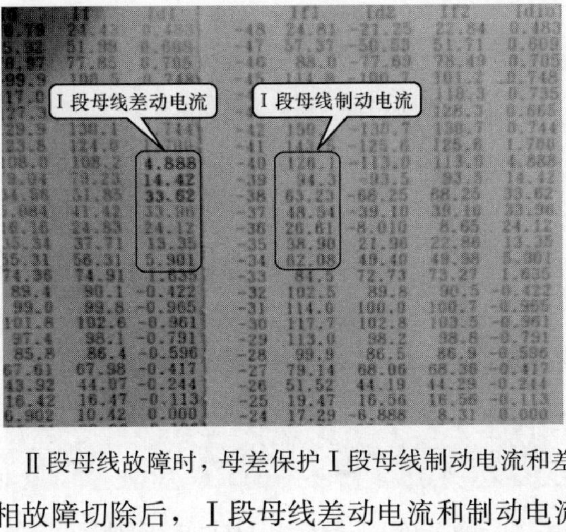

图 2-14　II 段母线故障时，母差保护 I 段母线制动电流和差动电流

II 段母线 B 相故障切除后，I 段母线差动电流和制动电流发生以下变化：

（1）I 段母线制动电流减小，为 8A 左右，同时 I 段母线各间隔 TA 二次存在衰减的直流分量，I 段母线差动电流依然存在，为 6A 左右，满足差动门槛（2.8A）和制动方程（差动电流＞0.6×制动电流）要求，如图 2-15 所示。

（2）II 段母线故障时，I 段母线电压降低，××－800 型母线保护装置开

図 2-15 母差保护Ⅰ段母线动作时制动电流和差动电流

放Ⅰ段母线电压闭锁并展宽 500ms；Ⅰ段母线电压恢复不足 20ms，Ⅰ段母线差动差流满足差动门槛和制动方程，而此时正处于开放Ⅰ段母线电压闭锁的展宽时间内，故满足Ⅰ段母线电压闭锁开放条件，如图 2-16 所示。

图 2-16　Ⅰ段母线动作时电压数据

（3）××－800 型母线保护装置的电流波形识别闭锁条件在区外故障时投入，在区外故障切除后立刻退出。本次Ⅱ段母线故障切除后，Ⅰ段母线电压恢复，××－800 立刻退出电流波形识别闭锁判据，这样，故障切除后非周期分量产生差流时，Ⅰ段母线母差因失去闭锁而误动作。

综上所述，××－800型母线保护装置满足了Ⅰ段母线差动出口的3个条件，因此Ⅰ段母线差动动作出口。

（五）暴露问题及整改措施

（1）××－800型母线保护装置存在逻辑缺陷：在区外故障切除后立刻自动退出波形识别闭锁判据。区外故障切除后，在衰减过程中的非周期分量影响下，该缺陷可能导致母差保护误动作而切除非故障母线断路器。目前，保护定检的全检项目无法发现××－800型母线保护装置存在该逻辑缺陷。

（2）电流互感器存在饱和情况，在故障电流下电流波形出现畸变。

（3）电流互感器二次传递变送延时拖尾。

（4）尽快消除××－800型母线保护装置缺陷，完善装置波形识别闭锁判据逻辑，完成母线保护程序逻辑修改，解决故障切除后非周期分量衰减过程中的母差保护误动作的问题。

十、小水电站向电网反送电使重合闸不满足同期条件，造成某110kV变电站失压

（一）事件前电网运行工况

某110kV变电站通过110kV甲线挂220kV A变电站运行，110kV乙线为备用。110kV乙线挂110kV B变电站运行，110kV B变电站通过110kV丙、丁双回线挂220kV A变电站运行，其余均为正常运行方式。

事故前110kV变电站运行方式如图2-17所示。

110kV系统：110kV甲线103断路器运行，乙线101断路器为热备用状态，110kV桥断路器110运行。

主变压器：1号主变压器运行、中性点接地；2号主变压器运行、中性点不接地。

35kV系统：35kV出线301运行、35kV出线303运行、35kV出线305运行、35kV出线302运行、35kV出线304运行、35kV出线306运行、35kV分段310运行。

10kV系统：10kV出线005运行、10kV出线032运行、10kV出线004运行、10kV出线034运行、10kV 2号电容器运行、10kV分段010运行。

（二）事件经过

2012年3月19日20时40分，110kV甲线线路B相接地故障，220kV A

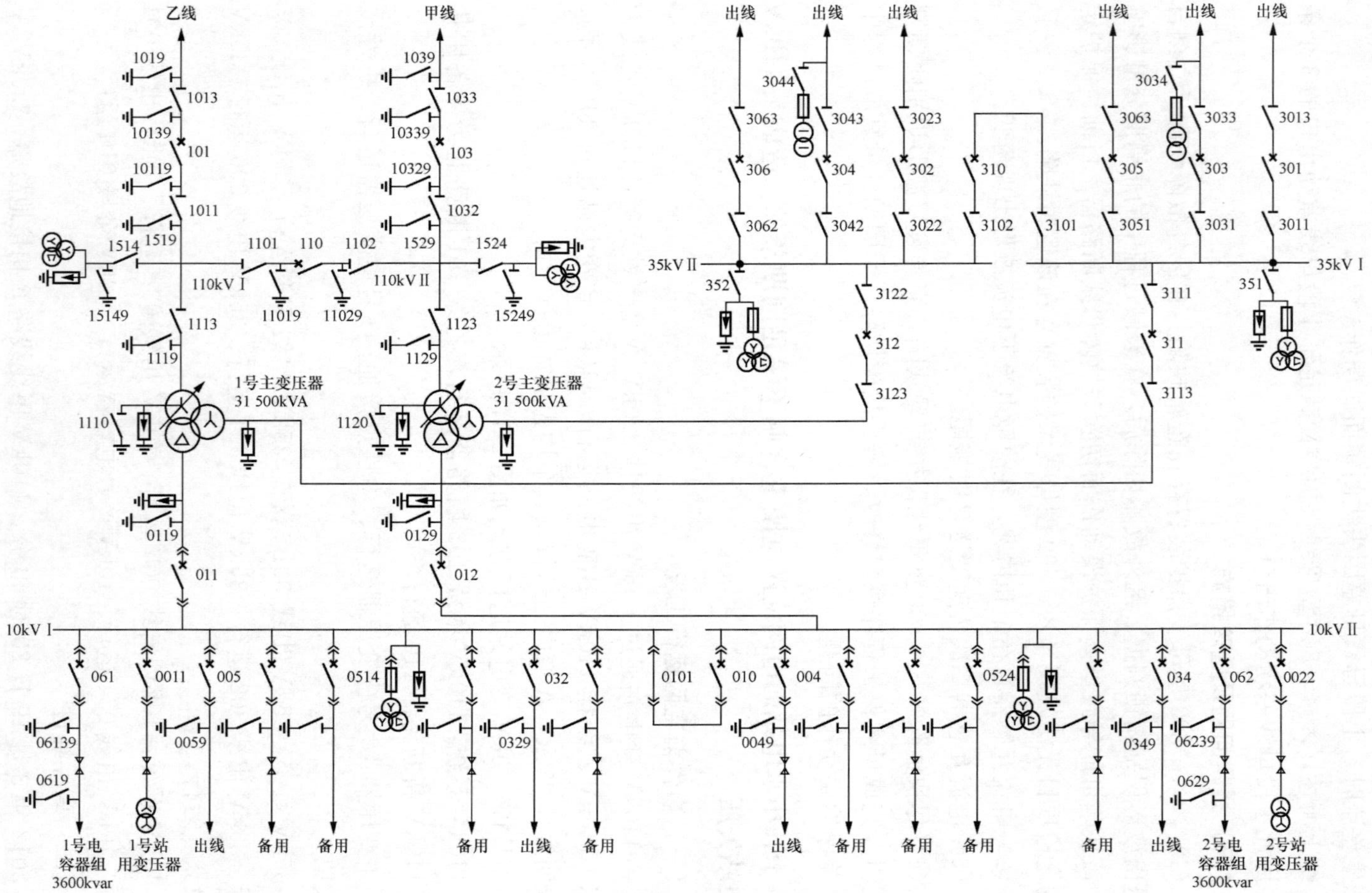

图2-17 某110kV变电站主接线图

变电站 110kV 甲线高频零序保护动作、零序 I 段动作，重合闸动作；110kV 变电站 110kV 甲线高频零序保护动作，重合闸未动作，备自投未动作，导致 110kV 某变电站 110kV I、II 段母线、35kV I、II 段母线、10kV I、II 段母线失压。

（三）动作分析

110kV 甲线线路发生 B 相接地故障，220kV A 变电站 110kV 甲线高频零序保护动作、零序 I 段动作，重合闸动作；110kV 变电站 110kV 甲线高频零序保护动作，重合闸未动作，备自投未动作。220kV A 变电站侧 110kV 甲线重合闸成功后（检无压方式，时间定值为 1s），110kV 变电站侧（检同期方式，时间定值为 1.3s）重合闸未满足同期条件，重合闸未动作（投检同期方式考虑有地区小电源，如果投三相重合闸会对小电源冲击）；通过录波报文分析发现在 110kV 甲线跳闸后，110kV I、II 段母线仍有残余电压，且持续约 130s（如图 2-18、图 2-19 所示）后才达到备自投母线失压定值条件（母线失压定值为线电压 30V），备自投装置收到 110kV 甲线 103 断路器跳位开入，并且时间超过 10s 后（装置固有逻辑），母线电压仍未达到母线失压定值则判断开入异常，备自投放电，所以备自投未动作。110kV I、II 段母线仍有残余电压的原因在于运行在 35kV 出线的一个水电站向电网反送电，事故前水电站 4 台机组同时运行（每台机组装机容量为 1250kW），事故时 35kV 及 10kV 出线共 8.5MW 的负荷由 35kV 出线提供，直到水电站解列。

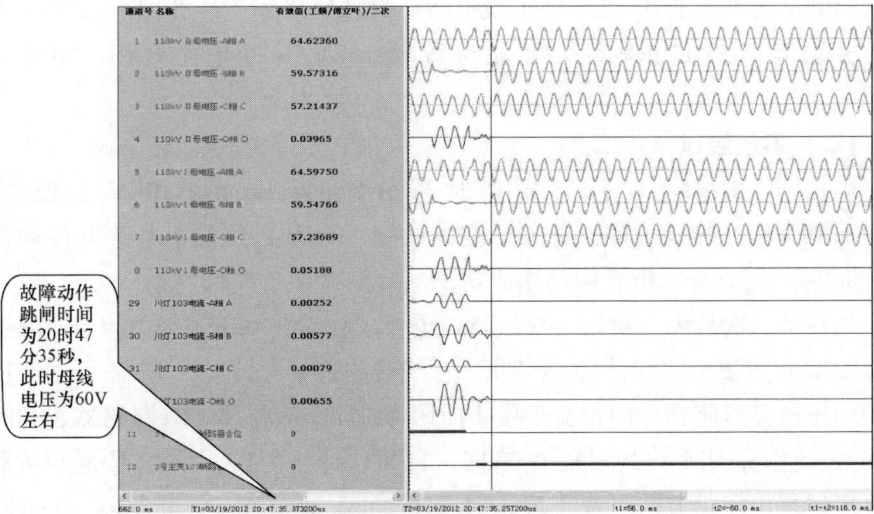

图 2-18　故障录波 1

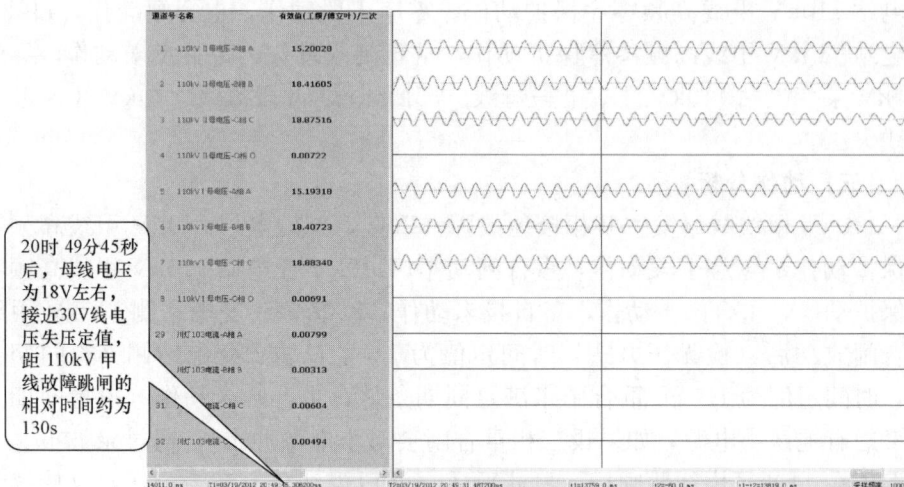

20时 49分45秒后，母线电压为18V左右，接近30V线电压失压定值，距110kV甲线故障跳闸的相对时间约为130s

图 2-19　故障录波 2

十一、110kV 线路距离保护软压板控制字未投入，造成主变压器后备保护动作

（一）故障前某 220kV 变电站运行方式

220kV Ⅰ、Ⅱ段母线、110kV Ⅰ、Ⅱ段母线并列运行，1 号主变压器中性点接地。

110kV 乙线运行于 110kV Ⅰ段母线；110kV 甲线Ⅰ、Ⅱ回，1、2 号主变压器分别运行于 110kV Ⅰ、Ⅱ段母线，110kV A 变电站合环，如图 2-20所示。

（二）事故经过

（1）第一次故障。3 月 18 日 16 时 42 分 27 秒 342ms，110kV 乙线因山火发生 B 相瞬时性接地故障。220kV 变电站侧 110kV 乙线保护零序Ⅱ段动作跳105 断路器，2384ms 重合闸动作成功。

（2）第二次故障。接第一次故障，重合成功后 900ms 再次发生 B 相故障，又经 664ms 发展为三相故障，110kV 乙线线路保护未动作；1、2 号主变压器保护中压侧复压闭锁方向过流Ⅰ段Ⅰ时限 1431ms 动作跳 110 断路器、Ⅱ时限1729ms 动作分别跳 111、112 断路器，110kV 母线失压。1、2 号主变压器保护高压侧复压闭锁方向过流Ⅰ段Ⅰ时限 1729ms 动作跳 110 断路器（110 断路器已处于断开状态）。

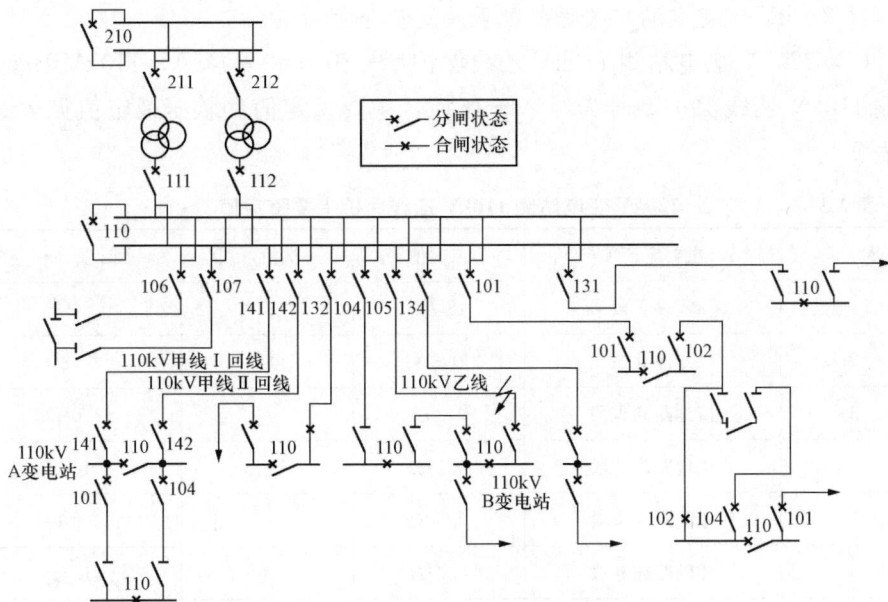

图 2-20　某 220kV 变电站电气接线图

（3）保护动作及故障时序图（以第一次故障启动时刻为基准时刻）如图2-21所示。

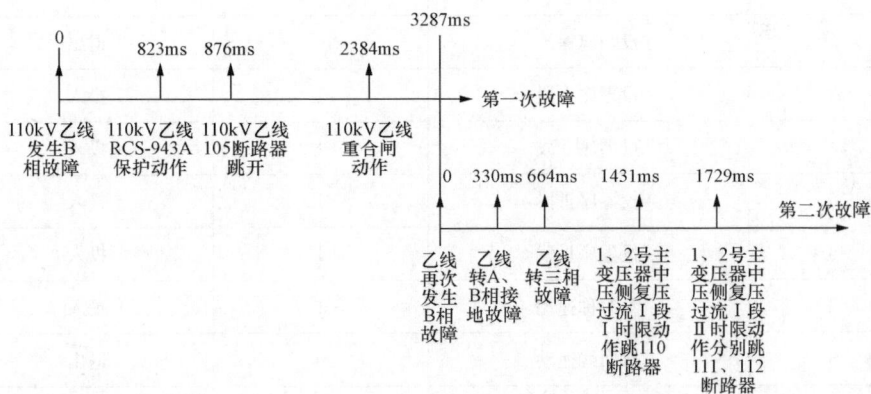

图 2-21　保动作护及故障时序图

（三）保护动作分析

1. 220kV 某变电站有关保护配置及定值介绍

（1）220kV 变电站侧 110kV 乙线保护型号为××－943A，110kV B 变电站侧 110kV 乙线保护型号为××－164B，主要整定值和软压板定值见表 2-3 和表 2-4。

表 2-3　　　　　　　220kV 变电站侧 110kV 乙线保护主要整定值

序　号	主要定值项	二次值	一次值（A）	时限（s）
1	零序Ⅰ段	48.6A	5832	0
2	零序Ⅱ段	9.3A	1116	0.8
3	接地距离Ⅰ段	0.29Ω		0
4	接地距离Ⅱ段	0.61Ω		1.1
5	相间距离Ⅰ段	0.32Ω		0
6	相间距离Ⅱ段	0.61Ω		1.1
7	重合闸			1.5

表 2-4　　　　　　　220kV 变电站侧 110kV 乙线保护软压板定值

序　号	定值名称	数　值	备　注
1	投差动保护	0	退出
2	投距离保护	0	退出
3	投零序Ⅰ段	1	投入
4	投零序Ⅱ段	1	投入
5	投零序Ⅲ段	1	投入
6	投零序Ⅳ段	1	投入
7	不对称速动	1	投入
8	双回线速动	0	退出
9	投闭锁重合	0	退出

（2）1、2 号主变压器保护型号为××－1202B，主要整定值见表 2-5。

表 2-5 1、2 号主变压器保护主要整定值

保护	整定项目	TA变比	定值	单位	备注
1 号主变压器 高后备	复压闭锁方向过流Ⅰ段电流定值（A）	1200/5	4	A	
	复压闭锁方向过流Ⅰ段Ⅰ时 限时间定值（s）		1.7	s	跳 110
	复压闭锁方向过流Ⅰ段Ⅱ时 限时间定值（s）		2	s	跳 211
1 号主变压器 中后备	复压闭锁方向过流Ⅰ段电流定值（A）	600/5	7	A	
	复压闭锁方向过流Ⅰ段Ⅰ时 限时间定值（s）		1.4	s	跳 110
	复压闭锁方向过流Ⅰ段Ⅱ时 限时间定值（s）		1.7	s	跳 111
2 号主变压器 高后备	复压闭锁方向过流Ⅰ段电流定值（A）	1200/5	2.75	A	
	复压闭锁方向过流Ⅰ段Ⅰ时 限时间定值（s）		1.7	s	跳 110
	复压闭锁方向过流Ⅰ段Ⅱ时 限时间定值（s）		2	s	跳 212
2 号主变压器 中后备	复压闭锁方向过流Ⅰ段电流定值（A）	1200/5	5	A	
	复压闭锁方向过流Ⅰ段Ⅰ时 限时间定值（s）		1.4	s	跳 110
	复压闭锁方向过流Ⅰ段Ⅱ时 限时间定值（s）		1.7	s	跳 112

（3）××－943A 保护距离保护功能投入，需"距离保护连接片"和"距离保护控制字投入"均投入，如图 2-22 所示。

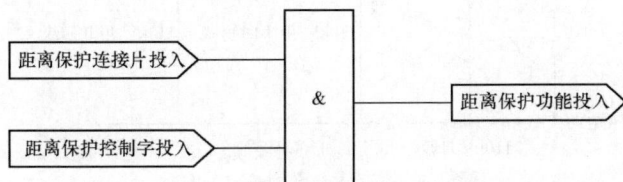

图 2-22　距离保护功能逻辑图

2. 第一次故障分析

220kV 变电站侧 110kV 乙线保护 ××－943A 零序Ⅱ段 823ms 动作跳三相断路器，测距 2.3km，2384ms 重合动作成功，动作报文如图 2-23 所示。110kV B 变电站终端主变压器中性点未接地，无故障电流，所以保护未动。

动作序号	056	启动绝对时间	2012-03-18 16:10:24:583
序　　号	动作相	动作相对时间	动作元件
01 02		00823ms 02384ms	零序过流Ⅱ段 重合闸动作
故障测距结果 故 障 相 别 故障相电流值 故障零序电流 故障差动电流		0002.3 km B 035.86 A 035.82 A 073.86 A	

图 2-23　110kV 乙线第一次故障动作报文

3. 第二次故障分析

(1) 线路保护拒动。110kV 乙线 B 相接地故障持续 664ms 后发展为三相故障，期间零序电流 35A（一次值为 4200A），达到零序Ⅱ段定值，时间未到动作时限 0.8s，转三相故障后无零序电流，零序保护返回；距离保护软压板控制字未投入，距离保护功能退出。故 110kV 乙线故障保护装置拒动。

(2) 1、2 号主变压器保护动作分析。110kV 乙线发展性故障期间，1、2 号主变压器分别通过中压侧断路器向故障点提供电流。110kV 母联断路器断开前、后故障电流示意图分如图 2-24、图 2-25 所示。

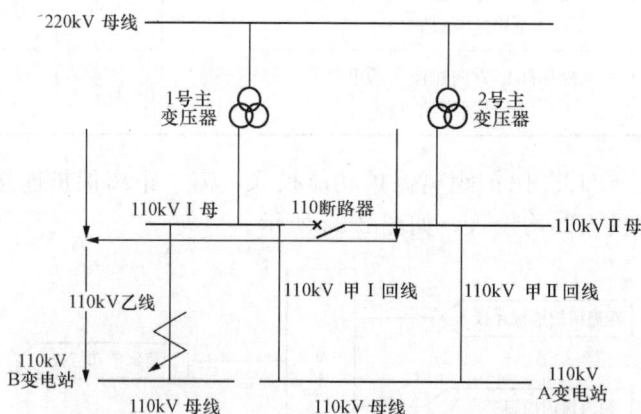

图 2-24　110kV 母联断路器断开前故障电流流向图

110kV 乙线发生 B 相故障时，1 号主变压器提供 22.14A（一次值为 2656A）故障电流，当发展到三相故障时，提供 16.97A（一次值为 2036A）

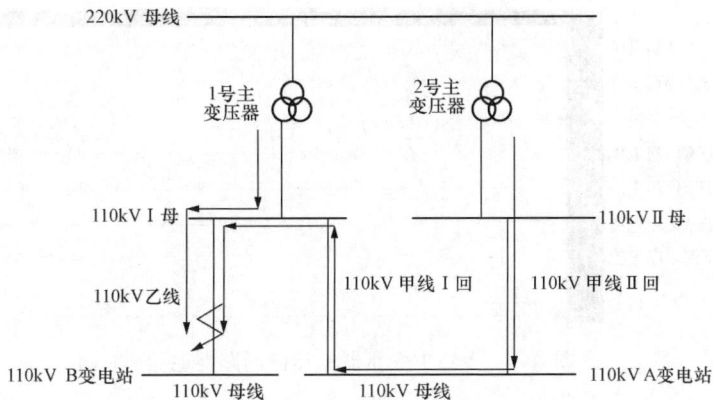

图 2-25　110kV 母联断路器断开后故障电流流向图

故障电流，如图 2-26 所示。

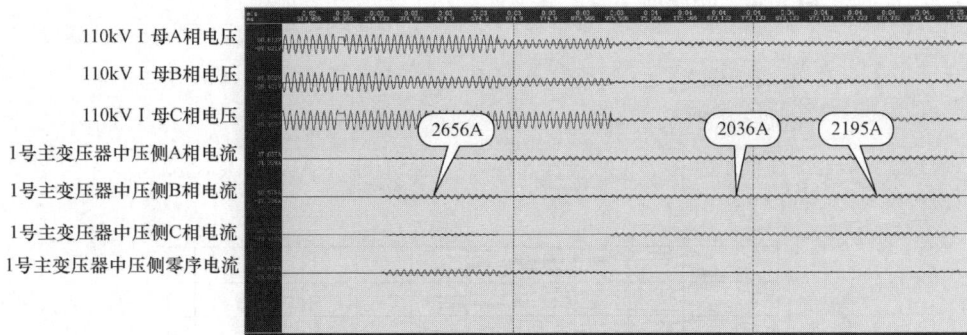

图 2-26　1 号主变压器中压侧断路器电流

　　110kV 乙线发生 B 相故障时，2 号主变压器提供 7.03A（一次值为 1687A）故障电流，当发展到三相故障时，提供 12.01A（一次值为 2882A）故障电流，如图 2-27 所示。

　　110kV 乙线发生 B 相故障时，110kV 母线故障相电压为 40V，负序电压为 10.6V，当发展到三相故障时，110kV 母线故障相电压为 6V，满足复合电压开放条件。

　　1、2 号主变压器提供故障电流均超过 A、B 套保护中压侧复压闭锁方向过流 I 段整定值，经 I 时限 1431ms（如图 2-28 所示，对应于保护动作报文 4710ms 时）动作跳母联 110 断路器，但故障点并未隔离。

　　110kV 母联断路器断开后：

　　1 号主变压器继续通过 110kV I 母向 110kV 乙线提供故障电流，故障电

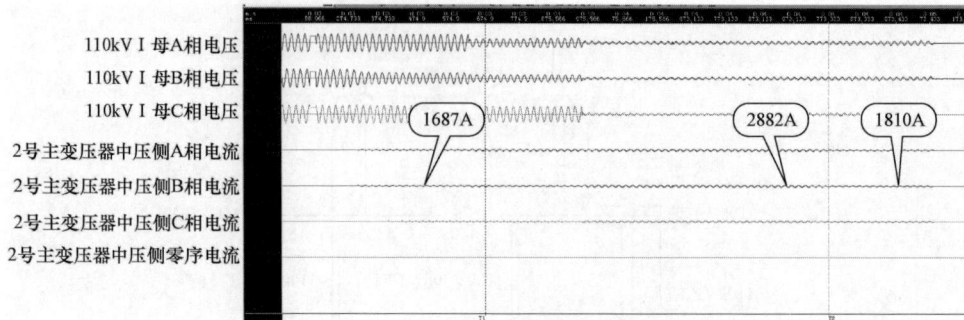

图 2-27　2 号主变压器中压侧断路器电流

110kVⅠ母A相电压
110kVⅠ母B相电压
110kVⅠ母C相电压
2号主变压器中压侧A相电流
2号主变压器中压侧B相电流
2号主变压器中压侧C相电流
2号主变压器中压侧零序电流

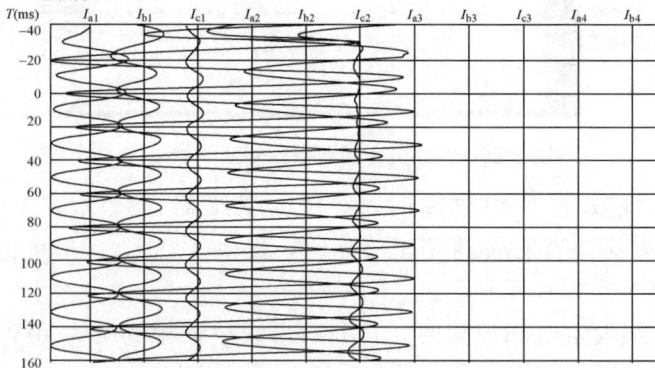

线路名称可设置
自定义数字式保护装置
故障报告
2012年03月18日　16时30分6秒162毫秒
000000ms　　后备保护启动　　　　　　　　　　　　（中压侧HB3　　　）［CPU3］
000002ms　　后备保护启动　　　　　　　　　　　　（HB3-220kV　　　）［CPU2］
003651ms　　差动保护启动　　　　　　　　　　　　（差动保护23　　　）［CPU1］
004710ms　　负方向Ⅱ出口　　跳110　　　　　　　　（中压侧HB3　　　）［CPU3］
005011ms　　复压方向Ⅱ出口　跳110　　　　　　　　（HB3-220kV　　　）［CPU2］
005011ms　　复压方向12出口　跳111　　　　　　　　（中压侧HB3　　　）［CPU3］
010128ms　　零序CT反向　　　　　　　　　　　　　（HB3-220kV　　　）［CPU2］

线路名称可设置
自定义数字式保护装置
故障录波
保护类型：差动保护23
2012年03月18日　16时30分09秒813毫秒

模拟量通道：
I_{a1}=5.00A/格　　　I_{c1}=5.00A/格　　　I_{a2}=5.00A/格
I_{b1}=5.00A/格　　　I_{c2}=5.00A/格　　　I_{b3}=5.00A/格
I_{b2}=5.00A/格　　　I_{a3}=5.00A/格　　　I_{c4}=5.00A/格
I_{c3}=5.00A/格　　　I_{a4}=5.00A/格
开关量通道：
I=差动保护23

图 2-28　1 号主变压器 B 套保护动作报文

流为 18.29A（一次值为 2195A），大于 A、B 套保护中压侧复压闭锁方向过流
Ⅰ段定值 7A（一次值为 840A），经Ⅱ时限 1729ms 跳 1 号主变压器中压侧 111
断路器。

　　2 号主变压器继续通过 110kV Ⅱ母—110kV 甲线Ⅱ回—110kV A 变电站
母线—110kV 甲线Ⅰ回—110kV Ⅰ母，继续向 110kV 乙线提供短路电流，故

障电流为 7.54A（一次值为 1810A），大于 A、B 套保护中压侧复压闭锁方向过流 I 段定值 5A（一次值为 1200A），经 II 时限 1729ms 跳 2 号主变压器中压侧 112 断路器。

注：1、2 号主变压器电流差异因容量不同而不同（1 号主变压器为 90MW、2 号主变压器为 120MW）。

（四）结论

第一次 110kV 乙线 B 相瞬时性故障，保护正确动作切除故障，重合闸动作成功。

第二次 110kV 乙线 B 相转三相发展性故障，因距离保护软压板控制字未投入，导致 110kV 乙线故障时线路保护拒动，由主变压器后备保护正确动作切除故障。

（五）暴露问题

1. 定值执行管理存在疏漏

经调查，110kV 乙线距离保护软压板未投入的原因如下：

2011 年 8 月 17 日，根据短路容量校核需要对 220kV 变电站所有 110kV 出线及旁路 170 进行定值更改，当日需更改的保护定值共 24 套（旁路 170 及所带 12 条出线定值共计 24 套），110kV 乙线保护装置新定值单号第 2011/91 号（软压板定值部分如图 2-29 所示）。

继电保护及安全自动装置定值通知单

第 2010/219			
厂站名称	220kV××变电站	设备名称	110kV 乙线线 105
保护装置型号	××-943A	开关编号	
TA 变比	600/5	TV 变比	1100
序号	整定值名称	02 区	03 区
2	软压板		
2.1	投差动保护	0	0
2.2	投距离保护	1	1
2.3	投零序 I 段	1	1
2.4	投零序 II 段	1	1
2.5	投零序 III 段	1	1
2.6	投零序 IV 段	1	1
2.7	不对称速动	0	0
2.8	双回线速动	0	0
2.9	投闭锁重合	0	0

图 2-29　2010/219 号定值单号中软压板定值部分

因 220kV 变电站 110kV 出线保护装置有××-941 和××-943A 两种型

号，保护人员先对 110kV 甲线 I、II 回及另一出线保护定值更改并核对（型号为××－941，其定值单项目及内容均与实际相符）后，考虑需更改定值的线路保护太多，工作人员便分为两组：一组单独更改旁路 170 保护定值，完毕后共同核对；另一组与值班人员进行投退保护、修改定值、核对保护的工作。与值班人员一组的保护人员修改到 110kV 乙线保护（保护装置型号为××－943A）定值软压板投切部分时，其 2011/91 号定值单软压板投退栏与装置实际（原 2010/219 号定值单与装置实际相符，如图 2-30 所示）不符，保护人员在更改定值时只对照定值数值，误将 110kV 乙线保护装置距离保护软压板退出，而值班人员未将整定值名称与定值数值进行一一核对，便结束 110kV 乙线保护装置定值录入工作，将保护投入运行，然后进行下一条线路保护定值更改，直至整项工作结束。

继电保护及自动装置整定书

厂站名称：220kV ××变电站　　　　第 2011/91 号

设备名称	110kV乙线	保护型号	××-943A	制造厂家	南京××
电流变比	600/5	电压变比	110/0.1	最大负荷	500A
××-941A运行方式控制字SW(n)整定"1"表示投入，"0"表示退出					
软压板					
序号	定值名称	00区			备注
01	TA断线闭锁差动	0			退出
02	投差动保护	0			退出
03	投距离保护	1			投入
04	投零序 I 段	1			投入
05	投零序 II 段	1			投入
06	投零序 III 段	1			投入
07	投零序 IV 段	1			投入
08	不对称速动	1			投入
09	双回线速动	0			退出
10	投闭锁重合闸	0			退出

图 2-30　2011/91 号新定值单中软压板定值部分

110kV 乙线保护（保护装置型号为××－943A）于 2009 年 10 月投运，在 2010 年 3 月进行新设备投运 1 年后全检时，装置定值项均正确无误，而在 2011 年 8 月 17 日修改定值完毕并投入运行至今，110kV 乙线未发生故障，故无法通过故障进行校验。

该问题暴露出继电保护人员在实际工作中未严格按照管理办法要求进行定值修改核对工作，造成装置定值与正式定值单定值不符，留下保护不正确动作的隐患。

2. 风险辨识及控制能力有待加强

在第二次故障期间，当线路保护拒动时，主变压器后备保护正确动作跳

220kV 变电站 110kV 母联断路器。但因 1、2 号主变压器保护仍通过 110kV 甲线 Ⅰ、Ⅱ 回—110kV A 变电站母联通道感受故障电流，致故障点未有效隔离，使 2 台主变压器动作跳闸。

该问题暴露出对于地区电网存在的风险点梳理及防范措施制订有待加强，应按照整定规程关于 110kV 电网宜环网布置、开环运行的原则及南网总调《地区电网整定计算专题会会议纪要》要求，提高风险辨识及控制能力，并合理优化运行方式安排。

(六) 整改措施

（1）立即按照正式定值单要求修改 110kV 乙线线路保护定值。

（2）应制订管辖范围内的保护装置定值核对计划，逐一检查是否存在装置定值与正式定值单不符的情况，并上报中调继电保护科。

（3）应加强制订的定值执行、定值管理、定值回执等相关规定的宣贯，加强人员培训，开展宣贯培训工作，做好记录，中调将不定期进行抽查。

（4）按照南网总调 3/2012 号《地区电网整定计算专题会会议纪要》要求，合理安排电网运行方式，及时发布整定计算风险。

十二、35kV 出线保护拒动导致 2 号主变压器高、中压侧后备保护动作

(一) 事件经过

2012 年 3 月 15 日 2 时 21 分，某 110kV 变电站发生一起因 35kV 出线保护拒动导致 2 号主变压器高、中压侧后备保护动作事故。

2012 年 3 月 15 日 1 时 57 分，110kV 变电站后台机报"1 号主变压器中压侧母线接地"告警。检查发现：2012 年 3 月 15 日 1 时 57 分 8 秒，35kV 甲线 301 线路保护 A 相Ⅲ段过流保护及 35kV 乙线 303 线路保护 A 相Ⅰ段过流保护相继动作跳开 301、303 断路器，重合闸动作后两条线路故障仍然存在，后加速保护动作永久性跳开 301、303 断路器；同时 110kV 分段 110 断路器不明原因跳闸。2 时 18 分 13 秒，35kV 丙线 302 线路保护 A 相Ⅰ段过流保护动作，302 断路器未能跳开，35kV 丙线保护装置报"重合闸失败"，随后 2 号主变压器中压侧后备保护复压闭锁过流Ⅰ段、高后备复压闭锁过流Ⅰ、Ⅱ段相继动作，跳开 310、110（之前已跳开）、112、312、012 断路器，致使变电站 110kV Ⅰ段母线及 35、10kV 母线失压。故障发生后，值班员发现 35kV Ⅰ段母线 C 相接地。

（二）事故前运行方式

110kV 甲线 109（220kV A 变电站－110kV 变电站）为主供电源，110kV 分段 110、110kV 乙线 102 运行；1、2 号主变压器并列运行，35kV Ⅰ、Ⅱ 段母线及出线运行，305 为冷备用。10kV Ⅰ、Ⅱ 段母线及出线运行。变电站一次接线简图如图 2-31 所示。

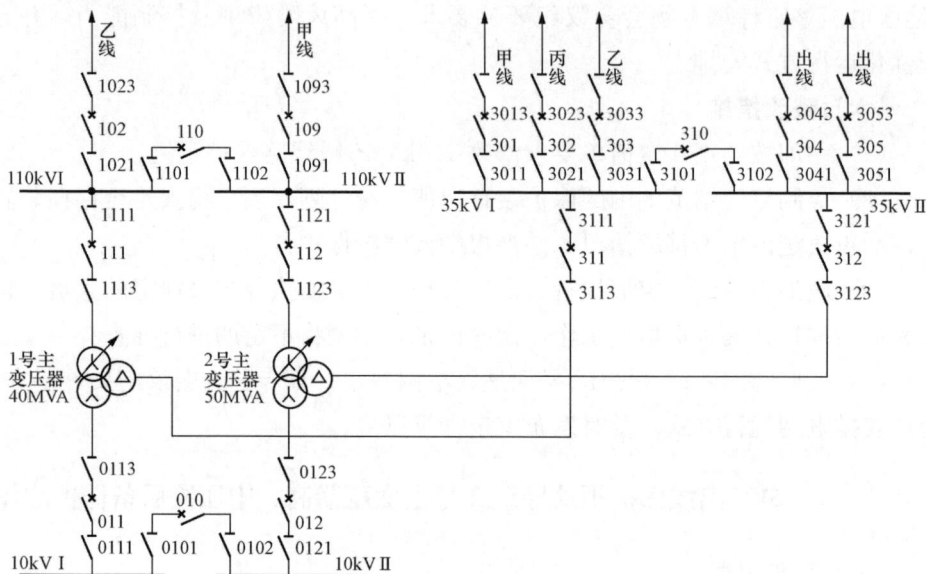

图 2-31 110kV 变电站一次接线简图

（三）保护动作情况分析

继电保护人员查阅现场保护信息记录（由于 110kV 变电站无时间同步装置，为便于事件分析，以下所有时间全部为以 2 号主变压器保护故障录波的 2 号主变压器中压侧后备保护时间为基准的人工时差校正后的时间，精确到秒，电流值全部为二次值）。从故障报文显示，本次事故分 2 个阶段。

1. 第一阶段分析

通过调取 2 号主变压器高、中压侧后备录波文件分析，在第一阶段按保护动作顺序分析如下。

（1）1 时 57 分 6 秒 71 毫秒（对应录波文件高后备 00 _ 011 _ 56886），35kV 甲线 A、B 相故障，经 1.16s 跳闸。保护装置报文反映：A、B 相故障过流Ⅲ段跳闸成功，故障电流为 10.23A，经 1021ms 重合闸成功，故障消失，如图 2-32 所示。

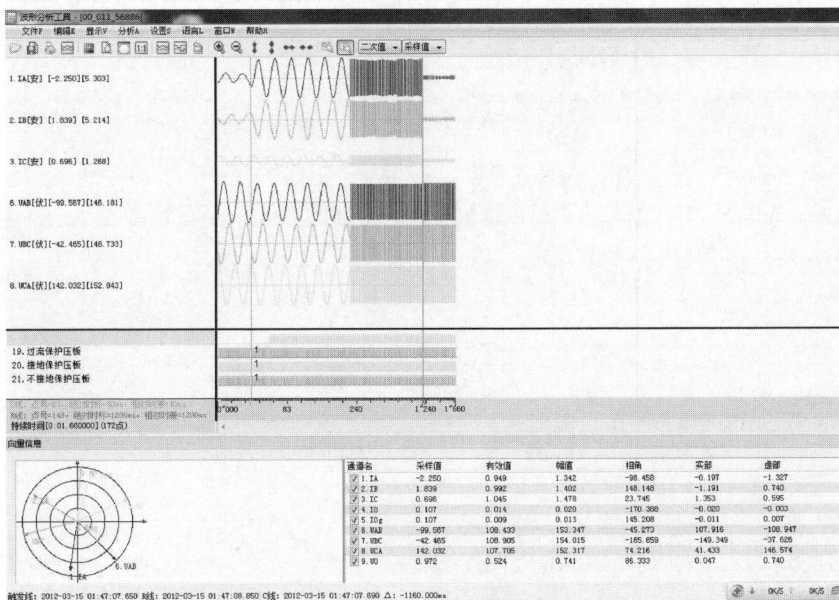

图 2-32　第一阶段录波 1

（2）1 时 57 分 8 秒 207 毫秒（对应录波文件高后备 00 _ 011 _ 56887，中后备 00 _ 011 _ 00120），35kV 乙线 A、B 相故障，经 0.1s 跳闸。保护装置报文反映：A、B 相过流 Ⅰ 段跳闸成功，故障电流 23.89A，经 1022ms 重合成功，如图 2-33 和图 2-34 所示。

（3）35kV 乙线重合后，经 0.6s，1 时 57 分 9 秒 839 毫秒（对应录波文件高后备 00 _ 011 _ 56888，中后备 00 _ 011 _ 00121），35kV 乙线 B、C 相故障，又经 0.1s 跳闸。保护装置报文反映：B、C 相过流 Ⅰ 段跳闸成功，故障电流为 19.01A，如图 2-35 和图 2-36 所示。

（4）1 时 57 分 10 秒 834 毫秒（对应录波文件高后备 00 _ 011 _ 56889，中后备 00 _ 011 _ 00122），35kV 甲线 A、B 相故障，经 0.26s 跳闸。保护装置报文反映：A、B 相后加速 Ⅱ 段跳闸，故障电流为 18.69A，跳闸成功故障消失，如图 2-37 和图 2-38 所示。

同时，在 35kV 甲线 A、B 相故障保护后加速 Ⅱ 段动作过程中，110kV 分段 110 断路器分闸（时间为 1 时 57 分 10 秒 925 毫秒），110kV 变电站运行方式发生改变，如图 2-39 和图 2-40 所示。

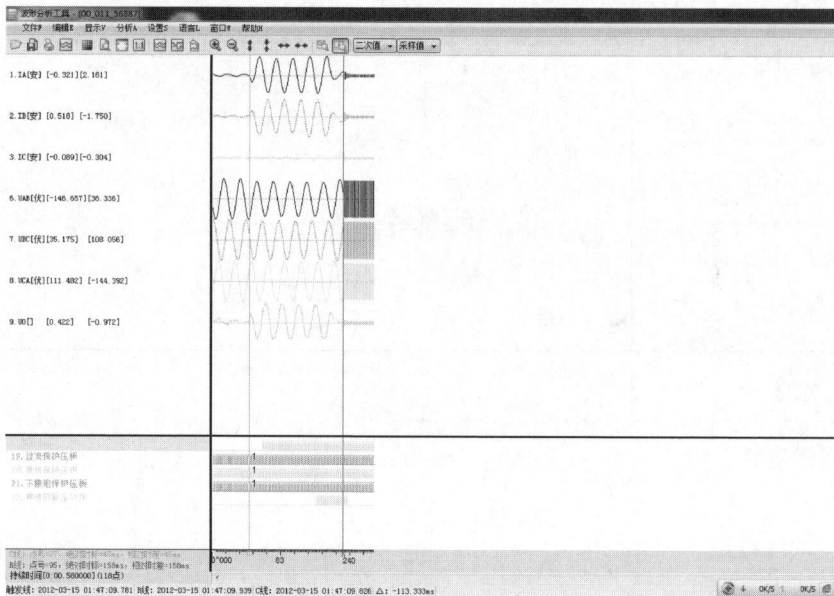

图 2-33 第一阶段录波 2

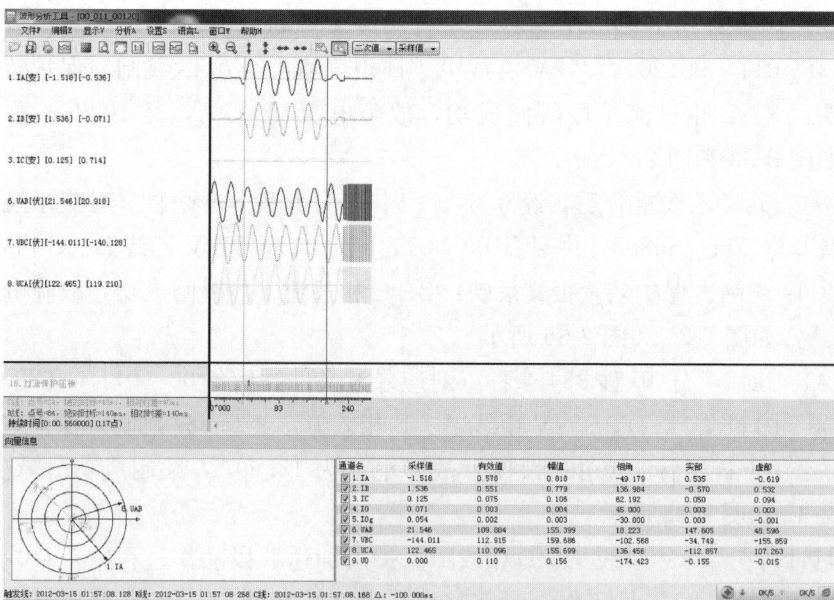

图 2-34 第一阶段录波 3

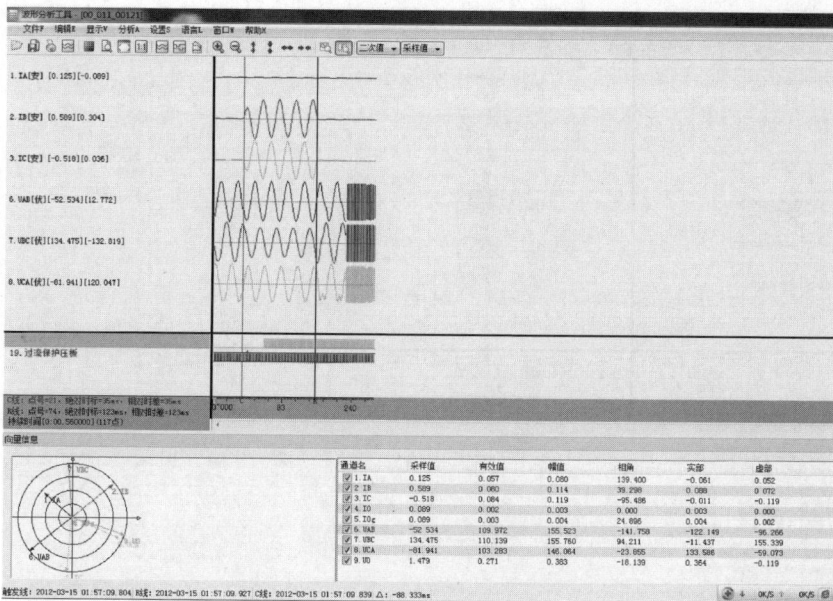

图 2-35　第一阶段录波 4

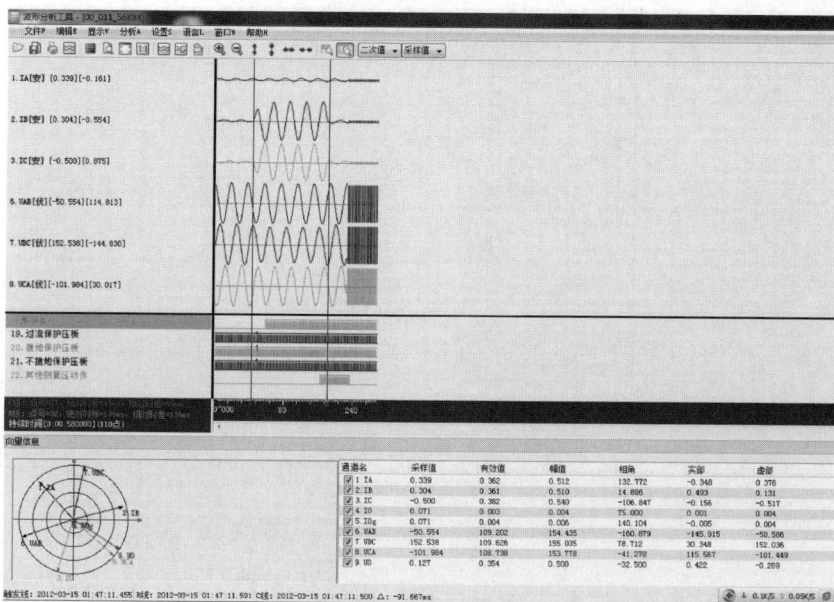

图 2-36　第一阶段录波 5

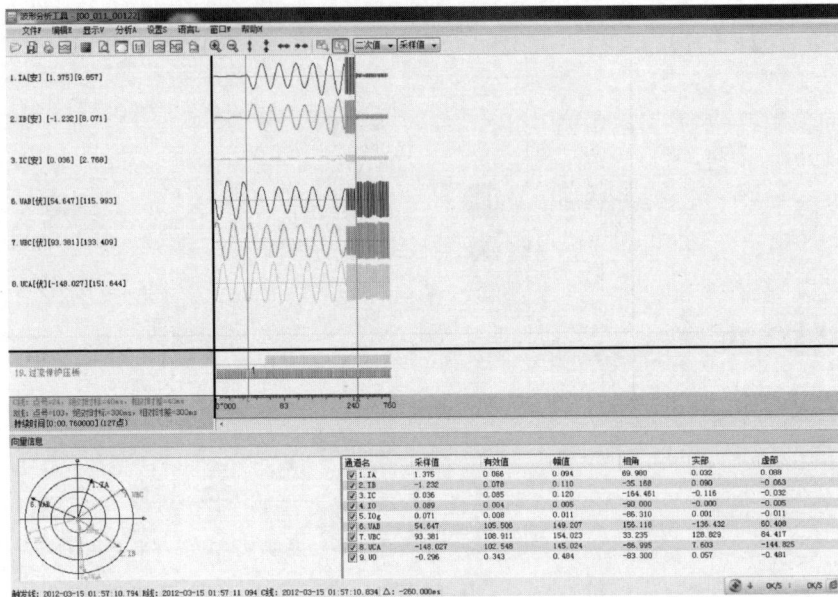

图 2-37　第一阶段录波 6

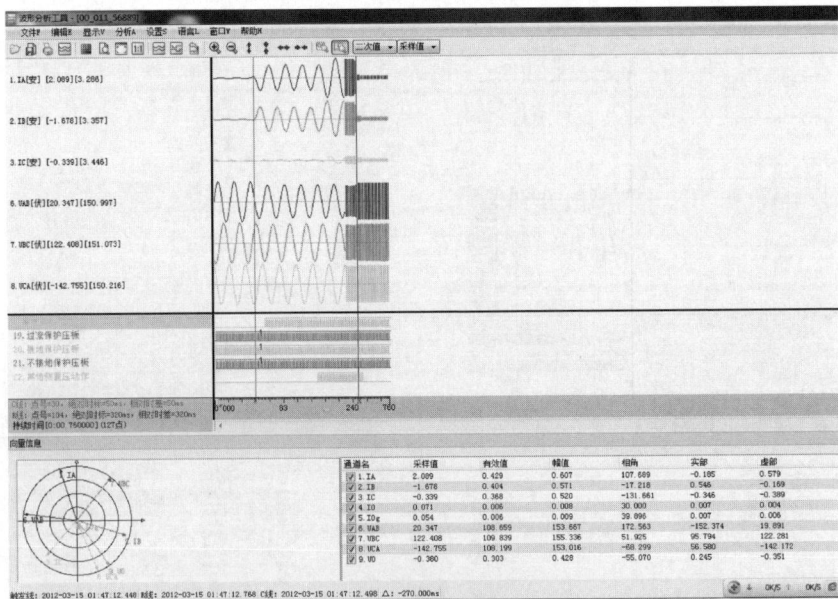

图 2-38　第一阶段录波 7

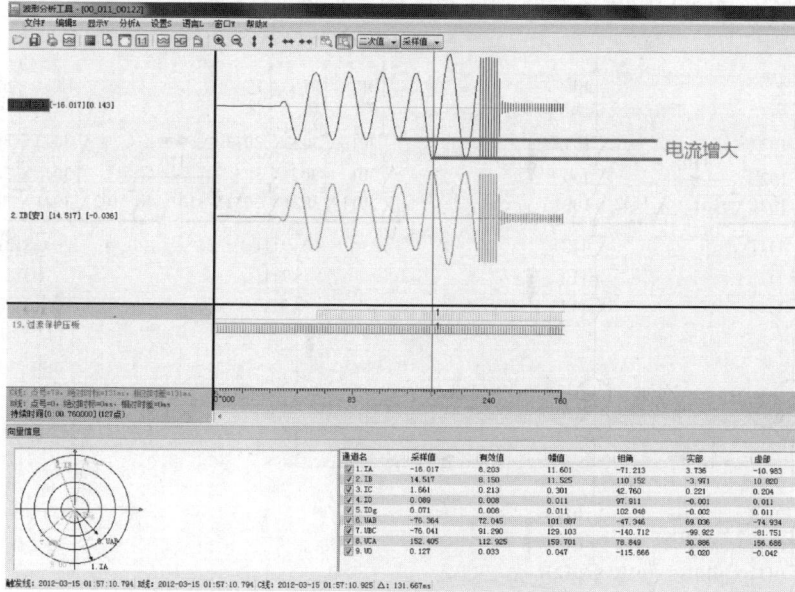

图 2-39　第一阶段录波 8

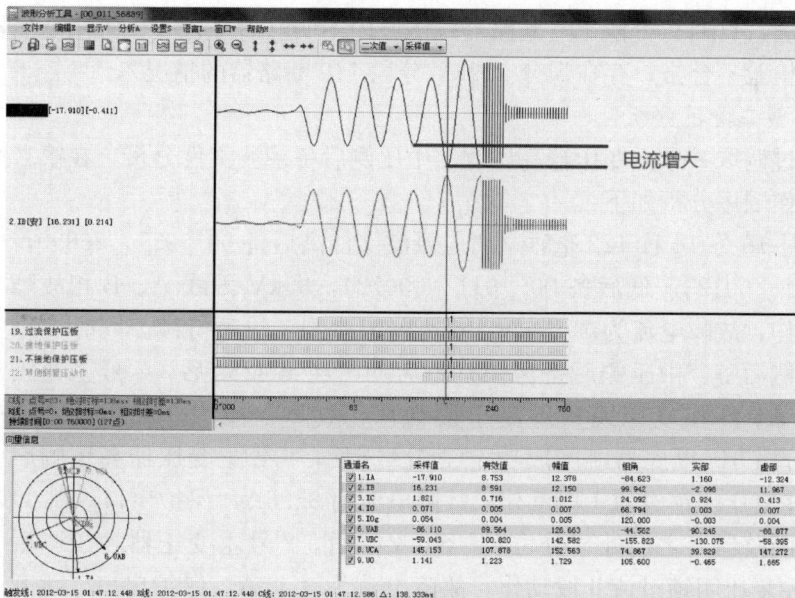

图 2-40　第一阶段录波 9

110kV 分段 110 断路器断开后潮流图，如图 2-41 所示。

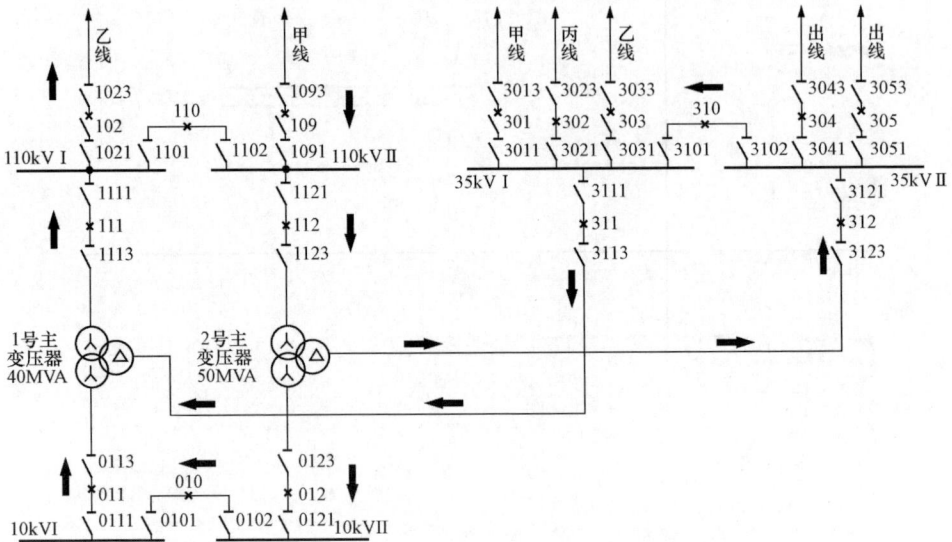

图 2-41　110kV 分段 110 断路器断开后潮流图

通过以上分析得出，在第一阶段 35kV 甲、乙线保护动作符合整定要求，行为正确；110kV 分段 110 断路器跳闸原因不明（后经检查 1 号主变压器高后备保护检验不合格，存在误分 110kV 分段 110 断路器的情况）。

2. 第二阶段分析

通过调取 2 号主变压器高压侧、中压侧后备录波文件分析，在第二阶段按保护动作顺序分析如下：

2 时 18 分 14 秒 122 毫秒（对应录波文件高后备 00＿011＿56890，中后备 00＿011＿00123，低后备 00＿011＿00072），35kV 丙线 A、B 相故障，过流Ⅰ段动作，故障电流为 39.11A，断路器未跳闸，故障持续。同时 2 号主变压器高压侧后备、中压侧后备保护整组启动，经 1.423s 后，2 号主变压器中压侧后备 A、B 相复压闭锁过流Ⅰ段动作，故障电流为 13.03A，保护出口，35kV 分段 310 断路器跳闸成功。经 0.44s 后，2 号主变压器高压侧后备保护 A、B 相复压闭锁过流Ⅰ段动作，故障电流为 9.96A，保护出口，跳 110kV 分段 110 断路器（之前处于分位）。经 0.24s 后，2 号主变压器高压侧后备保护 A、B 相复压闭锁过流Ⅱ段动作，故障电流为 9.95A，保护出口，跳开 2 号主变压器 112、312、012 断路器。第二阶段录波情况如图 2-42 和图 2-43 所示。

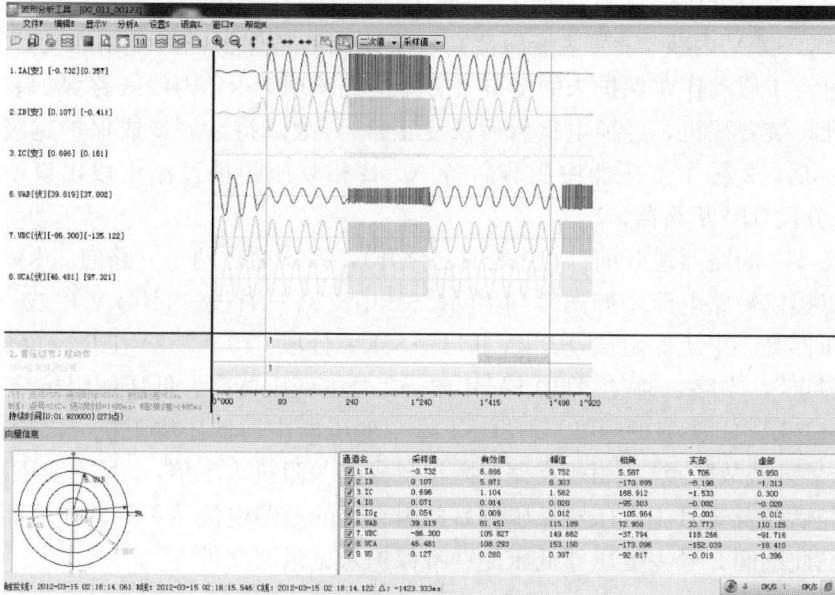

图 2-42　第二阶段录波 1

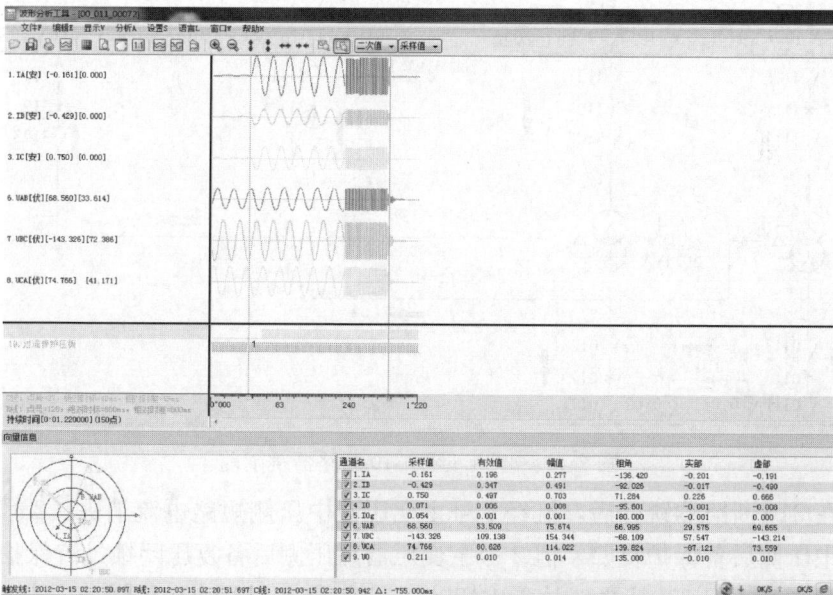

图 2-43　第二阶段录波 2

通过录波分析，在第二阶段，2时18分14秒122毫秒，35kV丙线A、B相故障，35kV丙线、2号主变压器高、中压侧后备保护同时整组启动。35kV丙线过流Ⅰ段动作，保护未能出口（后经检查发现35kV丙线线路保护装置程序走死，装置死机，经掉电重启后恢复正常），故障持续，造成保护越级。经1.423s后，2号主变压器中压侧后备A、B相复压闭锁过流Ⅰ段出口，跳开35kV分段310断路器。

在310断路器跳开前（110之前已分开），系统通过两个支路向35kV丙线故障点提供短路电流，如图2-44所示。其中支路一通过"110 kV甲线→2号主变压器高、中压侧阻抗→35kVⅡ母→35kV分段310→35kVⅠ母→35kV丙线故障点"，支路二通过"110 kV甲线→2号主变压器高、低压侧阻抗→10kVⅡ母→10kV分段010→10kVⅠ母→1号主变压器中、低压侧阻抗→35kVⅠ母→35kV丙线故障点"。由于支路二阻抗比支路一阻抗大1倍，1号主变压器中、低压侧后备及2号主变压器低压侧后备因经过的短路电流达不到动作值而未动作，在此期间2号主变压器低压侧后备保护未见录波文件。

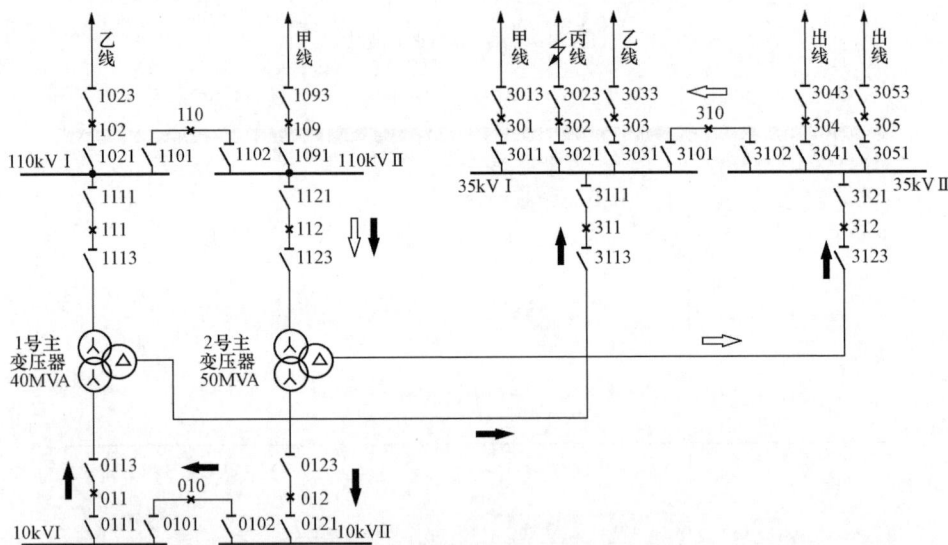

图2-44 35kV母联310断路器跳闸前

在310断路器跳开后，流经2号主变压器中压侧短路电流消失，2号主变压器中压侧后备保护复归，但2号主变压器高压侧后备复压闭锁过流保护启动保持。同时，但35kV丙线故障未切除，系统通过"110 kV甲线→2号主变压器高、低压侧阻抗→10kVⅡ母→10kV分段010→10kVⅠ母→1号主变压器中、低压侧阻抗→35kV Ⅰ母→35kV丙线故障点"提供短路电流，如图2-45所示。

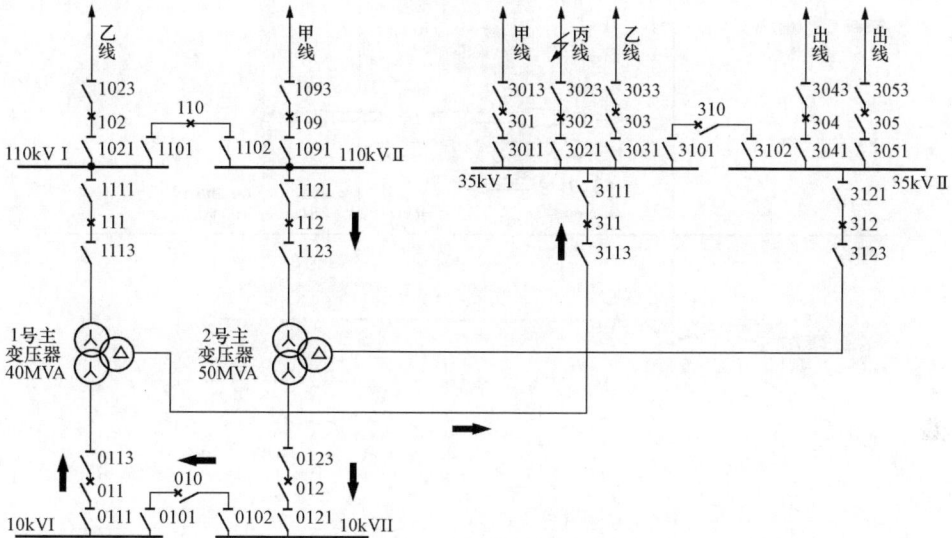

图 2-45　35kV 母联 310 跳闸后

　　此时，1号主变压器中、低压侧后备保护及2号主变压器低压侧后备保护均整组启动。经0.44s后，2号主变压器高压侧后备A、B相复压闭锁过流Ⅰ段出口，跳110kV分段110断路器（之前处于分位）。经0.24s后，2号主变压器高压侧后备A、B相复压闭锁过流Ⅱ段出口，跳开2号主变压器112、312、012断路器。由于1号主变压器中、低压侧后备及2号主变压器低压侧后备保护动作时限不够，均未出口，如图2-46～图2-48所示。

　　通过以上分析可知，在第二阶段1号主变压器中、低后备保护动作符合整定要求，行为正确；2号主变压器高、中、低后备保护动作符合整定要求，动作正确；35kV丙线保护动作未出口，致使保护越级，后经检查发现35kV丙线线路保护装置程序走死，装置死机，断电重启后恢复正常。

　　（四）暴露问题

　　1. 继电保护装置质量问题

　　某110kV变电站35kV丙线采用××－JB12型保护装置，1号主变压器高压侧后备保护采用××－T20B保护装置，该系列保护装置采用集成式设计（非插件式），装置内任何元件故障都需更换整个保护装置，这样就增加了维护工作量，延长了检修用时，同时导致装置维护成本增加，且多次发生10、35kV××－JB12线路保护装置因通信故障更换整个装置的情况。装置运行可

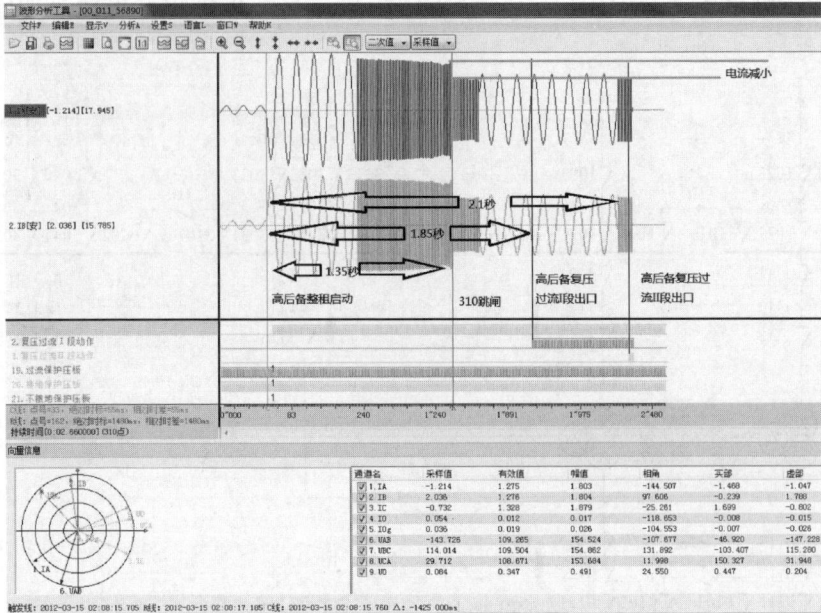

图 2-46　第二阶段录波 3

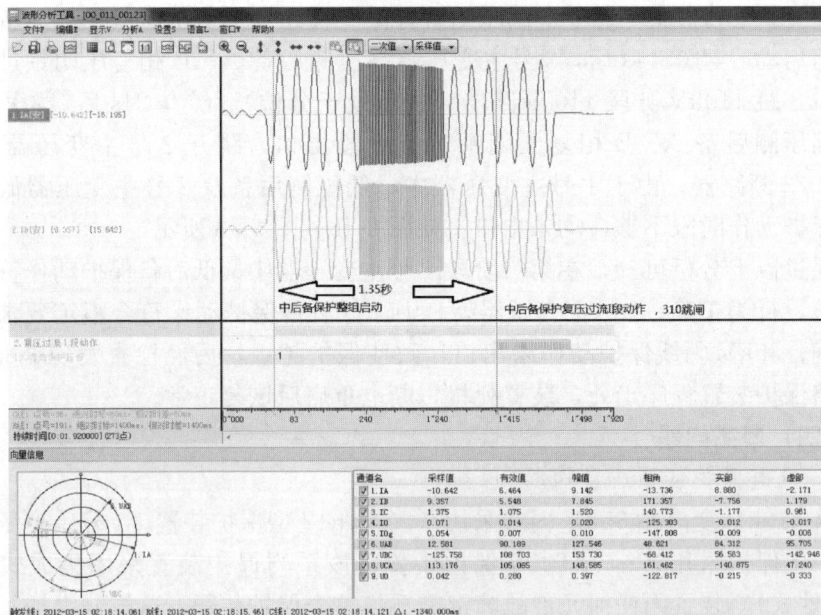

图 2-47　第二阶段录波 4

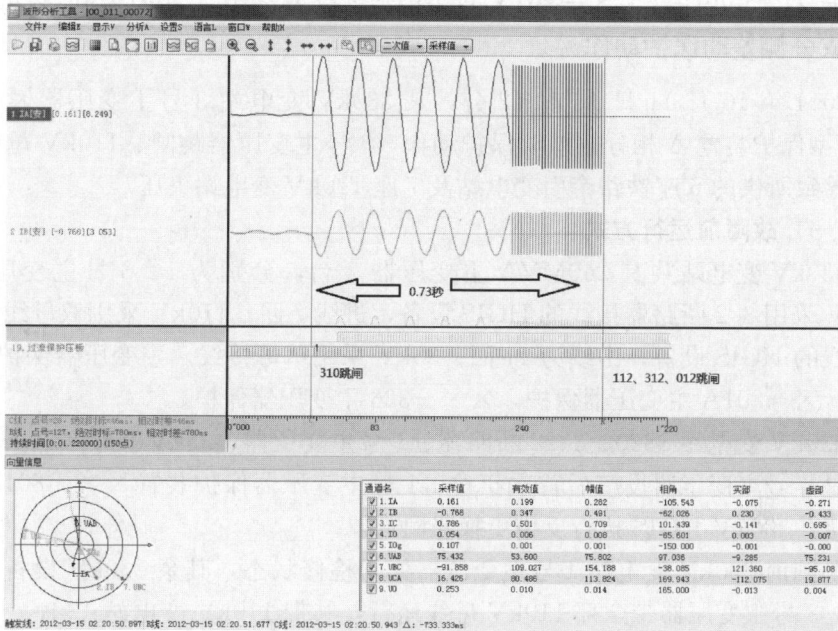

图 2-48　第二阶段录波 5

靠性低、故障率高。由于该型号保护装置运行时间长、产品老化严重、运行工况较差，且厂家已不存在，售后服务得不到保证。

2. 保护装置功能设计落后

CDD 系列保护装置不具备录波功能，一旦发生事故，无法录取故障信息，且由于站内无 GPS 对时装置，各装置之间存在时差，无法开展事件调查分析。

（五）整改措施

（1）更换目前已存在误、拒动缺陷的 1 号主变压器××－T20B 高压侧后备保护及 35kV 丙线 302 线路××－JB12 保护装置，对其他装置进行彻底检查试验。

（2）针对变电站保护装置运行时间长、产品老化严重、运行工况较差、厂家已不存在、售后服务得不到保证的情况。建议列入技改计划，对全站综合自动化系统进行整体更换，采用产品质量优秀、运行记录良好的大厂设备。

（3）对 110kV 变电站故障录波、GPS 对时装置进行清查，对不能正常运行的制订消缺计划，将未加装上述装置的变电站列入技改计划补装完善。

（4）加强继电保护装置技术监督和维护管理，缩短装置定检周期，增加日常巡视次数，避免装置出现死机等引起保护拒动的事件发生。

十三、主变压器××—801A 型保护装置公共绕组 A 相电流回路接触不良造成分侧差动保护动作

2011 年 10 月 11 日 16 时 42 分,某 330kV 变电站 3 号主变压器××—801A 型保护装置 A 相分侧差动保护动作,3 号主变压器跳闸、110kV 母线失压,导致所供的 6 座铁路牵引变电站及 7 座 110kV 变电站失压。

(一) 故障前运行方式

330kV 变电站共有 240MVA 主变压器 2 台,分别为 1、3 号主变压器;330kV 采用 3/2 断路器接线的 HGIS 设备,进线 7 回;110kV 采用双母线双分段接线的 HGIS 设备,出线为 11 回;35kV 采用单母接线。主变压器保护共 2 套:××—801A 主变压器保护,××—326 主变压器保护。

330kV 变电站 3320、3322 断路器、1 号主变压器、35kV Ⅰ 母停电。工作任务是 1 号主变压器投产后首次年检、1 号主变压器保护装置××—801A 软件升级,330kV HGIS 执行反措更换吸附剂罩。

跳闸前 330kV 变电站 1 号主变压器处于检修状态,其余 330kV 设备全部运行,3 号主变压器带全部 110kV 母线运行,共带 110kV 变电站 13 座,其中铁路牵引变电站 6 座。

(二) 3 号主变压器跳闸过程及处置情况

16 时 42 分,330kV 变电站 3 号主变压器跳闸,110kV 母线失压,××—801A 分侧差动保护动作。

现场工作情况:1 号主变压器试验、断路器消缺工作于 16 时 20 分结束。保护软件升级、二次回路检查于 16 时 42 分 3 号主变压器跳闸后,工作终止。

经检查确认,3 号主变压器本体、三侧断路器及其引线等一次设备未见异常;3 号主变压器本体和调压瓦斯保护无动作信号;集气盒无气体;××—326 保护无动作信号;××—801A 保护装置输出"分侧差动动作"信号;故障录波无系统故障波形;综上判断,3 号主变压器跳闸是由××—801A 保护分侧差动动作引起的,一次设备无故障。17 时 19 分,将 3 号主变压器××—801 分侧差动保护退出运行。17 时 31 分,3 号主变压器送电成功,恢复正常方式。

(三) 事故调查与故障原因分析

根据保护动作报告分析,保护动作是由××—801A 保护公共绕组 A 相电流回路异常引起的。记录波形为较典型 TA 过负荷波形。结合保护以及主变压器故障录波器打印报告,对公共绕组所属端子排回路检查,发现 3 号主变压器公共绕组保护用 A 相 D29 号 TA 端子内侧与屏内连线松动,有放电痕迹。主变压器保护屏公共绕组在 1 号主变压器停运后,3 号主变压器负荷增大,松动

点发热打火，造成 A 相电流回路电阻增大。据此，××－801A 分侧差动保护动作的原因是：A 相电流回路接触不良，引起差动回路产生 0.19A 差流（动作定值为 0.11A），造成分侧差动保护动作。保护动作报告、故障录波图及现场接线分别如图 2-49～图 2-53 所示。

××-801A/P/F变压器保护

厂站名称	330kV××变电站3号主变压器	装置编号		装置地址	172
打印项目	保护动作报告	打印时间		2011年10月12日　1时1分3秒	

故障序号	1472	启动作时间	2011年10月11日 16时42分6秒 664毫秒	
序号	动作元件名称		动作相别	动作相对时间

××-801A/P/F变压器保护

厂站名称	330kV××变电站3号主变压器	装置编号		装置地址	172
打印项目	保护动作报告	打印时间		2011年10月12日　1时1分43秒	

故障序号	1476	启动作时间	2011年10月11日 16时42分7秒 247毫秒	
序号	动作元件名称		动作级别	动作相对时间
01	分侧差动保护			589毫秒

分侧差动保护故障参数

序号	名称	量值		序号	名称	量值	
01	A相分侧差动电流	0.190	A	04	A相分侧制动电流	0.359	A
02	B相分侧差动电流	0.008	A	05	B相分侧制动电流	0.349	A
03	C相分侧差动电流	0.007	A	06	C相分侧制动电流	0.341	A

××-801A/P/F变压器保护

厂站名称	330kV××变电站3号主变压器	装置编号		装置地址	172
打印项目	故障录波（电网故障序号1476）	打印时间		2011年10月12日 1时2分38秒	

状态量序号	FUN	状态量名称	状态量序号	FUN	状态量名称
30	ff	高1支路断路器位置	31	ff	高2支路断路器位置
32	ff	中1支路断路器位置	34	ff	低压侧断路器位置
35	ff	CPU2启动	34	ff	A相差流突变启动量
36	ff	B相差流突变量启动	39	ff	C相差流突变启动量
37	ff	TA异常	46	ff	A相励磁涌流闭锁
47	ff	B相励磁涌流闭锁	50	ff	C相励磁涌流闭锁
51	ff	过励磁闭锁	56	ff	差流速断动作
57	ff	比率差动动作	59	ff	增量差动动作
66	ff	分侧差动动作			

电网故障序号	1476	故障时间	2011年10月11日　16时42分6秒666毫秒	
通道号	通道名称		通道号	通道名称
00	高1支路A相电流		04	中1支路B相电流
01	中1支路A相电流		05	低压侧B相电流
02	低压侧A相电流		06	高1支路C相电流

图 2-49　保护动作保护

电网故障序号	1476	故障时间	2011年10月11日 16时42分6秒666毫秒		
通道号	通道名称		通道号	通道名称	
08	低压侧C相电流		16	公共绕组B相电流	
09	公共绕组零序电流		17	低压侧套管B相电流	
12	高2支路A相电流		18	高2支路C相电流	
13	公共绕组A相电流		19	公共绕组C相电流	
14	低压侧套管A相电流		20	低压侧套管C相电流	
15	高2支路B相电流		21	中2支路A相电流	

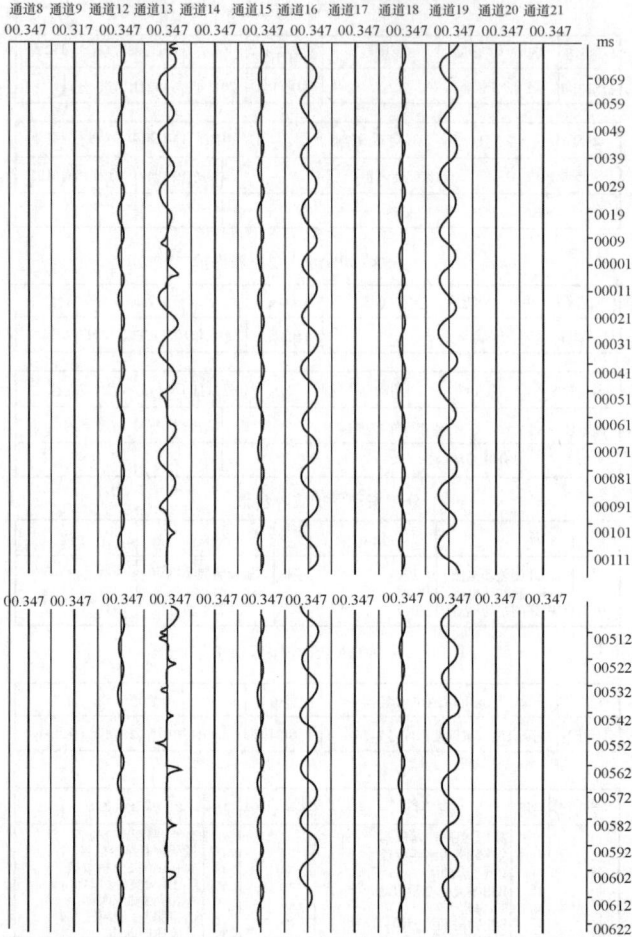

图 2-50 故障录波图

(四)暴露问题

(1)新设备投运验收把关不严,验收工作分工不细、工作不彻底。

(2)隐患排查工作不细致、不彻底,存在漏项。虽然多次开展了隐患排查工作,但对二次回路绝缘、触点检查不到位,措施落实不力。

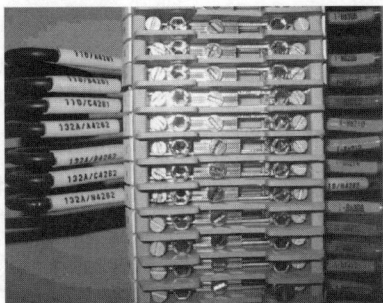

图 2-51　现场接线 1

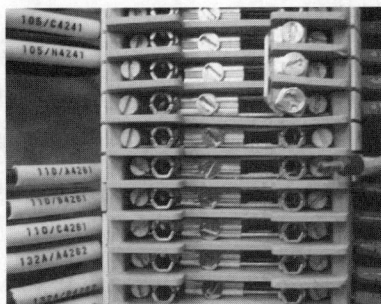

图 2-52　现场接线 2

（3）电网在检修时的运行方式安排不合理，供电可靠性低。该变电站在检修方式下，虽已将部分负荷转移至其他供电区，但仍对检修方式下 $N-1$ 考虑不周，未充分利用变电站 110kV 双母线双分段的灵活优势，对需连续供电的重要用户负荷进行有效转移。

（4）对备自投等自动装置重视程度不够，110kV 电网备自投装置数量较少，且对 330kV 变电站检修方式下备自投方式

图 2-53　现场接线 3

考虑不周，无法保证在失压情况下对重要负荷持续供电。

（五）防范措施

（1）加强施工过程的现场管理。对变电站检修现场和基建施工现场，按照现场规范化检修管理规定，设置检修唯一通道和检修设备与运行设备的明显标识，凡涉及二次回路的工作，必须经专业运行单位现场勘察，审定相关技术措施后方可进行施工。

（2）加强人员业务技能和电网系统学习培训力度，继续深入开展"学条例、查隐患、抓整改"活动，提高专业人员、管理人员对电网系统运行的反事故能力和管理水平。

（3）进一步加强电网设备检修管理。对涉及 330kV 及以上变电站、线路、主变压器 $N-1$ 检修方式和跨区联络的双回线路一回检修等大型工作，必须在 3 个工作日前将检修期间地区电网方式预案、负荷转移方案报省调度中心，审

批后方可执行。

（4）加强电网规划，完善电网结构。

（5）建立健全规范化变电站隐患排查大纲。开展电网安全风险排查工作。将变电站全停、母线失压、主设备故障、继电保护主保护异常退出、二次电流、电压回路、交直流回路、出口跳闸回路作为排查重点，确保隐患排查彻底，治理措施到位。

（6）完善全网备自投装置，做到应装必装、应投必投。对涉及双电源供电线路和变电站，以减少电网事故下的停电次数，备自投装置必须完善且投入运行，同时进一步加强备自投装置运行管理工作，对因电网接线原因和方式变化备自投装置失去作用的，要完善备用电源建设，确保重要用户的安全供电。

（7）加强变电站运行维护管理工作。重点开展防季节性事故发生，认真落实设备防潮、防冻、防进水、一次设备精确测温等措施。在网内配置二次设备精确测温设备，积极开展二次设备和二次回路的精确测温工作。

（8）加强新投设备的验收管理，加大验收标准化和验收质量考核力度，落实人员责任，严格按照验收规范，对二次回路绝缘和接点导通情况进行逐项检验，确保设备零缺陷投运。

十四、雨水进入断路器操动机构箱，造成某 330kV 变电站 1、2 号主变压器及 110kV 母线失压，15 座 110kV 变电站全停事故

2011 年 8 月 19 日，某 330kV 变电站因雨水进入断路器操动机构箱，引起 220kV 交流电源串入直流系统，造成 330kV 变电站 3332、3330、3311、3310 断路器跳闸，1、2 号主变压器及 110kV 母线失压，15 座 110kV 变电站全停。

（一）事故前电网运行方式

该 330kV 变电站，2 回 330kV 进线，2 台 240MVA 主变压器，330kV 接线方式为 3/2 接线，110kV 接线方式为双母线。事故前 330kV 变电站 330kV 设备全部运行，1、2 号主变压器并列运行，110kV 母线并列运行，站用直流系统辐射状供电，直流系统Ⅰ、Ⅱ母分裂运行。

8 月 17～19 日，出现强降雨天气，总降雨量达 79.9mm，比去年同期多 20%。

（二）事故发生情况

8 月 19 日 3 时 39 分，330kV 变电站 3332、3330、3311、3310 断路器跳

闸，1、2号主变压器及110kV母线失压，导致15座110kV变电站失压。6时9分，330kV变电站2号主变压器恢复运行；6时58分，所有失压的110kV变电站全部恢复供电；8时17分，330kV变电站1号主变压器恢复运行。

（三）事故原因及扩大原因

通过现场调查分析和试验验证，造成本次事故的原因是：8月17～19日连续大雨，330kV变电站110kV甲线Ⅰ间隔断路器机构箱因密封失效进水，水沿机构箱顶部SF_6密度继电器信号电缆外套进入机构箱，滴入箱内温控器，温控器中交、直流电源无可靠隔离措施，进水后交、直流之间短路，造成交流220kV串入直流Ⅰ段，引起接于直流Ⅰ段的2台主变压器非电量出口中间继电器（主跳）触点抖动并相继出口，造成1、2号主变压器330侧4台断路器全部跳闸，导致330kV变电站110kV母线失压。110kV甲线1线断路器及机构箱元件布置如图2-54～图2-58所示。温控器外观及二次原理图分别如图2-59和图2-60所示。

（1）110kV断路器机构箱进水原因。110kV甲线Ⅰ间隔断路器的密封设计不可靠，断路器极柱和底架间仅采用现场安装时涂抹密封胶的方式作为防水密封，受长期运行及断路器操作振动力作用，中相密封胶硬化开裂，由于连日大雨，雨水通过缝隙沿密度继电器电缆流入机构箱。

（2）交流电源串入直流系统原因。由于雨水从底架缝隙处渗入，沿SF_6密度继电器信号电缆，从断路器顶部穿管进入机构箱，滴到机构箱温控器上，温控器的外壳为非密封结构，内部电路板交、直流引线布置不合理且无隔离措施，进水后交、直流之间短路引起直流系统Ⅰ段接地，并使交流220V电源串入直流Ⅰ段系统。

（3）主变压器330kV断路器跳闸原因。330kV变电站1、2号主变压器保护及330断路器操作箱电源采用双重化配置，正常方式下断路器主跳回路接于直流系统的Ⅰ段母线、副跳回路接于直流系统Ⅱ段母线，主、副跳回路任何一个跳闸回路动作，均能造成断路器跳闸。3311、3310、3330、3332断路器为1、2号主变压器的高压侧断路器，当交流电串入直流系统Ⅰ段母线后，在330kV断路器操作箱主变压器非电量出口中间继电器与电缆对地等效电容之间形成分压（模拟实验时稳态交流有效值达64V，波形为不对称半波，达到继电器动作值），主跳回路中间继电器动作，断路器主跳出口跳闸（由于交流分量激励作用，继电器触点连续抖动，断路器三相跳闸不同步）。

图 2-54　断路器外观

图 2-55　开关柜接线

图2-56　断路器底座至机构箱密度
继电器信号电缆穿管

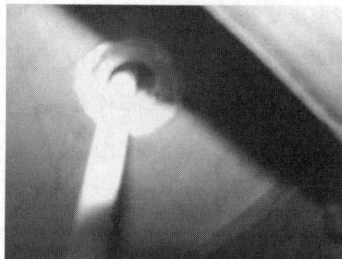

图 2-57　机构箱顶部信号电
缆进入位置（仰视）

图 2-58　机构箱内 SF_6 密度
继电器信号电缆

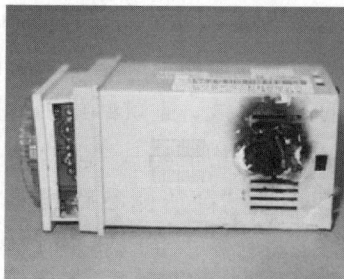

图 2-59　温控器外观

（四）事故暴露问题

（1）设备制造质量不良。断路器密封设计不可靠，机构箱内温控器外壳为非密封结构，交、直流端子布置不合理，且无隔离措施；330kV 主变压器高压侧断路器操作箱中主变压器非电量出口中间继电器抗干扰能力不足。

（2）运行维护不到位。变电站运维针对性不强，对机构箱、端子箱等防潮、防雨措施巡视检查不细致，未能及时发现机构箱内存在进水痕迹，以及断路器密封设计存在的问题。

（3）隐患排查不彻底。多次开展设备隐患排查，均未能及时发现断路器机构箱密封失效隐患，暴露出隐患排查工作不细致。

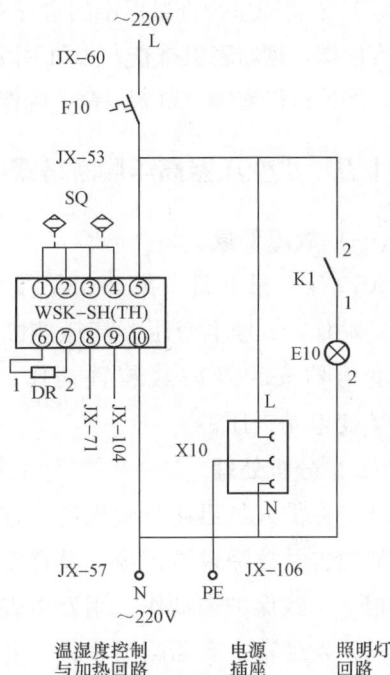

图 2-60 温控器二次原理图

（五）防范措施

（1）立即开展针对雨季机构箱、端子箱、电缆沟进水情况的专项排查，重点排查断路器及其他同类型断路器密封结构存在的问题，对传动箱与机构箱之间的电缆穿孔进行可靠封堵，采取针对性整改措施，消除安全隐患。

（2）对断路器机构箱温控器接入直流情况开展排查，分析温控器原理结构存在的安全隐患，加装中间继电器进行隔离。同时举一反三，对有可能引起交、直流混串的其他设备和回路进行彻底排查，并采取有效隔离措施。

（3）扎实开展"学反措、查隐患、抓整改"活动。对照反措要求，对继电保护装置的跳闸出口中间继电器的抗干扰能力进行排查，发现问题立即确定整改措施。

（4）进一步细化设备运维管理，对于存在安全隐患的断路器等设备，在日常例行检查、维护项目中应增加密封性检查等有针对性的检查项目，提高精益化管理水平。

（5）强化隐患排查过程中的责任意识和执行力，必须细致安排隐患排查项目和排查依据，创新隐患排查方法和手段，加大隐患排查现场落实情况的督查、考核力度，严禁敷衍塞责、草率复命，确保把安全隐患真正排查出来、治理到位。

十五、主变压器高压侧断路器三相不一致保护误动跳闸

（一）故障现象

2010年7月9日，某220kV变电站2号主变压器高压侧断路器三相不一致保护动作，2号主变压器高压侧断路器跳闸，造成1号主变压器过负荷，1号主变压器安稳及减载装置动作，110V甲、乙线断路器跳闸，造成2座110kV变电站失压。

（二）分析处理

继电保护人员迅速赶到现场，查看2号主变压器保护装置故障记录，并打印故障报告及故障录波记录，没有发现故障量及断路器断相现象，判断电气量的三相不一致保护未动作。用万用表测量断路器本体三相不一致保护回路的直流电压，发现第一套断路器本体三相不一致保护回路导通，且动作出口跳闸。继电保护人员从动作出口电缆处往回逐一检查，发现A相辅助触点里2个编号为52（第一组三相不一致保护回路中端子）和62（第二组三相不一致保护回路中端子）的端子绝缘老化，端子间导通，使正电源通过62端子串入52端子，导致第一套断路器本体三相不一致保护回路导通动作出口，断路器跳闸。

（三）防范措施

（1）检查同批次的断路器辅助触点上是否有黑色痕迹等绝缘老化现象，如发现有黑色痕迹，联系厂家停电更换辅助触点。

（2）结合停电，测试同批次的断路器辅助触点绝缘电阻，如发现绝缘电阻不合格的应立即更换辅助触点。

（3）变压器的断路器没有分相操作的要求，应优先选用三相机械联动的断路器。当采用三相机械联动的断路器时，不再需要三相不一致保护。

十六、线路保护装置故障引起的跳闸事故

（一）故障现象

2010年12月18日，某110kV变电站110kV甲线零序保护动作，断路器跳闸，变电站失压。

（二）分析处理

2010 年 4 月，继电保护工作人员对该保护装置进行定检，并对保护插件进行除尘清理，该插件的三极管受到了挤压，管脚弯曲，在气温急剧下降和应力的作用下，c 脚折断，并造成 e 脚搭接在 c 脚折断后的电路板上，微机保护装置电源的＋24V 驱动 TB（B 相跳闸出口），引起零序保护出口动作。

（三）防范措施

（1）结合故障反映出的保护插件老化情况，加快对此保护装置的技术改造，更换此保护装置。

（2）继电保护工作人员在验收及调试工程中，应做到"严、细、实"，认真履行安全职责。

十七、因 TA 二次极性接反，导致主变压器中压侧后备保护动作跳闸，造成 110kV Ⅰ段母线失压

（一）故障现象

2010 年 8 月 7 日，某 220kV 变电站 1 号主变压器中压侧 1101 断路器跳闸，造成该站 110kV Ⅰ段母线及 2 座 110kV 变电站失压。

（二）分析处理

继电保护人员查看 110kV 乙线保护装置故障记录及 1 号主变压器保护装置故障记录，查看并打印 110kV 故障录波屏及 1 号主变压器故障录波屏的记录及波形，发现 110kV 乙线发生三相短路故障，110kV 乙线保护未动作，1 号主变压器中压侧后备保护方向过流Ⅰ段Ⅰ、Ⅱ时限动作出口，跳开 110kV 母联 1012 断路器以及 1 号主变压器中压侧 1101 断路器。继电保护人员用测试仪对 110kV 乙线保护装置进行试验并传动，一切正常。查检修记录，5 个月前更换过电流互感器，当时施工单位六角图测试报告正确。继电保护人员对 110kV 乙线保护的电流、电压回路进行全面检查，没有发现问题。这时，输电线路上的故障已被输电线路工作人员排除，最后决定试送电。送电后，保护装置无异常，进入保护装置电压、电流角度采样菜单，发现保护装置电压、电流角度不对，即时判断电压、电流六角图不对。

申请停电，继电保护人员核对电流互感器二次回路的极性，发现 110kV 乙线 TA 至端子箱第一绕组（保护绕组）接线错误（极性接反），更改接线后，重新测试六角图正确。

（三）防范措施

（1）施工单位对第一绕组（保护绕组）测六角图数据有误时，未认真分析

并检查回路，只是简单更改试验接线，修正数据，使测试出的六角图未能反映真实情况而及时发现 TA 二次极性接反。继电保护人员应派专人对施工中间环节和隐蔽工程进行监督和验收。

（2）对 TA 启动六角图的测试工作，要严格监督检查，确保测试数据与实际相符，确保 TA 二次接线正确无误。加强新设备第一次区外、区内故障的分析，及时打印保护装置和故障录波器报告并签名、归档，确保保护装置动作正确无误。

十八、220kV 备自投装置原理缺陷引起的停电事故

（一）故障现象

2010 年 6 月 26 日，220kV 甲线因受雷击故障，两侧主Ⅰ、主Ⅱ纵联保护、距离Ⅰ段保护动作，220kV 甲线断路器三相跳闸，故障一次电流为 6792A，重合闸不动作（投单重方式），此时 220kV 备自投装置不动作，造成 220kVⅡ段母线、1～3 号主变压器失压，110、10kV 母线失压，10 座 110kV 变电站失压。

（二）分析处理

继电保护人员查看 220kV 甲线保护装置故障记录，并查看打印 220kV 故障录波屏的有关记录及波形。确认 220kV 甲线两侧主Ⅰ、主Ⅱ纵联保护、距离Ⅰ段保护动作正确；利用模拟开关箱及继电保护测试仪对 220kV 备自投装置进行试验，220kV 备自投装置充电正常，但在模拟Ⅰ段母线母线失压、跳开Ⅰ段母线上的线路断路器后，220kV 备自投装置瞬时自放电，造成 220kV 备自投装置未动作。220kV 备自投装置逻辑设计原理存在缺陷，在 220kV 甲线受雷击故障跳开两侧断路器，断路器位置变位后没有经过延时，即时进入自投运行方式程序的切换，导致 220kV 备自投装置瞬时自放电而不动作。

220kV 母联备自投装置判断逻辑如下。

（1）充电条件。

1）备自投连接片投入；

2）母联断路器分位；

3）两段母线电压均不小于 U_1。

满足上述条件，且延时时间不小于 T_c，充电完成，开放备自投功能，发充电完成信号。

注：U_1—有压定值；T_c—充电延时时间定值。

（2）放电条件。

1）母联断路器检修或合位；

2）手跳任一未检修的断路器；

3）任一线路 HWJ 不对应告警；

4）任一段母线电压消失，延时 5s 放电；

5）收到备自投闭锁开入信号；

6）备自投连接片退出。

注：U_h—有压定值；K_2—判母线电压消失定值。

（3）装置启动。

1）有主供线路电流不大于 I_{ws}，且其切换有电压不大于 U_2；

2）任一母线电压不大于 U_2；

3）另一母线电压不小于 U_1。

满足上述条件，且延时时间不小于 T_q 时，装置启动。

注：I_{ws}—无流定值；U_2—电压启动定值；T_q—启动延时时间定值。

（4）跳所有无流主供断路器。

1）有主供线路电流不大于 I_{ws}，且其切换有电压不大于 U_2；

2）任一母线电压不大于 U_2；

3）另一母线电压不小于 U_1。

满足上述条件后，（与启动同时）跳开无流无压的主供线路断路器。

若发跳断路器命令后在延时时间 T_T 内，任一无流无压的主供断路器仍为合位，延时 T_h 则发备自投失败信号。

注：T_T—跳开主供断路器确认等待延时定值；T_h—等待备自投结果延时时间定值。

（5）合母联断路器。

1）所有无流无压的主供断路器在分位；

2）有一段母线电压小于 U_1；

3）另一母线电压不小于 U_1。

满足上述条件，合母联断路器。

（6）判断备自投结果。

1）两段母线电压均不小于 U_1；

2）母联断路器为合位。

在延时时间 T_h 内满足上述条件，发备自投成功信号；在延时时间 T_h 内满足上述条件均不满足，则发备自投失败信号。

注：U_1—有压定值；T_h—备自投合断路器等待延时（动态时间）。

（三）防范措施

（1）由设备厂家对 220kV 备自投软件进行升级完善。

（2）对运行中的此类型备自投装置进行全面核查，检查是否存在同样的原理性缺陷。

十九、某 220kV 变电站 1 号主变压器 110kV 侧零序过流 II 段动作跳闸事故

（一）现象描述

2009 年 1 月 23 日，某 220kV 变电站 1 号主变压器 110kV 零序过流 II 段 I 时限动作跳开 110kV 母联断路器，II 时限动作跳 1 号主变压器三侧断路器。造成 110kV I 段母线失压。

（二）分析处理

继电保护人员检查站内设备的故障信息，发现 110kV 甲线在距离变电站 2km 处发生接地短路，但 110kV 甲线保护拒动造成 1 号主变压器中压侧越级跳闸。

继电保护人员用继电保护测试仪对 110kV 甲线的保护装置进行测试，一切正常，断路器传动正确。打印 110kV 甲线保护装置的故障录波，发现零序电压 $3U_0$ 未在录波图中反映出来，判断零序电压回路有问题，准备从 110kV 甲线保护屏端子排处开始逐一查找原因，发现 110kV 甲线保护屏 U_n 端子内侧同一端子接有 2 根粗细不同的芯线：一根是进装置的厂家配线（1.5mm²）；另一根是电缆芯线（2.5 mm²）。由于接在同一端子的 2 根粗细不同的芯线接触不好，导致输入装置的中性点电压浮空，装置采集不到零序电压，导致保护装置拒动。而继电保护人员用测试仪测试保护装置时，插入端子的 N 线刚好压住厂家配线，所以测试一切正常。

（三）防范措施

（1）严格执行二次反措要求，杜绝同一端子接入不同线径的 2 条导线而造成接触不良，导致断路器拒动越级跳闸事故的发生。

（2）加强基建工程竣工验收，及时发现问题并处理缺陷。

二十、某 110kV 变电站全站失压事故

（一）事故前运行方式

某 110kV 变电站事故前运行接线图如图 2-61 所示。

110kV 卯、丁、乙线及丙线均在运行状态，110kV 甲线在热备用状态。A 变电站 1、2 号主变压器分列运行。事故前小水电经乙线送出功率 13.7MW，110kV A 变电站负荷为 13.8MW，经 110kV 丙线送出功率 0.3MW。

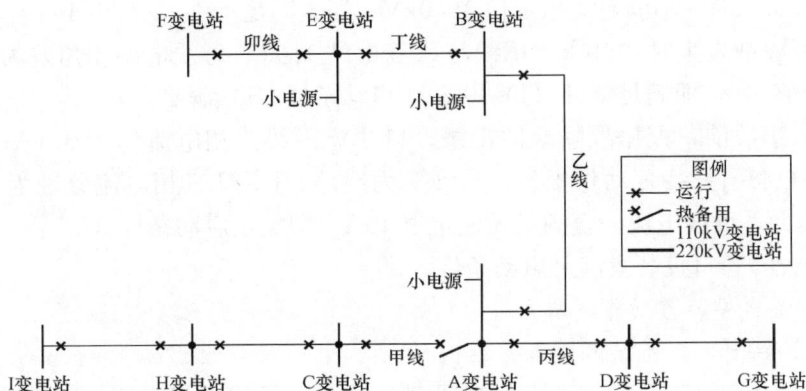
图 2-61　110kV 变电站事故前运行接线图

(二) 事故经过

9 月 13 日，110kV 甲线有停电检修工作，当日 6 时 48 分，地调值班员向 110kV A 变电站值班员发 "退出 110kV 线路备自投功能连接片" 指令。A 变电站值班员接到命令后产生疑问，于是询问地调值班员。地调值班员重新下令 "退出 110kV 甲线线路备自投功能连接片"。6 时 51 分，A 变电站值班员退出 110kV 甲线线路备自投功能连接片（实际是将 "线路备自投合甲线连接片" 退出），并上报操作完毕。6 时 53 分，110kV C 变电站值班员接地调令后将 110kV 甲线断路器（1111）由空载运行转热备，此时甲线停电即线路上已无电压。6 时 55 分，A 变电站备自投装置动作跳开该站的 110kV 乙线断路器（1113）、丙线断路器（1112），1.4s 后，A 变电站上网的小水电无法承担该站负荷，造成 A 变电站全站失压。

(三) 事故分析

通过事故报文检查分析、装置检查及试验、回路检查等，发现事故的原因为停电操作前未退出 A 变电站备自投装置上的备自投总功能连接片，造成备自投装置动作。备自投装置动作情况分析如下。

1. 备自投装置启动条件

(1) 下述条件满足其一即可：

1) 变电站 110kV 母线全部失压；

2) 母线有压且 110kV 甲线与 A 变电站 110kV 母线电压相角差在 200ms 内的变化值大于定值。

(2) 110kV 丙线无流。备自投装置启动过程分析：

1) 事故发生时 A 变电站 110kV 母线 A、B、C 三相电压分别为 65.9、

65.8、66.7kV，不满足无压定值 19.0kV，即不满足条件（1）中 1）。

2）事故发生时，110kV 甲线与 A 变电站 110kV 母线电压相角差为 335°，大于定值 30°，即满足条件（1）中 2），启动条件（1）满足。

3）事故前，根据故障录波记录，110kV 丙线三相电流均为 3.1A；事故时，根据备自投装置动作报告，110kV 丙线 A、B、C 三相电流分别为 2、3、4A。因此，丙线电流一直满足无流定值 10A，即满足启动条件（2）。

因此，备自投装置满足启动条件。

2. 备自投装置动作逻辑

（1）跳开丙、乙线断路器；

（2）10s 内确认丙、乙线断路器都已跳开且母线无压，否则认为备自投失败；

（3）合甲线；

（4）10s 内检查甲线断路器合位、母线有压，备自投过程结束。

备自投装置动作分析：

1）根据备自投装置动作报告及现场断路器实际动作情况，装置动作跳开丙、乙线断路器，即动作步骤（1）正确。

2）根据备自投装置动作报告，装置在 0.91s 时确认丙、乙线断路器都已跳开且母线无压。0.91s 时，110kV 母线三相电压为装置 17.2、20.7、19.2kV，即动作步骤（2）正确。

3）根据备自投装置动作报告，装置在 0.91s 发出合甲线命令，即动作步骤（3）正确。

4）根据备自投装置动作报告，装置在 10.91s 确认甲线断路器未在合位，报文"备自投失败"。现场查看，发现当时"线路备自投合甲线连接片"已退出，因此合甲线失败，即动作步骤（4）正确。

因此，备自投装置动作逻辑正确。

（四）事故暴露出的问题

（1）调度员责任心不强，调度员下达调度令时不认真，值班调度员在值班期间未相互进行监护。对甲线停电应先退出 A 变电站备自投装置的线路备自投总功能连接片的规定执行不到位。

（2）生产一线人员培训不足，缺乏备自投方面的基本知识，对备自投装置功能连接片认识不到位。

（五）防范措施

为了避免日后改扩建工程施工，再次发生类似事故，根据事故暴露出的问题，采取以下反事故措施：

（1）强化调度运行管理，严格执行调度操作、监护制度，完善调度运行规程和变电站运行操作规程。

（2）进一步强化各级人员对安自装置重要性的认识，加强调度员、变电运行人员业务水平的培训，有针对性地进行安全自动控制装置装置学习，以提高专业理论、技能水平。

（3）立即对电网范围内安全自动控制装置的连接片进行全面检查，对装置连接片进行准确定义，以便调度运行人员正确识别，保证装置连接片投退正确。

（4）从继电保护专业角度分析备自投误动的原因，从中吸取教训并借此开展变电站备自投检查。

二十一、微机保护对高阻接地故障反应不灵敏的事故分析

（一）故障现象

2006 年 8 月 8 日，220kV 甲线分别连接 220kV A、B 变电站，A 变电站 220kV 甲线双高频保护动作，重合闸成功；B 变电站 220kV 甲线零序Ⅲ段动作跳闸，重合闸不动作，无测距，220kV B 变电站及 8 个 110kV 变电站失压。

（二）分析处理

220kV 甲线 191 号塔 A、B、C 三相前侧雷击绝缘子。从 220kV 甲线保护动作报告及集中录波报告可知：由于此次故障为线路高阻接地，故障过程中电气变化不明显，产生的零序电流较小，对侧双高频保护采到的零序电流未达到 $3I_0$ 的启动定值，因此对侧保护未能停信。而本侧双高频保护（$3I_0$ 定值为 1.06A）采到的零序电流达到 $3I_0$ 启动值，本侧停信。从录波图上看出，本侧一直收到对方的高频闭锁信号，因而本侧高频保护被对方高频保护闭锁，未能出口。而此时零序电流的有效值达到 1.13A 左右（经录波数据折算），超过零序电流保护的Ⅲ段定值（1.06A，延时 1.4s），零序Ⅲ段经 1.558s 后出口跳闸。断路器跳闸后，由于本侧断路器位置停信，不再发闭锁信号，对侧收不到本侧的闭锁信号后，其双高频保护只要达到 $3I_0$ 启动定值后即可出口跳闸，从而造成 220kV B 变电站 220kV 甲线双高频保护不出口，而对侧 220kV A 变电站 220kV 甲线双高频保护出口跳闸。220kV 甲线重合闸，由于零序Ⅲ段保护按定值书要求经控制字整定为永跳出口，因此 220kV B 变电站侧保护跳闸后未启动重合闸。220kV A 变电站 220kV 甲线保护在线路发生高阻接地故障的情况下，由于电气量变化缓慢，双高频保护只启动未出口。而 220kV B 变电

站侧感受到的变化量更小，本侧收到对侧的闭锁信号，所以不出口跳闸，一旦本侧达到零序Ⅲ段定值和时限后，出口跳闸。通过 220kV B 变电站侧位置停信，220kV A 变电站侧收不到对侧的闭锁信号，保护定值达到判为正方向后，即出口跳闸。

（三）防范措施

（1）尽快在 220kV B 变电站安装 220kV 备自投装置并投入运行，以提高 220kV B 变电站的供电可靠性。

（2）针对微机保护对高阻接地故障反应不灵敏的问题，尽快与厂家联系，进行保护软件升级和反措。

二十二、换流站因站用电源备自投装置缺陷导致直流双极闭锁事故

（一）故障现象

某直流换流站事故前的运行方式为：A 换流站为系统从站，双极 P 模式运行，三路站用电源正常运行。

2006 年 5 月 8 日 18 时 45 分 44.047 秒，35kV 甲线 13 断路器跳闸，且强送不成功，失去一路站用电源。18 时 59 分 41.653 秒，换流站另两路 10kV 站用电源同时发生低压扰动，11、12 断路器同时跳闸，此时 A 换流站失去所有站用电源，18 时 59 分 45.277 秒，主泵 1、2 均停止运行。18 时 59 分 46.255 秒双极阀塔压力差动作。18 时 59 分 46.336 秒，极Ⅰ、极Ⅱ分别发外部跳闸信号。18 时 59 分 46.347 秒，极Ⅰ换流变压器进线 5021、5022，极Ⅱ换流变压器进线 5012、5013 均跳开。

（二）分析处理

继电保护人员从 SOE 事件顺序记录上可以确认，35kV 甲线 13 断路器跳闸，且强送不成功，失去一路站用电源。另两路 110kV 站用电源同时发生低压扰动，低于 75%额定电压，造成直流双极闭锁。

根据备自投装置设置，当装置检测到 10kV 母线电压低于 85%额定电压时判定为低电压。故障时 2 条 10kV 进线低压同时发生，根据逻辑图在备自投装置动作前，应对自投方式二瞬时放电，闭锁其动作出口。但是该备自投装置存在较大缺陷，电压仅采用 A、C 相，无法判断三相 110kV 进线电压情况，当 110kV C 相低电压时（因 110/10kV 变压器方式为 Yd11），10kV 侧 A、C 相间电压正常，无法闭锁备自投，造成两路电源同时切换，11、12 断路器同时跳闸，站用电源全部消失。冷却系统主泵停运，阀塔压力差达到动作定值，延时 4s 后发跳闸信号，双极闭锁。

(三)防范措施

(1)分别在极Ⅰ、极Ⅱ阀冷系统进线电源处加装 UPS 不间断电源。

(2)重新整定备自投装置定值：

1)低压跳闸延时由 40ms 改为 1.8s；

2)充电延时由 15ms 改为 0.1s；

3)装置延时由 3s 改为 2s；

4)取消无流判据；

5)由检单相无压动作改为检三相无压动作。

(3)针对备自投装置的缺陷，尽快与厂家进行联系，进行装置软件升级。

二十三、主变压器差动保护误动跳三侧断路器

(一)故障现象

某 220kV 变电站 220kV 乙线 B、C 相接地短路，两侧保护动作跳三相（无重合），同时该变电站 1 号主变压器 A 屏差动保护动作跳三侧断路器，造成该站 110、10kV 母线失压，并造成 7 座 110kV 变电站失压。

(二)分析处理

继电保护人员迅速到现场查看 220kV 乙线保护、1 号主变压器 A 屏差动保护动作报告及集中录波报告图，判断 220kV 乙线保护动作正确。1 号主变压器 A、B 屏保护动作情况不一致。查看主变压器保护差流采样值，发现 A 屏差流采样值为 4.23A 左右，B 屏采样值为 0.4A 左右。查看保护报告和集中录波，将主变压器高压侧自产 $3I_0$ 与高压侧中性点电流进行对比，发现两个电流幅值基本相同，如图 2-62 所示。

从 1 号主变压器录波图可以看出，1 号主变压器三侧故障电流方向均为流向高压侧。对 1 号主变压器三侧电流互感器极性进行检查，未发现问题。使用调试仪对 1 号主变压器差动保护进行检验，在 1 号主变压器高压侧加入 A 相电流、中压侧加入与高压侧大小相等、方向相反的电流，1 号主变压器差动保护动作。核对 1 号主变压器差动保护装置的定值正确。1 号主变压器恢复运行后进行六角图测试，B 柜差动保护差流测试结果正常，但 A 柜差动保护的差流在 0.1~0.28A 内变化。判断 1 号主变压器差动装置有问题，及时与厂家技术人员取得联系，协助处理 1 号主变压器差动保护装置故障。

厂家技术人员查看 1 号主变压器差动保护装置定值，发现装置内部参数设置错误。原来上一次综合自动化系统改造时，厂家技术人员将差动保护装置定

比例尺（二次值）：交流电压0.01V/mm,交流电流1.71A/mm，直流电压0.01V/mm，直流电流0.01A/mm

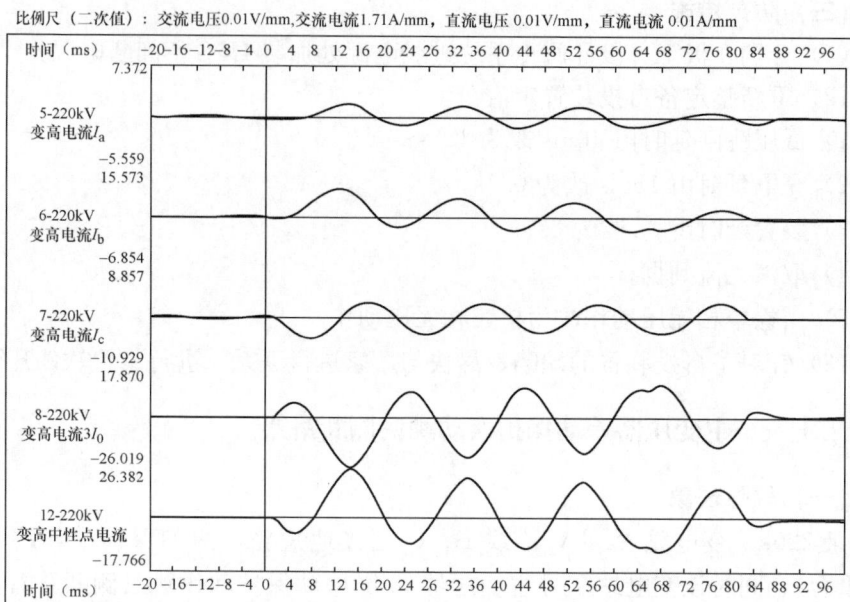

图 2-62　主变压器高压侧自产零序电流与高压侧中性点电流对比

值中的内部控制字 1KGKGF1 的 D12 位 CTA 误整定为 1（该参数由厂家技术人员根据现场情况而设定，应设定为 0），导致 1 号主变压器差动保护装置在高压侧区外故障出现较大的差流时，差动保护误动跳 1 号主变压器三侧断路器。

由于正常运行时负荷较小，产生的差流也较小，尚未达到 1 号主变压器差动保护装置的启动值，所以没有跳 1 号主变压器三侧断路器。

变压器各侧额定电流与电流互感器二次额定电流以及平衡系数计算包括两种：一是 Y－△变换时没有按变压器的标称容量计算，导致平衡系数计算错误；二是 Y－△变换的控制字整定错误。

该主变压器采用某型号微机变压器保护，没有对电流互感器二次接线方式作出规定，需依据变压器的一次接线和二次接线方式选择不同的内部定值确定平衡系数，从而完成正确的差流计算。例如，主变压器一次接线为 YNynd11：方式 1 对应于电流互感器二次接线为 Ddy，CTA 应设置为 1；方式 2 对应于电流互感器二次接线为 Yyy 的情况，控制字 CTA 应设置为 0。

手工计算故障时刻的差流：

（1）方式 1，即不转角后故障时的差流，可以得到

$I_{dA}=4.23A$，$I_{dB}=4.24A$，$I_{dC}=3.66A$　　　（二次差流值）

（2）方式 2 即通过软件转角后故障时的差流，可以得到

$I_{dA}=0.20A$，$I_{dB}=0.52A$，$I_{dC}=0.43A$　　　（二次差流值）

核对 1 号主变压器接线方式及 TA 接线方式，确认 1 号主变压器接线形式应该为方式 2，应将控制字 CTA 设置为 0，但现场却将内部定值控制字整定为 1，即采用方式 1，从而导致 1 号主变压器保护装置在区外故障时产生较大的差流，差动保护误动作。

（三）防范措施

（1）厂家应完善产品的技术说明，严把现场整定调试质量关，尤其是保护装置内部定值的整定，需要厂家技术人员认真负责，严格按现场实际情况整定设置内部控制字。

（2）继电保护人员要进一步加强设备投运前的质量验收，对变压器差动保护装置进行比率制动系数校验，及时发现内部控制字整定错误的问题，严防有缺陷的设备投入电网运行。

二十四、某 220kV 变电站 1 号主变压器因扩建工程设计失误、施工人员误接线导致高压侧断路器跳闸事故

（一）故障现象

某 220kV 变电站 220kV 专用旁路 2015 断路器测控装置进行改造工作，改造完成后，施工人员对 220kV 专用旁路 2015 断路器进行手动合闸同期传动试验时，事故报警，1 号主变压器高压侧 2201 断路器跳闸，1 号主变压器 2201 断路器控制屏"第一组出口跳闸"光字牌亮、2201 断路器绿灯闪光，1 号主变压器保护 A 屏 2201 断路器操作箱跳 A、B、C 指示灯亮。

（二）分析处理

继电保护人员查看 1 号主变压器保护 A、B 屏没有保护启动信息及事故报文，1 号主变压器高压侧 2201 断路器 A、B、C 三相在断开位置，检查 1 号主变压器高压侧 2201 断路器无异常。核对设计图纸与实际接线，发现图纸存在缺陷：1 号主变压器保护 B 屏 2CD39 至 1 号主变压器 A 屏 1CD40 连线没有拆除，1 号主变压器保护 B 屏应拆除的 2CD39、2CD40 连接片及 2CD41、2CD42 连接片的现场改接线注释表达不清楚；使施工人员将 1 号主变压器保护跳 220kV 专用旁路的回路 R33I 误接至 1 号主变压器保护跳 1 号主变压器高压侧 2201 断路器回路 R133I 处。施工人员立即拆除错误的接线。

(三）防范措施

（1）在施工作业中，应严格核对图纸与现场实际是否相符，在确认接线正确后再做传动试验。

（2）设计人员在进行扩建工程的设计时应认真对照原设计图纸及核对现场实际情况，避免造成设计上的失误。

二十五、继电保护人员执行二次设备及回路工作安全技术措施单不到位导致主变压器跳闸

（一）故障现象

继电保护人员对某500kV变电站500kV安全稳定控制装置进行调试工作，做好安全措施后，将继电保护测试仪的电压、电流输出回路接入相应的500kV安全稳定控制装置的电压、电流输入回路，当合上继电保护测试仪电源开关时，1号主变压器三侧断路器跳闸，继电保护人员立即停止调试工作。

（二）分析处理

继电保护人员查看1号主变压器保护启动信息及事故报文，发现1号主变压器保护A屏高压侧后备零序过流Ⅰ段保护动作出口，1号主变压器三侧跳闸。运行人员与继电保护人员对1号主变压器进行检查未发现异常。继电保护人员对安全技术措施逐一进行核对，发现500kV安全稳定控制装置试验回路的N相与1号主变压器保护A屏高压侧后备保护的N相连通，产生零序电流，但没有零序电压，当合上继电保护测试仪电源开关时，1号主变压器三侧跳闸。这一现象表明，继电保护测试仪在空负荷状态下有电压输出，用万用表测量空负荷状态下继电保护测试仪的电压输出回路的电压，证实有电压输出。

（三）防范措施

（1）在进行二次回路工作前，必须认真阅读图纸，掌握原理，熟知接线回路，采取完备、有效的安全措施并认真监护到位。

（2）对220kV及以上的安全稳定控制装置的电流、电压回路走向，进行全面核对并绘制走向图，张贴在各个回路转接屏处，以便工作人员查线。

（3）对使用的继电保护测试仪进行全面检查、清理，对静态输出不符合要求的仪器进行整改，确保试验仪器的安全可靠。

二十六、误整定导致主变压器110kV侧断路器跳闸

（一）故障现象

某220kV变电站110kV甲线遭受雷击，造成A相接地短路，110kV甲线

零序Ⅰ段保护动作将故障切除并重合成功。同时，1号主变压器保护B屏110kV零序过流Ⅰ段Ⅱ时限出口动作，将1号主变压器中压侧断路器跳闸。

（二）分析处理

继电保护人员查看110kV甲线、1号主变压器中压侧断路器的保护启动信息及事故报文。110kV甲线遭受雷击造成A相瞬间接地短路故障，零序短路电流达5200A，110kV甲线零序Ⅰ段保护动作将故障切除并重合成功。同时1号主变压器保护B屏110kV零序过流Ⅰ段第Ⅱ时限出口动作，将1号主变压器中压侧断路器跳开，属于误跳。查看事故录波，1号主变压器保护B屏110kV零序过流Ⅰ段第Ⅱ时限出口动作时间为0.213s，1号主变压器保护A屏110kV零序过流Ⅰ段第Ⅱ时限未动作。核对1号主变压器保护A、B屏110kV零序过流Ⅰ段第Ⅱ时限整定定值，发现1号主变压器保护A屏110kV零序过流Ⅰ段第Ⅱ时限整定为1.2s，而1号主变压器保护B屏110kV零序过流Ⅰ段第Ⅱ时限整定为0.2s。这样在110kV线路发生故障时，0.2s的时差是不够的，因此动作出口。通过核对定值单，发现中调在定值单的编写和复核上不细致严谨，将0.2s设置成动作时间造成误动。

（三）防范措施

（1）严格执行定值单管理制度，严格计算、复核和审批程序。

（2）继电保护人员在执行定值单时，应认真核对思考，将错误定值及时反馈整定人员。执行完成后，与运行人员一起，打印核对定值单并签名确认。

二十七、强电源侧投入"弱电源回答"引起的事故

（一）故障现象

某大型发电厂1号主变压器500kV侧，A相套管闪络接地，保护正确动作，56ms切除故障，如图2-63所示。约34ms后，MN线M侧距离保护在反方向故障切除时误动跳开M侧A相断路器。N侧"弱馈电源回答"动作跳开A相断路器。

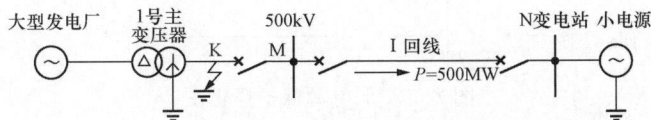

图2-63　Ⅰ回线区外单相接地故障一次系统简图

（二）分析处理

继电保护人员检查500kVⅠ回线的保护启动信息、事故报文及集中录波

信息，核对定值，发现 M 侧"弱电源回答"控制字整定为投入，弱电源保护逻辑回路中的时间配合不合理。

"弱电源回答"回路接线如图 2-64 所示。

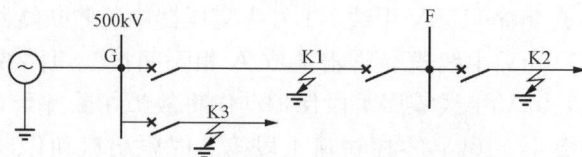

图 2-64　"弱电源回答"回路接线图

G 侧为强电源，F 侧为弱电源侧。当线路 GF 内部的 K1 点发生故障时，F 侧保护的阻抗元件、方向元件及其电流元件均可能因灵敏度太低而无法启动。若采用允许式保护，F 侧的正方向元件不能动作，不能送出允许跳闸信号，此时，G 侧因收不到 F 侧允许信号而不能跳闸。若采用闭锁式保护，F 侧发信机虽可通过 G 侧的远方启动逻辑回路启动，但 F 侧的方向元件由于灵敏度不够仍不能停信，因此 G 侧也不能快速跳闸。为了保证强电源侧快速可靠跳闸，弱电源侧相继正确跳闸，可以在弱电源侧设置弱电源保护逻辑以实现高频信号转发及跳闸功能，逻辑图如图 2-65 所示，其必须满足以下 4 个条件，保护才能动作跳闸，并转发信号到对侧。

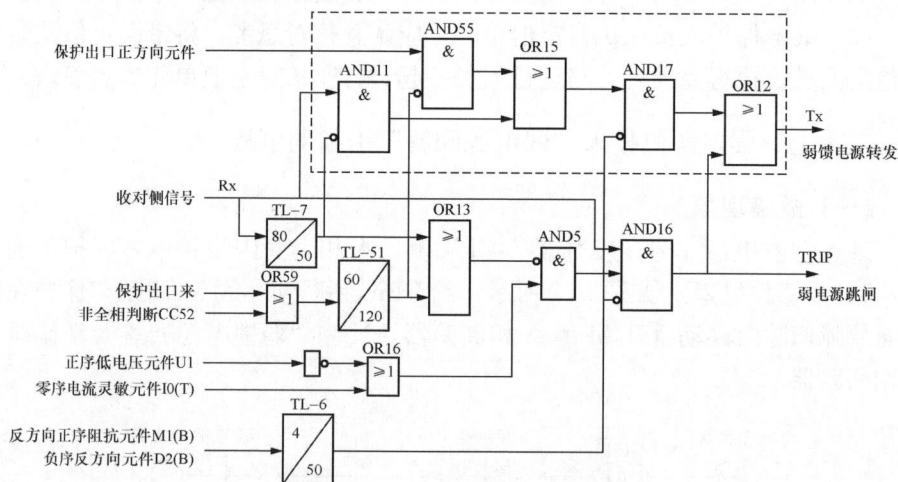

图 2-65　弱电源保护逻辑图

（1）断路器处于全相运行状态，CC52 输出"0"。

（2）负序反方向元件 D2（B）不动作，输出"0"，说明故障不在 K2 点。

（3）收到强电源侧送来的允许信号，在预定时间 80ms 内，经 TL—7 输出"0"，说明故障不在 K3 点。

（4）零序电流灵敏元件 I0（T）或正序低电压元件 U1 动作，输出"1"。另外，单独的弱电源转发允许信号回路，满足以下 2 个条件便可转发。

1）负序反方向元件 D2（B）不动作，输出"0"。

2）收到强电源侧送来的允许信号，输出"1"，在预定时间 80ms 内。

在事故中，MN 线 N 侧方向高频保护装置感受正方向故障向 M 侧发信，而 M 侧反方向元件返回过快（50ms，应加大到 80～100ms），又收到 N 侧发来的允许信号，如图 2-65 中的虚线回路所示。于是 M 侧通过弱馈回信回路转发允许信号至 N 侧。在故障后 90ms 时，M 侧距离 I 段误动跳开 A 相断路器。此时，MN 线处于 M 侧 A 相断路器断开、N 侧断路器全相的非全相运行方式。在 M 侧 A 相断路器跳开后的 50ms 内，两侧零序电流灵敏元件 I0（T）因非全相线路运行产生零序电流而处于启动状态。对 N 侧的弱电源保护：负序反方向元件 D2（B）一直未动作，输出"0"；收到 M 侧送来的允许信号，输出"1"；断路器处于全相运行状态，CC52 输出"0"；元件 I0（T）动作，输出"1"。满足上述 4 个条件，N 侧弱电源保护动作跳开 A 相断路器。

根据选相元件的原理，即 $I_{0\phi}I_{2\phi} \leqslant 60°$（φ 代表 A、B、C）动作，A 相断开的非全相线路相当于横向故障的 B、C 相短路接地故障一样。即

$$| I_{0A}I_{2A} | = 0° < 60° \text{ 动作}$$
$$| I_{0B}I_{2B} | = 120° > 60° \text{ 不动作}$$
$$| I_{0C}I_{2C} | = 120° > 60° \text{ 不动作}$$

所以在 A 相断开的非全相线路上，弱电源保护经 A 相选相元件动作仍跳 A 相。此时 MN 线路已是在线路两侧断开 A 相的非全相运行线路。

从以上分析可知，N 侧弱电源保护误动主要有以下情况：如果强电源侧 M 侧的弱电源保护取消（即不投入控制字），则 M 侧不能转发允许信号，N 侧弱电源保护不会误动作跳闸；如果将 M 侧负序反方向元件 D2（B）延时返回时间由 50ms 加大到 80ms，M 侧弱电源保护就不能转发允许信号，N 侧弱电源保护也不会误动作跳闸。

从事故报告及录波看出，N 侧弱电源保护误动的原因主要是逻辑回路中时间配合不合理，如图 2-66 所示。

（1）反方向故障切除后，反方向元件约 50ms 返回（小于 80ms）。

（2）收信时间很慢，等待 37ms 才有信号。

（3）正方向元件返回过慢，回信时间较长为 80ms。

（4）反方向元件返回过快，M 侧装置要求 100ms，而实际为 50ms。

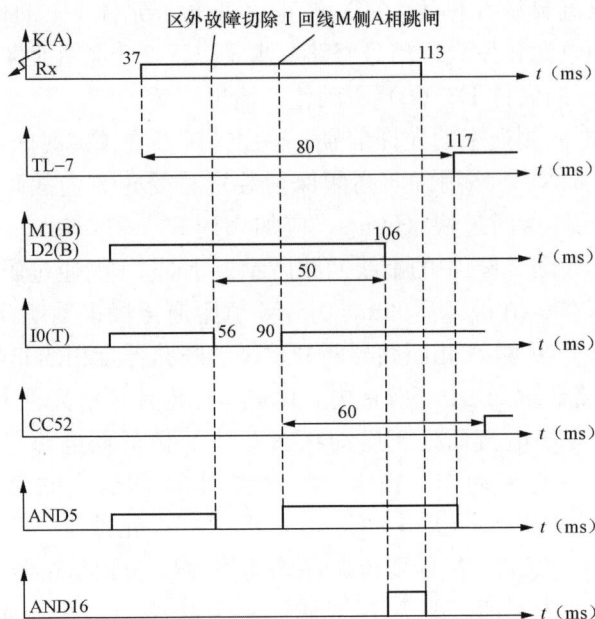

图 2-66 弱电源保护动作程序分析图

（三）防范措施

为了可靠地防止误动作，应采取以下措施：

（1）强电源侧 M 侧的弱电源保护取消（即不投入控制字）。

（2）加快发信速度，使对侧能在 15～20ms 内收到允许信号，收信机展宽时间为故障切除后 40～50ms（包括保护返回时间）。

（3）延长反方向闭锁元件返回时间，由 40～50ms 延长到 80～100ms。

（4）收信固有时间控制在一定范围内。

（5）对强电源侧不仅要停用弱馈跳闸回路，也要取消弱馈回信回路。

二十八、某 220kV 变电站 110kV Ⅱ段母线差动保护因回路两点接地误动作

（一）故障现象

某 220kV 变电站 110kV Ⅱ段母线差动保护动作，跳开该段母线上的所有 110kV 出线及 2 号主变压器中压侧 201 断路器，造成 110kV 母线失压及 3 座 110kV 变电站失压。

（二）分析处理

继电保护人员检查 110kV Ⅱ段母线的保护启动信息、事故报文及集中录波信息，发现 110kV 甲线 B 相发生单相接地区外故障时，110kV 甲线保护不

动作。同时，110kV Ⅱ段母线差动保护检测到的差流值为 5.4A，达到了母线差动保护动作值（0.8A），造成 110kV Ⅱ段母线差动保护动作出口。

由录波图可知，110kV 甲线 B 相发生单相接地区外故障时，110kV 乙线电流互感器母差组 C 相电流也达到 5.4A，但 110kV 乙线电流互感器线路保护组 C 相电流为 2A，并与 A、B 相电流互感器线路保护组相电流平衡。将 110kV 乙线停运检查，用绝缘电阻表测量其对地绝缘时，发现其二次电缆在端子箱内破损造成两点接地，在 C 相二次回路形成较大环流。当 110kV 甲线 B 相发生单相接地区外故障时，110kV Ⅱ段母线差动保护检测到的差流为 5.4A，达到了母线差动保护动作值（0.8A），造成 110kV Ⅱ段母线差动保护动作出口。

（三）防范措施

（1）加强二次回路的验收，仔细检查二次回路的绝缘，对施工中间的关键环节和隐蔽工程的质量严格把关。

（2）在进行保护定期检验时，要严格按检验项目逐项进行检验，认真对二次回路的绝缘进行测试，以便及时发现间隙性接地。

二十九、某 220kV 变电站 110kV 甲线相间接地故障断路器拒动，越级跳 220kV 线路事故

（一）故障现象

某 220kV 变电站 110kV 甲线启动过程中，出现 B、C 相抢弧并发展为 B、C 两相短路接地故障，保护正确动作，但 220kV 变电站 110kV 甲线 1151 断路器拒动，无法断开故障电流，同时 500kV 变电站 220kV 乙线零序Ⅲ段保护动作出口，跳开 2463 断路器。变电站一次接线示意图如图 2-67 所示。

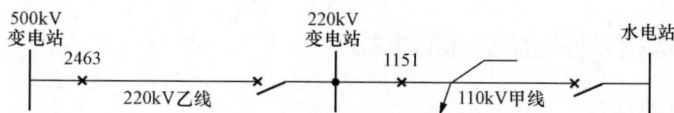

图 2-67　变电站接线示意图

（二）事故分析

（1）500kV 变电站 220kV 乙线 2463 断路器零序Ⅲ段保护二次值整定为 1A、1.5s，与 220kV 变电站 110kV 出线零序Ⅱ段保护（最长时间定值 0.6s）按阶梯式配合。

（2）220kV 变电站 1 号主变压器中压侧零序保护只与 110kV 出线零序Ⅲ段保护配合，整定时间为 3.3s，不与 500kV 变电站侧 220kV 乙线零序Ⅲ段保

护配合（1.5s）。

（3）存在 110kV 出线零序Ⅲ段保护与 500kV 变电站侧 220kV 乙线零序Ⅲ段保护失配问题。整定方案将 220kV 与 110kV 零序保护失配点选择在 500kV 变电站侧 220kV 乙线上，存在 110kV 线路断路器（或保护）拒动且故障为近区短路时，500kV 变电站 220kV 乙线零序Ⅲ保护越级跳闸的隐患。

事故发生时，220kV 乙线 2463 断路器零序短路电流二次值约为 1.06A，达到零序Ⅲ段整定值的临界值（二次整定值 $I_{03}=1.0$A，$T=1.5$s，TA 为 800/1A），由于 1151 断路器拒动，无法断开故障电流，且 220kV 变电站 110kV 断路器无失灵保护，主变压器中压侧零序保护Ⅰ段时间为 3.3s，220kV 乙线的 500kV 变电站侧零序Ⅲ段时间为 1.5s，故零序Ⅲ段保护动作出口，导致 2463 断路器越级跳闸。

（三）暴露问题

该地区电网的整定方案中，在保护配合不能兼顾选择性的情况下，没有完全严格执行"下级电网服从上级电网"总原则，保护失配点选择不够合理，将某地区电网 220kV 与 110kV 电压等级的零序保护失配点选择在 500kV 某变电站侧 220kV 乙线上，致使本次事故中 500kV 变电站 220kV 乙线零序Ⅲ段保护越级跳闸。

（四）防范措施

（1）应严格执行"下级电网服从上级电网"总原则，合理选择保护失配点。

（2）将 220kV 与 110kV 电压等级的零序保护失配点选择在 220kV 变电站侧 1 号主变压器中压侧上，避免本次事故中 500kV 变电站 220kV 乙线零序Ⅲ段保护越级跳闸。

三十、选相元件缺陷引起的事故

（一）故障现象

某 220kV 变电站事故前系统接线运行图如图 2-68 所示。

（1）某 220kV 甲、乙线发生异名相跨线故障同时跳闸，造成 220kV G 变电站全站失压。

（2）220kV 乙线发生 A、B 相接地故障，两侧保护（主Ⅰ保护××－103A、主Ⅱ保护××－101A）均选相为 A、B 相短路接地故障三跳出口。

（3）220kV 甲线发生 B 相接地故障，220kV F 变电站侧主Ⅱ保护××－101A 选相为 B 相故障单跳，220kV G 变电站侧主Ⅱ保护××－101A 选 B、C

相故障三跳出口，两侧主Ⅰ保护××－103A首先选为B相故障单跳后，因220kV G变电站侧主Ⅱ相间故障永跳出口，两侧××－103A保护发远方跳闸三跳出口。

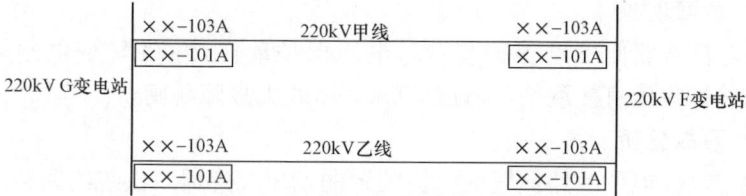

图 2-68　事故前系统接线运行图

（二）事故分析

（1）根据故障录波数据计算220kV甲、乙线两侧差流，220kV甲线B相差流为$6.25\angle 47.78$kA，220kV乙线A相差流为$4.07\angle 22.45$kA，B相差流为$6.37\angle 40.81$kA。考虑到计算误差，判断220kV甲线发生B相故障，220kV乙线发生A、B相故障。

（2）220kV甲线220kV G变电站侧主Ⅱ保护（××－101A）内部动作过程如图2-69所示。

（3）在故障开始后约5.833ms时保护选出A相为故障相，且零序正反向和负序反方向元件均动作；故障后约40ms弱馈启动；故障后约43.333ms故障弱馈停信。故障后约64.167ms保护选出BC相故障三跳。

图 2-69　主Ⅱ保护内部动作过程

（三）暴露问题

（1）同杆跨线故障时，零负序选相与突变量选相存在原理性缺陷。

（2）同杆跨线故障时，零负序方向元件可能误判方向。

（四）防范措施

（1）由设备厂家对220kV线路保护软件进行升级完善。

（2）对运行中的同类型220kV保护装置进行全面核查，检查是否存在同样的原理性缺陷。

三十一、500kV甲线线路辅助保护误动跳闸

（一）故障现象

某发电厂线路侧辅助保护装置过电压保护动作，500kV变电站侧500kV甲线辅助保护收信直接跳闸，造成500kV甲线无故障跳闸。

（二）事故分析

经检查，发电厂线路侧辅助保护装置的电压互感器二次绕组回路图纸设计错误，现场按图施工，误将保护用电压互感器二次绕组N600接至测量表计用电压互感器二次绕组N600的接线端子上，如图2-70所示，造成中性点电位偏移，使装置测量电压异常，导致辅助保护装置过电压保护误动跳闸。

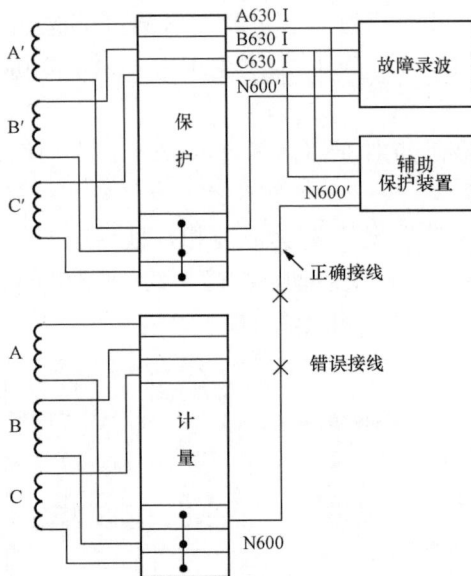

图 2-70　发电厂电压回路接线示意图

（三）暴露问题

（1）图纸设计错误。设计单位误将保护用N600接线接至测量用N600接线端子，造成施工人员照图施工后接线错误。

（2）现场电压互感器二次回路接地设计不符合部颁反措要求。电压互感器不同的二次绕组分别在相应的保护屏接地，且相互独立，造成每个保护小室存在多个接地点。

（四）防范措施

（1）设计部门对错误的回路接线进行了更正修改。

（2）现场按反措要求进行相关保护用电压互感器二次回路接线进行整改，确保电压互感器在保护小室一点接地。

三十二、某500kV电厂7号联络变压器差动保护误动

（一）故障现象

某500kV电厂7号联络变压器第二套保护屏电流差动保护动作，跳开主变压器三侧断路器。

（二）事故分析

经检查，500kV 7 号联络变压器低压侧开关柜在改造后，保护装置电流回路采用主电流互感器后并接中间电流互感器的两级变换方式。由于施工人员未能正确理解两级电流互感器并接的接线原理，主电流互感器二次侧穿芯匝穿过中间电流互感器铁芯后，未直接回到线圈 N 端，而是在中间电流互感器二次侧 N 端接线端子上进行了过渡，使中间电流互感器一、二次侧产生了直接的电气联系，如图 2-71 所示。在电流回路发生扰动时，差动保护电流采样异常，保护误动跳主变压器三侧断路器。

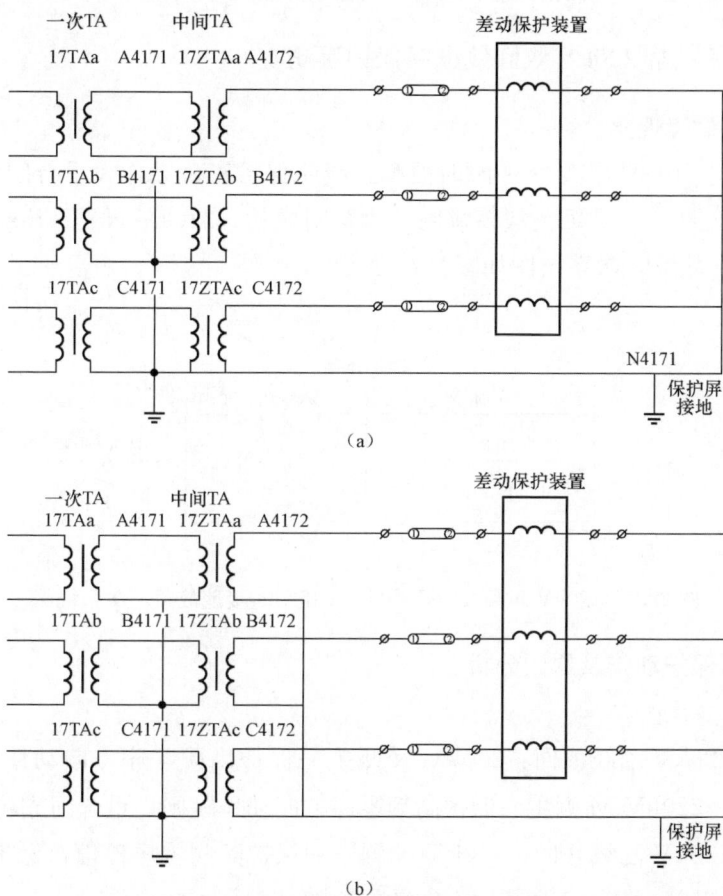

（a）

（b）

图 2-71　500kV 7 号联络变压器保护电流回路接线示意图

（a）更改前；（b）更改后

（三）暴露问题

（1）施工人员对中间电流互感器二次回路接线原理不熟悉，造成接线错误。

（2）基建验收及装置定检工作期间，检验项目不全，未能及时发现电压互感器二次回路存在的问题，消除相关隐患。

（四）防范措施

（1）现场对错误的回路接线进行了更正修改。

（2）要求全厂开展相关整改工作，提高定检工作质量。

三十三、某 220kV 双回线纵联保护误动

（一）故障现象

某电网 110kV 甲线 A 相瞬时故障，线路保护正确动作，重合闸成功。同时 220kV 乙线 I、II 回无故障跳闸，重合闸成功。220kV N 侧 110kV 甲线 A 相瞬时接地故障一次系统图如图 2-72 所示。

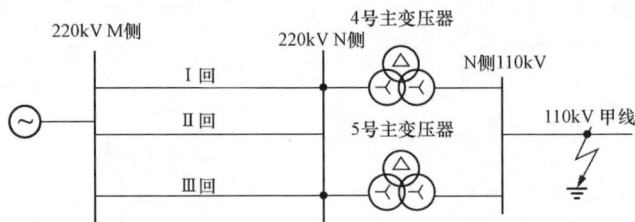

图 2-72　220kV N 侧 110kV 甲线 A 相瞬时接地故障一次系统图

（二）保护动作及原因分析

1. 保护动作

（1）220kV 乙线 I 回：220kV N 侧主一保护高频零序方向动作跳闸，重合闸成功；220kV M 侧主一保护高频零序方向动作跳闸，重合闸成功。

（2）220kV 乙线 II 回：220kV N 侧主一保护高频零序停信，保护未出口；220kV M 侧主一保护高频零序方向动作跳闸，重合闸成功。

2. 原因分析

220kV N 侧 10kV I II 段母线 TV 二次、三次绕组中性点并列后在 TV 端子箱接地，与保护控制室内的 TV 并列屏接地点形成多点接地。在 110kV 线

路故障时，引起 220kV 乙线双回保护用 $3U_0$ 电位发生偏移，造成 220kV 乙线 Ⅱ回 N 侧零序功率达到动作值，误判为正方向而停信，导致 220kV M 侧高频零序方向保护误动。220kV 乙线 Ⅱ回跳开后，随着线路故障电流的转移，220kV 乙线 Ⅰ回两侧零序电流同时增加，两侧纵联零序保护均判为正向故障动作跳闸，重合闸成功。站内 TV 多点接地情况如图 2-73 所示。

（三）暴露问题

（1）10kV 开关制造厂家在设备安装期间未按设计图纸要求解除母线 TV 柜内的 N600 短接线，造成 10kV Ⅰ、Ⅱ段母线 TV 二次侧在开关场内接地运行。

（2）220kV N 侧 10kV 系统改造设备投运前，现场运行维护单位未能认真执行对相关重要回路的验收工作，造成站内长期处于 TV 多点接地状态。

（四）防范措施

（1）在原因查明后立即取消 10kV Ⅰ、Ⅱ段母线 TV 柜中性线 N600 接地点，并将 10kV 系统 TV 二次绕组中性线 N600 引到控制室接 TV 并列屏电压端子，与专用接地端子连接，确保全站 TV 二次回路仅在控制室一点接地。

（2）针对该事故所暴露的问题，要求对全网 TV 二次回路的多点接地问题进行清理核查。

（3）推广在事故调查过程中总结的查找 TV 二次回路多点接地的有效方法，并制订相应反措及运行管理要求。

（4）为加强变电站内重要二次回路维护管理，考虑将管理关口前移至基建验收或现场运行维护环节，以保障二次回路的可靠性。

三十四、断路器本体三相不一致保护缺陷引起的跳闸事故

2011 年 3 月 20 日 20 时 54 分，某 500kV 变电站 1 号主变压器停电检修工作结束，进行复电操作。值班人员先合上 1 号主变压器 500kV 侧 5011、5012 断路器，然后闭合 1 号主变压器 220kV 侧 2001 断路器，此时断路器发生非全相合闸，监控系统发"2001 断路器三相不一致"告警，1 号主变压器 2 套保护"公共绕组零序过流"动作，跳开 5011、5012、2001 断路器。

经检查发现，2001 断路器汇控箱内 A、B 相"远方/就地"切换把手在切换至"远方"位置时，其控制断路器合闸的触点接触不良，造成断路器 A、B

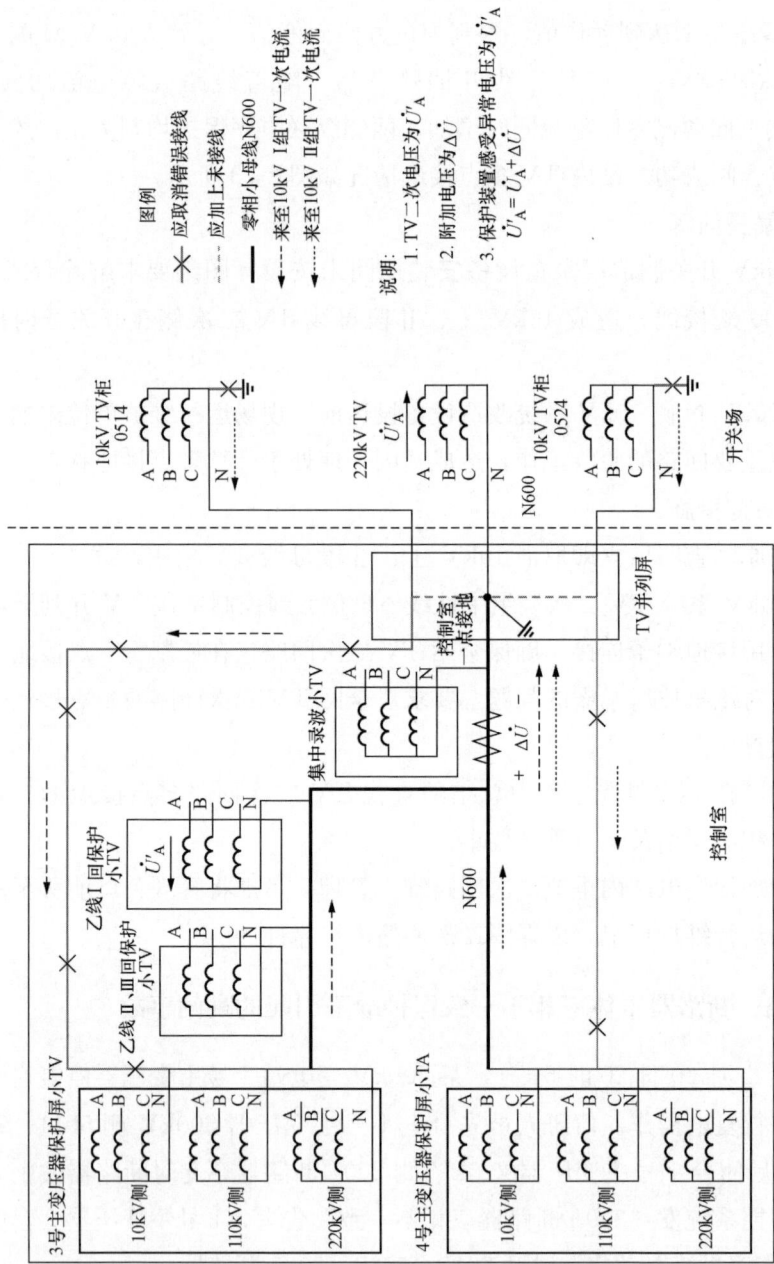

图2-73 220kV N侧电压二次回路N600多点接地图

相无法合闸，出现仅 C 相合上的非全相运行状态。由于 2001 断路器本体不一致保护因运行不可靠拆除，未进行进一步整改，最终导致事故扩大，使变电站 1 号主变压器、220kV 甲线电厂侧线路保护零序后备保护跳闸。

按照《中国南方电网公司继电保护反事故措施汇编》要求，对未配置本体不一致保护、因故拆除或未按要求投入本体不一致保护的断路器进行整改：

（1）220kV 及以上电压等级的断路器均应配置断路器本体不一致保护并投入运行。

（2）要求断路器本体不一致保护采用的时间继电器质量良好，继电器时间刻度范围为 0～5s 且连续可调，刻度误差与时间整定值静态偏差≤±0.1s，且保证在强电磁环境运行时不易损坏，不发生误动、拒动，不满足上述要求的时间继电器必须更换。该保护用跳闸出口重动继电器宜采用启动功率不小于 5W、动作电压介于（55％～65％）额定电压、动作时间不小于 10ms 的中间继电器。

（3）运行单位应联系断路器厂家进行整改，对于因故拆除或未按要求投入本体不一致保护的断路器进行整改。

（4）断路器本体不一致保护恢复、整定和校验完毕，必须分相模拟断路器三相不一致确认动作正确，分相操作断路器跳、合闸正确后方可投入运行。

（5）整改范围内本体不一致保护整定原则为：采用单相重合闸的线路断路器，其本体及电气量三相不一致保护动作时间应可靠躲过单相重合闸时间，且动作时间不大于 2s；其他情况下不需要考虑和重合闸配合的，时间可缩短，但不应低于 0.5s。

（6）新建、改扩建工程应确保断路器本体不一致保护与断路器同步投入使用。

（7）做好断路器本体不一致保护的运行维护，在设备并网前，定期检验时做好本体不一致功能的传动试验，并确认动作时间符合相应的要求。

三十五、一点接地引起跳闸事故分析

（一）故障简述

220kV 变电站线路断路器发生 A 相单相跳闸事故；线路保护重合闸正确动作，重合闸成功。现场检查一次设备未见异常，对侧线路保护未动作，设备正常。

故障当日线路保护 1（所有出口连接片、光纤远跳连接片、光纤纵差保护连接片）退出运行，进行修改定值工作。保护 2 正常运行。

（二）保护动作及录波情况

在本次事故过程中，线路两套保护重合闸均正确动作，在发生单相跳闸后重合闸成功。

线路断路器发生 A 相单相跳闸后，重合闸 804ms 动作，901ms 断路器重合闸成功。线路断路器保护动作情况见表 2-6。

表 2-6 线路断路器保护动作情况

保护 1		保护 2	
未记录	重合闸动作	0ms	重合闸启动
—	—	867ms	重合闸出口

（三）事故后现场检查分析

保护班组进行保护 1 的修改定值工作，故障时正在打印改后定值及连接片电位测试工作。断路器发生 A 相跳闸后，保护班组立即停止工作，离开保护室。站内监控机显示此时站内无直流接地及其他异常信号发出。

保护 1 装置外回路及操作箱整体绝缘检查情况分别见表 2-7 和表 2-8。

表 2-7 保护 1 装置外回路整体绝缘检查情况 MΩ

控制 I 正电源	经 1YJJ 后控制 I 正电源	控制 II 正电源	对地	保护正电源	切换正电源	信号正电源
100	100	50	200	200	200	200

表 2-8 操作箱整体绝缘检查情况 MΩ

	第一组操作正电源	经压力闭锁后第一组操作正电源	第二组操作正电源
对地	100	200	50
对保护正电源	200	200	200
对切换正电源	200	200	200

绝缘装置利用平衡桥及不平衡桥相结合的原理，检测母线对地绝缘状态，如图 2-74 所示。

1. 原因分析

保护工作人员在使用万用表测试连接片电位过程中，万用表由于长时间开启而自动屏蔽电源，在其重新开机切换挡位时，万用表短时切过至"低电阻"挡位，造成跳闸回路的一点接地。

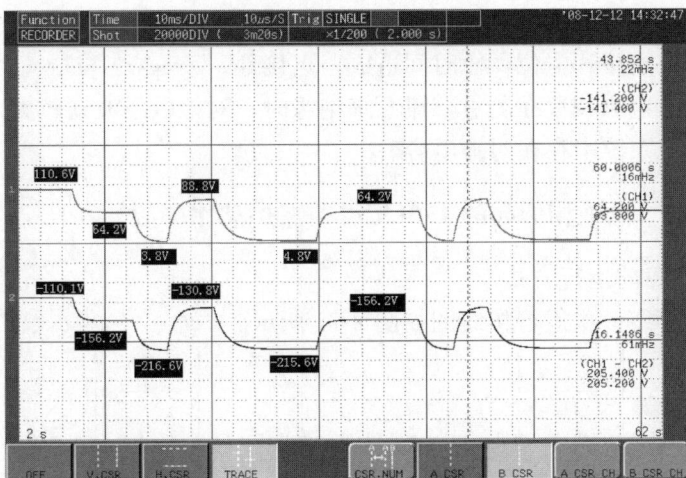

图 2-74　母线对地绝缘状态

$$U_{\text{TBJ}} = U_{-(0)} - \{U_{-(0)} - U_{-(\infty)}\}e - t/T$$

万用表测试连接片电位接线图如图 2-75 所示，动作曲线如图 2-76 所示。

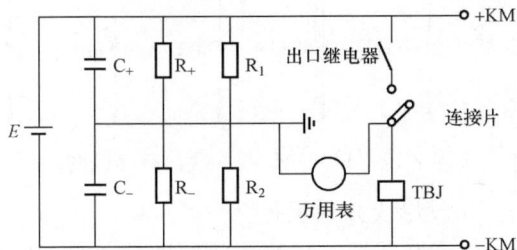

图 2-75　万用表测试连接片电位接线图

R+—正极对地电阻；R-—负极对地电阻；

C+—正极对地电容；C-—负极对地电容；

R1—正极桥电阻；R2—负极桥电阻；

E—直流母线电压

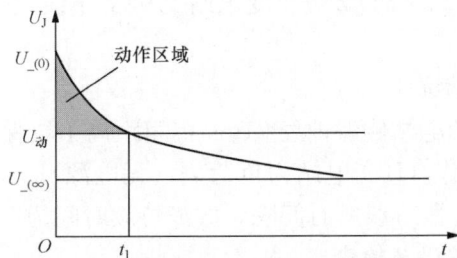

图 2-76　动作曲线图

2. 引起保护跳闸的主要因素

（1）测量连接片电位，短时间造成一点接地。

（2）绝缘监测装置在测量直流系统绝缘时，对地电压波动较大。

（3）直流系统中存在对地电容。

三十六、TA 饱和引起的 110kV 母差保护动作事故

（一）故障前运行方式

110kV 母线一次运行接线图如图 2-77 所示。

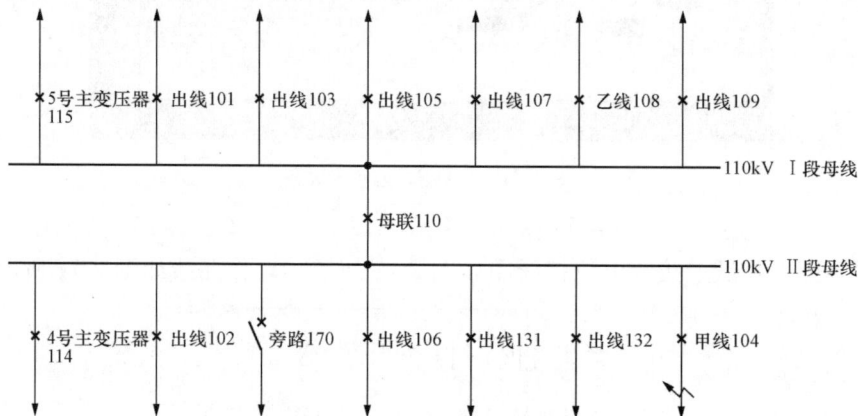

图 2-77　110kV 母线一次运行接线图

（1）110kV Ⅰ、Ⅱ 段母线并列运行。

（2）110kV 乙线 108 断路器、出线 101 断路器、103 断路器、105 断路器、107 断路器、109 断路器、5 号主变压器 115 断路器运行在 110kV Ⅰ 段母线。

（3）110kV 甲线 104 断路器、出线 132 断路器、131 断路器、106 断路器、102 断路器、4 号主变压器 114 断路器运行在 110kV Ⅱ 段母线。

（二）事故经过

2011 年 4 月 25 日 17 时 42 分，变电站 110kV 甲线发生 A 相转三相转换性故障。

（三）保护动作情况

110kV 甲线 A 变电站侧保护经 81ms 相间距离 Ⅰ 段保护动作，测距 6km；B 变电站侧保护未动作（B 变电站为负荷侧，无电源）；A 变电站 110kV 母差保护动作跳 110kV Ⅱ 段母线所有间隔，故障持续时间为 99ms。

（四）保护及相关设备检查

（1）110kV 甲线电流互感器进行介损试验、绝缘试验、伏安特性试验和变

比试验，未发现异常。

（2）核对 110kV 母线保护定值，符合定值单要求；检查 110kV 母线保护各间隔电流采样，除旁路间隔热备用无法检查外，其余间隔电流采样均正确；检查 110kV 母线保护差流，大差电流、Ⅰ、Ⅱ段母线小差电流均小于 0.02A，保护极性正确；检查 110kV 母线保护开关量状态，与实际运行状态一致。

（3）检查 110kV 母线保护电流回路接地情况，所有差动电流回路均在 110kV 母线保护屏上一点接地，无多余接地点；110kV 甲线间隔接入母线保护电流回路绝缘，A、B、C、N 均大于 20MΩ。

（4）母差保护 110kV 甲线间隔二次电流回路负荷 0.38Ω（电流互感器额定二次负荷为 30VA，1.2Ω）；在 110kV 母线保护 110kV 甲线间隔加 60A 电流，保护装置准确采样。

（5）110kV 母联 110 断路器、110kV 甲线 104 断路器 TA 变比为 600/5，在本次故障中出现饱和，其中，110kV 甲线 104 断路器 B 相 TA 最为严重；4 号主变压器 114 断路器、5 号主变压器 115 断路器 TA 变比为 1200/5，未出现饱和。

（五）110kV 母差保护动作分析

110kV 甲线发生三相故障时，4 号主变压器 114 断路器、5 号主变压器 115 断路器、110kV 乙线 108 断路器提供故障电流，114 断路器电流为 15.5A，115 断路器电流为 15.4A，110kV 乙线 108 断路器电流为 7A（TA 变比为 600/5，按照 1200/5 变比折算为 3.5A），110kV 甲线 104 断路器电流为 68.2A（以 A 相电流推算，TA 变比为 600/5，按照 1200/5 变比折算为 34.1A）。

三相短路故障发生时，110kV 甲线 104 断路器 B、C 相产生直流电流，B 相最大，最大的直流分量瞬时值达到 36A，受直流电流影响，故障 3ms 左右 B 相 TA 出现饱和，导致进入保护装置的电流波形严重畸变，保护动作时刻差电流值为 27.8A、和电流值为 40.76A，B 相满足比率制动条件（保护装置抗 TA 饱和能力 3.3ms），保护装置动作。

（六）暴露问题

110kV 母联 110 断路器、110kV 甲线 104 断路器 TA 变比偏小（均为 600/5），TA 饱和导致波形畸变。

（七）防范措施

（1）将该变电站 110kV 断路器 600/5 的 TA 变比改为 1200/5。

（2）组织开展 220kV 及 110kV 电流互感器及二次回路核查与整改工作，开展电流互感器使用现状统计与抗饱和能力校核，重视继电保护设备对电流互感器的要求，把好新电流互感器入网选型关。

三十七、某 220kV 变电站 1 号主变压器保护差动速断动作事故

（一）事故前运行方式

220kV 甲线 209 断路器带 1 号主变运行，低压侧 311 断路器带 35kV Ⅰ 段母线运行，35kV 乙线 304 运行于 Ⅰ 段母线，运行方式如图 2-78 所示。

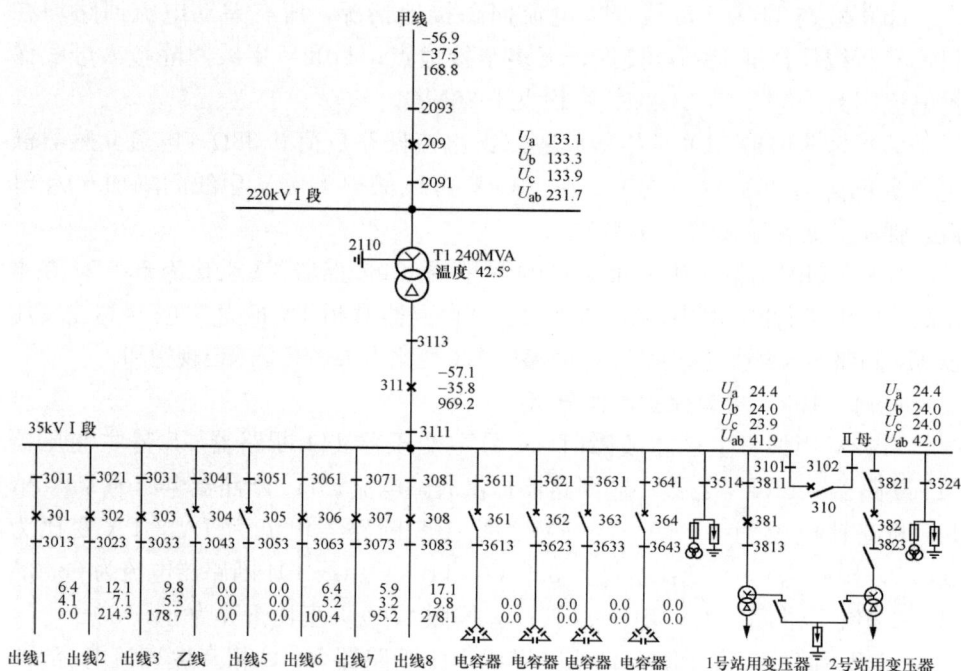

图 2-78　220kV 变电站主接线图

（二）事故经过

2011 年 5 月 22 日 0 时 33 分 26 秒 464 毫秒，35kV 乙线保护过流 Ⅰ 段保护动作跳开 304 断路器 A、B、C 三相；0 时 33 分 26 秒 114 毫秒，35kV 乙线三相重合闸动作；0 时 33 分 28 秒 218 毫秒，35kV 乙线合闸加速动作；0 时 33 分 28 秒 221 毫秒，35kV 乙线过流 Ⅰ 段动作，跳开 304 断路器 A、B、C 三相，同时 1 号主变压器第二套保护差速保护出口跳开变压器 209、311 断路器。

（三）事故原因

根据现场检查，本次保护动作原因为：35kV 乙线对侧用户端 35kV 穿墙套管为瓷套管（干式），由于污闪造成三相短路，35kV 乙线过流 Ⅰ 段保护跳开 304 断路器，1.5s 后重合后于故障线路，线路保护显示二次故障电流为 130A，折成一次电流为 21600A（800/5），从而合闸加速动作跳开 304 断路器。

在 304 断路器重合后，从 1 号主变压器装置录波及集中录波装置可知，311 断路器电流 B、C 相已畸变，第一套保护差动电流为 10.382A，第二套保护差动电流为 10.921A，均达到差动速断定值 9.84A，差动速断动作跳 1 号主变压器两侧。

（四）主变压器差动保护动作分析

220kV 变电站第一套变压器保护于 12 时 13 分 0 秒 445ms 启动，1763ms 差动速断动作，跳开变压器三侧断路器，第二套变压器保护同时启动，差动速断保护动作。现场打印保护装置录波和故障录波器录波，分析如下。

第一套保护动作动作时刻为差动保护启动后 1763ms，差动电流值为 10.328A，大于差动速断定值 9.84A。比较两套保护打印录波 0 时刻电流位置，可以看到两套保护启动时刻相同，而第二套保护在差动保护启动后 1763ms 动作，差动电流值为 10.921A，与第一套保护基本一致，都大于差动速断定值，因此两套保护同时动作。

从第一套保护动作打印波形图，可以看出，在保护启动时刻变压器低压侧区外发生三相故障时，由于短路电流较大，高压侧故障电流峰值接近 40A，再加上故障初始时刻非周期分量较大，导致高压侧 C 相 TA 和低压侧 C 相 TA 出现轻微饱和，不再能够正常的传变一次电流。差动电流增大，导致差动保护启动，由于饱和轻微，差流仍处在比例制动区域，比例制动本身具有抗饱和能力，且有 TA 饱和判据，因此差动保护没有动作。

图 2-79 为第一套保护第一次故障和第二次故障时差动电流/制动电流示意图，可以看到在第一故障时刻最大差动电流并未达到差动速断定值，而第二次故障，差动电流明显大于差动速动定值。

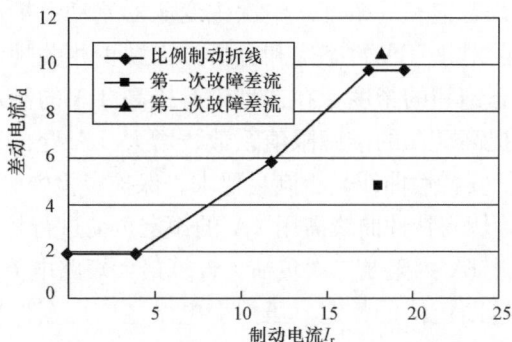

图 2-79　1 套保护差动电流/制动电流示意图

由于发生故障时有大量的非周期分量，并且 TA 传变电流出现突变，会使

TA 的磁通出现饱和，不能再正常地传变一次电流。当故障再次发生，由于前一次故障造成的 TA 剩磁没有衰减完毕，再次叠加非周期分量使 TA 出现更严重的饱和。这就是第二次故障时 TA 饱和深度比第一次严重的原因。

一般来说，暂态的 TA 饱和，电流波形中二次谐波含量较高，而稳态 TA 饱和，电流波形中三次谐波含量较高。由于 TA 剩磁方向和故障中非周期分量的不可确定性，在特定条件下 TA 可能出现深度饱和，导致波形中二次谐波含量降低。

（五）事故后的检查分析

（1）检查保护装置事故报告，发现 1 号主变压器低压侧电流在第二次故障时畸变严重，而 1 号主变压器高压侧电流未发现畸变现象。

（2）检查故障录波装置波形文件，发现 1 号主变压器高、低压侧电流均出现畸变现象。

（3）检查现场的电流电压回路接线图，发现 1 号主变压器低压侧保护装置及录波装置均接于低压侧断路器的独立 TA，所以同时出现饱和，而 1 号主变压器的高压侧保护装置是接于断路器的独立 TA，而故障录波装置接于套管 TA，故出现录波装置显示高压侧 TA 饱和，而保护装置显示高压侧 TA 未饱和的情况。

（4）检查 TA 接线图及铭牌，发现保护装置及录波装置均接于 P 级绕组，绕组接线正确。

（5）检查保护装置定值，发现其差动速断保护定值取 2.5 倍额定电流，符合保护整定规程。

根据以上检查结果，初步分析为 311 断路器 TA 传变电流畸变引起本次 1 号主变压器保护差动速断动作。应落实下属问题，以防止同类事故再次发生：

（1）提高 TA 暂态饱和的裕度。本次主变压器差动保护动作是由 TA 暂态饱和引起的，但目前对于 TA 暂态饱和分析方面缺少相关规定规范，目前普遍认为要提高 TA 暂态饱和的裕度，在选型中有提高 TA 的额定二次容量或减小二次负荷的阻抗、提高 TA 的准确限值系数、增大 TA 变比等方法。

（2）检验 TA 伏安特性曲线是否满足要求。保护定检中必须完成 TA 伏安特性曲线的校核工作，伏安特性曲线需用 TA 的额定负荷进行校核，并校核额定二次极限电动势，实测 TA 内阻及二次负荷，计算最大短路电流时的暂态系数。

（3）优化差动速断定值的整定。虽然变电站主变压器保护差动速断保护定值符合规程要求，但所选取的主变压器差动速断保护定值系数偏小（规程规定可取 2～5 倍额定电流，该变电站取 2.5 倍额定电流），应把主变压器额定容量、系统短路电流、保护灵敏度等联系起来，根据系统短路电流情况及主变压器的具体容量整定差动速断保护动作定值。

三十八、220kV 线路保护远方跳闸和其他保护动作停信回路接线错误引起的事故

（一）事故举例

2011 年 6 月，某 500kV 变电站 220kV 母线故障，分析发现断路器操作箱插件上永跳继电器 TJR 和三跳继电器 TJQ 动合触点的跳线设置不合理，造成 TJR 动合触点未接入线路保护远方跳闸和其他保护动作停信回路，在母线保护和失灵保护动作时，无法将上述信号送至线路对侧保护装置。

2011 年 7 月 21 日，220kV 母线（采用"三重"方式）发生 C 相瞬时故障，A 变电站侧三相跳闸、重合闸成功，B 变电站侧永跳不重合。检查发现 A 变电站侧误将 TJQ 触点与 TJR 触点并联后接入线路差动保护的远方跳闸开入回路，造成 B 变电站收到对侧远方跳闸信号，永跳不重合。

（二）防范措施

为防止此类事故再次发生，要求单母线或双母线接线方式的 220kV 线路保护做好以下工作：

（1）全面检查和整改操作箱。

1）综合分析远方跳闸和其他保护动作停信回路异常的可能性：根据验收及定检报告，检查有无采用驱动 TJR 实际动作的方法对远方跳闸和其他保护动作停信回路进行试验的记录；根据操作箱及其插件的更换记录，判断是否需要检查整改，并填写检查及整改情况表上报调度机构。

2）分析相关母线或失灵保护动作且远跳拒动对系统的影响，并结合现场检查分析结果评估系统风险，分轻重缓急制订停电检查整改计划，防止因操作箱插件配合不合理而影响系统的安全稳定或造成大面积损失负荷等问题；相关运行维护单位负责整改实施。操作箱内部跳线或外部接线变更后，应通过试验验证相关回路的正确性，并做好二次回路变更记录，做好二次回路图纸的修改及审核工作。

3）各运行维护单位做好备品备件的梳理工作，并用跳线设置正确的插件更换以前所有的备品备件。

（2）规范远方跳闸和其他保护动作停信回路接线，原则如下：

1）TJR 触点应接入远方跳闸和其他保护动作停信回路，以实现在母线保护和失灵保护动作时，线路对侧保护可靠、快速动作。

2）TJQ 触点不应接入远方跳闸回路。

3）TJQ 触点不应接入其他保护动作停信回路。

（3）对采用"三相重合闸"或"综合重合闸"方式的线路进行检查，对接入远方跳闸回路的 TJQ 触点，应尽快取消 TJQ 触点启动远方跳闸回路功能。

（4）远方跳闸和其他保护动作停信回路运行维护要求。

1）保护验收、定检及更换操作箱母板或插件时，应采用驱动 TJR 实际动作的方法检查远方跳闸和其他保护动作停信功能。

2）220kV 线路的重合闸方式因故需要调整为"三相重合闸"或"综合重合闸"方式时，应检查确认 TJQ 触点未接入远方跳闸回路。

三十九、气体继电器动作跳主变压器三侧断路器事故

（一）事故经过

某 110kV 变电站直流负极接地，1 号主变压器三侧断路器跳闸，变电站上报动作信号为差动保护动作、重瓦斯动作。

（二）事故后现场情况

（1）检查主变压器本体无渗油等异常现象，气体继电器内无气体。询问当值运行人员，110kV 进线、35kV 出线、10kV 出线间隔无故障现象。

（2）检查保护 1 号主变压器保护屏上差动保护装置 3 个差动动作（对应主变压器三侧）、1 个重瓦斯动作信号灯亮，循环显示报文为 ZS（本体重瓦斯）。公用柜上差动保护装置循环显示报文 yg（告警）、ZS（本体重瓦斯动作）。后台由于停电看不到报文。

注：主变压器保护的非电量保护均采用屏后的电磁型中间继电器与主变压器本体上的瓦斯触点等直接构成回路，中间继电器动作后，用 3 对触点直接跳三侧断路器，1 对触点接至差动保护装置用以发信号，在瓦斯动作后，差动保护装置上的信号灯出现差动和瓦斯动作信号。

（三）事故后主变压器本体及保护检查情况

（1）用绝缘电阻表对保护屏到主变压器本体上的气体继电器的二次电缆绝缘电阻进行测量，183 编号电缆芯对地阻值为 0。

（2）检查主变压器本体上的气体继电器接线盒内接线正确，盒内干燥、无异物。

（3）检查保护屏后的重瓦斯出口中间继电器接线正确，线圈阻值为 5.1kΩ，动作电压为 150V，继电器触点之间无粘连现象，用绝缘电阻表测绝缘阻值为 ∞。

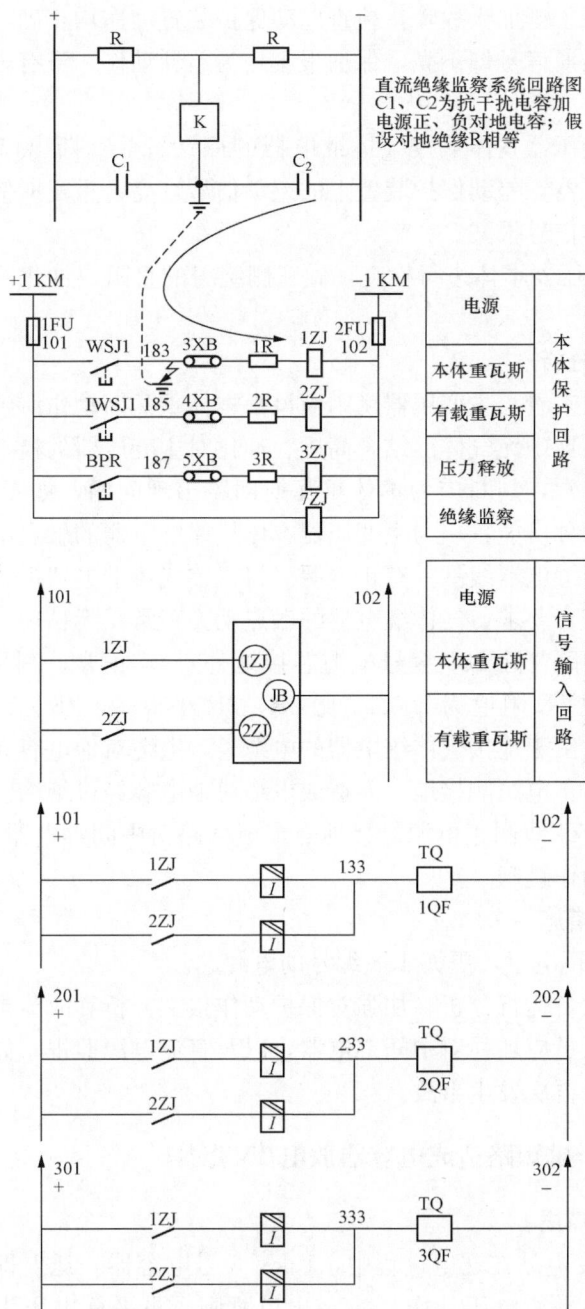

直流绝缘监察系统回路图
C1、C2为抗干扰电容加
电源正、负对地电容；假
设对地绝缘R相等

图 2-80　部分二次回路接线图

WSJ—瓦斯继电器；XB—连接片；ZJ—中间继电器；TQ—跳闸线圈；QF—断路器跳闸线圈

（4）通过端子排加入故障，检查差动保护装置动作均正确，装置上的差动信号灯亮，重瓦斯信号灯不亮，保护报文均为差动动作，没有出现重瓦斯动作信号报文。

（5）在主变压器本体上按气体继电器的探针，重瓦斯出口中间继电器动作，跳三侧断路器，差动保护装置上的差动信号灯亮、重瓦斯信号灯均亮，报文为重瓦斯动作信号报文。

（6）对主变压器本体进行检查，做三侧绕组的直阻、油化测试，试验数据合格。

（四）事故分析

从保护报文来看，主变压器跳闸应该由本体重瓦斯动作所致，差动保护未动作，气体继电器中无气体。结合高压、油化对主变压器的检查情况，主变压器本体内部无异常，判断应为本体重瓦斯回路出现问题，如图 2-80 所示。而重瓦斯出口有两种可能：一为主变压器本体气体继电器的触点出现问题；二为重瓦斯出口中间继电器线圈上有正电源。将本体气体继电器拆下检查，进行校验，校验数据符合要求，气体继电器的触点动作正常，无粘连。检查出口中间继电器及出口回路（除 183 编号电缆芯接地外），均正常。测量 1R、2R、3R 电阻阻值，发现 1R 阻值为 200Ω，比 2R、3R 小很多，2R、3R 值为 $1.8k\Omega$，从而可以判断：由于连接气体继电器的电缆长，电缆对地电容大，又由于中间继电器 1ZJ 线圈正电源侧接地，而造成电缆对地电容经过绝缘监察装置接地点与中间继电器 1ZJ 线圈正电源侧接地点形成回路对中间继电器 1ZJ 线圈放电，造成 1ZJ 线圈动作跳闸。

（五）防范措施

（1）更换 1R 电阻，更换 183 编号的电缆芯。

（2）加强设备运行分析，加强对保护动作报文分析和故障录波的保管。

（3）运行人员应加强对中间继电器，以及直流电源监视，如有异常应及时上报处理，避免再次发生事故。

四十、端子排短路造成电容器放电 TV 爆炸

（一）现象描述

某 220kV 变电站在送电过程中，10kV 3 号电容器一送电即跳闸，检查保护装置报文为不平衡电压动作，0.1s 出口跳闸，不平衡电压为 97V。厂家现场处理，退出电容器不平衡电压保护，合上电容器断路器，在检查电容器放电 TV 一次、二次回路时，发生 TV 爆炸。

（二）分析处理

（1）放电 TV 二次开口三角电压为 97V，可以排除 TV 二次绕组极性接反的情况，因为通过相量分析可知，任意一相 TV 二次极性接反，开口三角处不平衡电压将为 200V（TV 二次电压为 100V）。造成不平衡电压为 100V 的原因可能为：①电容器组一次某相电压缺相；②TV 二次某相回路短路。

（2）电容器停电后，针对可能存在的几种情况进行检查，结果为：10kV 断路器柜至电容器组本体一次接线无明显问题；高压电缆及隔离开关电阻正常；电容器组每相容量检查正常；检查 TV 二次开口三角回路接线正确；检查二次绕组极性接入正确；甩开就地端子箱至保护装置和至 TV 二次绕组电缆检查电缆短路现象。

（3）厂家人员要求退出不平衡电压保护，带电检查 TV 问题相，以便于分析。经业主同意后，不平衡电压保护退出，其他保护正常投入，合上电容器断路器，保护装置报不平衡电压动作，就地端子箱量不平衡电压为 98V，TV 二次绕组中 B、C 相电压为 100V，A 相电压为 0V，A 相放电 TV 一次验电正常，怀疑是否为 A 相 TV 本身的质量问题，检查时间约为 20min，A 相 TV 发生爆炸，电容器速断保护动作跳开断路器。

（4）由于 A 相 TV 爆炸，基本可以判断为 TV 二次内部短路或外部接线短路。在第一次停电检查时已经排除二次电缆短路的可能，后仔细检查，在 TV 本体接线盒二次端子处甩开电缆，保持其他回路不动，检查 A 相 TV 二次电缆 Ax、An 之间电阻为 0。检查发现 TV 就地端子箱端子排的 1、2 号端子中 2 号端子装反，造成 1、2 号端子有金属的一面靠在一起造成短路，而 1、2 号端子正好接入的是 A 相 TV 二次的 Ax 和 An，造成 A 相 TV 二次短路。

（5）端子排恢复正常后，更换三相 TV 及损坏的电容，正常投入全部保护，电容器送电正常。

（三）防范措施

（1）不平衡电压保护利用电压互感器作为电容器组放电电阻时，互感器一次绕组与电容器并联作为放电绕组，二次绕组接成开口三角形，开口三角电压接入保护装置。在正常运行时，三相电压平衡，开口处电压为零，当某相的电容器故障时，三相电压不平衡，开口处出现电压差，利用这个电压差值启动保护装置动作于断路器跳闸回路，将整组电容器切除，以达到保护电容器组的目的。

（2）在怀疑一次设备有问题时，不应该退出保护、带电查找故障。虽然带电查找故障可以更快判断故障点，但是退出保护送电非常危险，极易造成重大设备和人身事故。可以在停电状态用模拟试验的方法判断，送电前的试验检查越认真，送电时才能保证安全。

（3）新安装和改造工程中出线端子排易出现短路问题，由于现场较多采用两端对称的端子排和燕尾槽，而端子只有一面绝缘，另一面是金属面，一旦端子装反，从表面上很难发现，对采用这种对称端子的地方出现故障时，要特别注意是否有端子排短路现象。

（4）检查 TV 二次回路是否短路时必须甩开 TV 本体二次线。只有甩开的电缆之间电阻正常，才能判断 TV 二次回路无短路，尤其是 TV 本体至 TV 自动空气开关之间无任何保护措施，必须保证无短路，否则容易造成 TV 二次短路引起 TV 爆炸。实际工作中也可以在电缆上施加交流电压，在保护装置中观察电压采样值，来判断电缆回路是否正常。

四十一、电缆接地造成失灵保护误动

（一）现象描述

某 220kV 变电站进行送电前的模拟操作，双套母差保护正常投入。变电站为双母线、双 220kV 出线和双主变压器配置。现场进行无压模拟操作，当合上甲线 I 段母线隔离开关时，A 套母差屏失灵保护动作出口，母线上断路器全部跳闸。

（二）分析处理

（1）A 套母差保护配置失灵保护，失灵电流判断逻辑在线路保护中实现。保护失灵动作的条件为：①母线电压动作；②失灵触点开入；③失灵开入间隔隔离开关位置开入。由于母线无电压，电压动作条件满足，当甲线 I 段母线隔离开关合上后隔离开关开入条件也满足，此时查开入量发现甲线的失灵触点已经开入，失灵动作条件满足，失灵出口跳母线上所有断路器。

（2）由于甲线没有二次电流，保护也无动作信号，线路保护没有启动失灵，判断是启动失灵回路问题造成母差失灵开入，在母差屏测量甲线失灵开入01 和 027 对地电压，01 为 +112V，027 为 0V，01 与 027 之间电压为 112V，检查发现 027 线芯接地。

（3）保护失灵开入回路如图 2-81 所示，+KM 经过每个间隔的失灵开入触点和失灵启动连接片接入相应光耦回到 −KM，失灵触点闭合光耦动作，相应间隔失灵开入母差。甲失灵开入 027 线芯接地相当于光耦的开入端接地，光耦被施加了地与负电源之间的 110V 直流电压，在光耦动作电压偏低的时候，可能造成光耦动作，相应的间隔失灵开入母差保护，当其他动作条件也满足时，即可造成失灵保护动作出口。

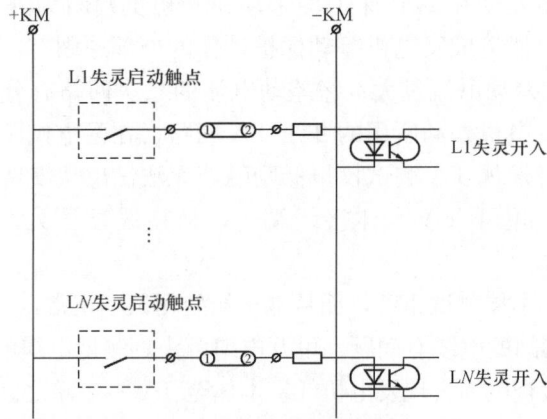

图 2-81　保护失灵开入回路

（4）对失灵开入光耦做动作电压试验，甲线间隔失灵开入光耦动作电压为 105V，开入端接地足以使光耦动作，造成误开入，继而造成失灵保护误动。处理好接地问题后，失灵开入正常，模拟操作正常。

（三）概括总结

（1）保护用光耦动作电压低造成直流一点接地时误开入时有发生，对于母差保护等重要保护，开入错误会造成严重后果，保护安装和校验时必须对光耦的动作电压进行检验，一旦发现动作电压偏低，必须进行更换。

（2）建议将失灵逻辑在线路保护中的配置进行重新设计和改造，即将失灵逻辑放在母差保护中实现，线路保护只提供保护动作触点。

四十二、电流互感器二次电缆短路造成发电机差动保护误动

（一）现象描述

2006 年，某发电厂 2 号机组（300MW 机组）并网后，有功功率至 200MW 左右时，发电机变压器组（发变组）保护 A 柜发电机差动保护动作出口，机组全停。

（二）分析处理

（1）该厂发变组保护装置启动定值为 0.2 倍额定电流，发电机 TA 变比为 15000/5，调取保护动作记录，差动电流为 0.31 倍额定电流，制动电流为 0.59 倍额定电流，已经进入发电机差动保护动作区。对两套保护进行校验，保护性能正常。

（2）检查发电机一次设备正常，同时由于只有 A 套保护发电机差动保护动作，A 套发变组差动和 B 套保护均未动作，初步判断为外部电流回路造成差动保护误动。可能造成发电机差动保护动作的外部原因有：①机端和中性点 TA 性能差异造成差动电流过大；②差动电流的二次回路有分流。针对可能的原因，重点检查发电机差动所用的 2 组 TA 回路，在发电机 TA 端子箱对中性点 TA 进行测试时发现 TA 测试仪报低励磁，无法做出伏安特性，将 TA 测试仪移至 TA 本体，甩开 TA 本体接线端子，从接线端子处对 TA 进行测试，TA 测试结果正常。

（3）由于 TA 本体测试正常，而从端子箱处测试不正常，可以判断从 TA 端子箱至 TA 本体之间的电缆有问题，甩开电缆两头，测量电缆的线间电阻为 10Ω 左右且不稳定。检查电缆发现发电机 TA 本体至 TA 端子箱之间的电缆为非铠装电缆，且无专用电缆通道，只是简单地放在发电机底部的管道上。由于每次机械专业检修管道都需要在附近工作，经常踩踏电缆，造成电缆磨损，内部线芯之间短路，其中 A 套发变组保护发电机差动所用的 TA 电缆短路最严重，线间阻值最小。由于电缆短路对 TA 二次电流分流，造成发变组保护采样电流不能准确反映一次电流，机端电流和中性点电流无法平衡而出现差流，发电机所带负荷越大，分流越严重，当差流达到动作定值，发电机差动保护动作出口。

（4）根据故障判断结果，将发电机 TA 本体至 TA 端子箱之间的电缆改为铠装电缆，并装设专用电缆桥架，发电机开机带满负荷正常，差动电流采样正常。

（三）概括总结

（1）设备安装不规范是造成这次保护误动的主要原因。如果安装时按照相关规定施工，并严格验收，发电机差动保护就不会误动，因此设备安装质量和验收把关水平关系到设备投运后能否长期安全运行。

（2）电流回路的检查，尤其是 TA 本体至 TA 端子箱之间的电缆检查不容易发现问题，因为 TA 二次电阻很小，简单地测量电阻很难判断电缆的好坏，因此应将电缆两头全部甩开检查，避免造成误判。

四十三、直流两点接地造成断路器误动

（一）现象描述

2010 年，某 35kV 变电站扩建 1 台 3 号主变压器，安装结束后送 3 号主变压器非电量保护开入电源时，正在运行的 10kV Ⅱ 段母线上 934、936 断路器跳闸，造成 2 台厂用变压器失电。

（二）分析处理

（1）检查 10kV Ⅱ段 934、936 断路器保护装置事故报文，装置无动作记录，检验装置性能正常。由于断路器跳闸与新变压器非电量开入电源有关，因此先断开 3 号主变压器非电量电源，检查发现非电量电源正端＋KM 对地电阻为 0，送非电量电源会造成直流正端直接接地。经检查为主变压器本体压力释放阀辅助触点接地，造成非电量开入公共线接地，更换辅助触点后绝缘恢复。

（2）直流系统一点接地不会引起断路器误跳闸，因此一定存在另一接地点。断路器控制回路二次接线如图 2-82 所示。仔细检查误跳闸的 2 台断路器控制回路，将断路器切至试验位置，断路器在跳位时直流正接地，解开至断路器机构跳闸线圈的线芯 37 时，直流接地消失。此时如果断路器在合位，则会出现直流负接地，断路器合上后，HWJ 与跳闸线圈串联，因为跳闸线圈的电阻比 HWJ 线圈的电阻小很多，在跳闸线圈处接地，直流系统几乎会表现为负端直接接地，现场恢复 37 号线芯，同时将断路器合上，负对地电压只有 5V左右。检查 2 台断路器机构从端子排至跳闸线圈的软线没有采取防护措施，导线固定在机构构架处磨损接地，对绝缘进行处理后恢复正常。

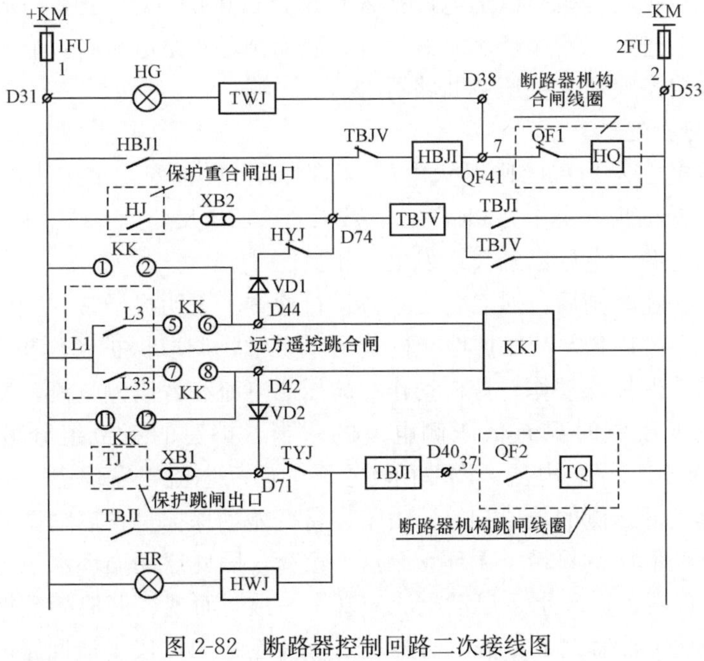

图 2-82　断路器控制回路二次接线图

（三）防范措施

（1）变电站值班员在巡检时未发现运行的设备存在直流接地，后台监控也未接入直流接地告警信号，造成直流系统一点接地长时间运行，说明运行人员责任心不强、管理部门对直流系统接地的危害认识不足。直流系统一点接地后不及时处理，如果再出现第二点接地有可能造成设备误动或者拒动，该变电站在 2 台 10kV 断路器都出现跳闸线圈一点负接地，再在其他地点出现直流正接地，直流电源正端通过接地点到达断路器跳闸线圈再到电源负端形成回路，造成断路器误跳闸。

（2）此次造成断路器误跳闸的另外一个原因是新安装设备的绝缘检查不彻底，直流回路送电前没有测量绝缘电阻值，安装调试时也未发现主变压器非电量开入公共线直接接地的缺陷，调试人员送电前未对运行的直流电源系统进行检查，没有发现直流系统已经存在直流负接地的情况。因此对新安装设备送直流电源前必须进行绝缘检查，如果新设备要接入运行的直流系统，还要检查系统是否存在直流接地，如果有接地缺陷，必须排除故障后才能送新设备电源。

四十四、变压器差动保护定值整定错误造成变压器差动保护误动

（一）现象描述

某发电厂扩建的机组试运电源接入在运行机组的 6kV 公用 01A 段，接入工作完成后，进行一台循环水泵试运行，启动循环水泵电机时，启备变差动保护动作跳开启备变高、低压侧断路器。

（二）分析处理

（1）该电厂为 2×300MW 火电厂，配置 1 台启备变，主接线如图 2-83 所示，启备变低压侧分支作为 6kV 1A、1B，2A、2B 及公用 6kV 01A、01B6 段母线的备用电源，电厂已经投产发电 6 年。

（2）启备变跳闸后，对启备变本体进行检查，无明显异常，变压器绝缘正常。启备变 A、B 套差动保护性能校验结果正常，调取保护动作报文，发现 2 套启备变差动保护均动作。分析动作时高压侧电流和低压侧电流，发现高压侧电流折算到低压侧时只有低压侧电流的一半，扩建的新机组分散控制系统（DCS）记录 6kV 设备电流，调取循环水泵的启动电流，发现记录电流与高压侧电流折算到低压侧的数值相等。由于启备变差动保护是在启动循环水泵时动作的，启备变低压侧只带了循环水泵这一负荷，因此启动循环水泵时，启备变高、低压侧电流和循环水泵启动电流应基本一致，而现场调取的数据中启备变低压侧电流比正常值大了 1 倍，初步判断为启备变 01A 段电流回路的问题。从电流数值的比例分析应该是 01A 段的电流互感器变比有问题，到 6kV 现场检查 01A 段备用断路器铭牌 TA 变比为 1500/5，而定值单上该分支的电流互感器变比

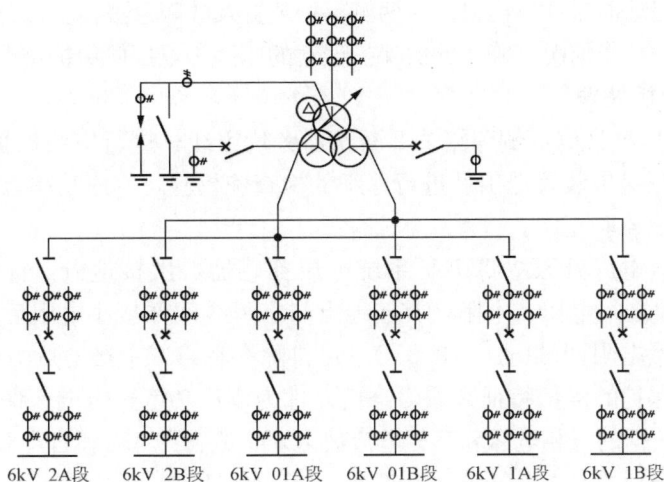

图 2-83　火电厂主接线图

设置为 3000/5，此次差动保护误动的原因是定值整定错误造成启动大负荷时，差动电流过大导致差动保护动作。将启备变低压侧各分支 TA 变比进行核对，1A、1B 和 2A、2B 段分支 TA 变比为 3000/5，01A、01B 段分支 TA 变比为 1500/5，对定值单进行更改整定后，保护正常投入，启动循环水泵正常。

（三）防范措施

（1）定值整定是继电保护工作中十分重要的一环，除了要正确进行整定计算外，对设备的系统参数也必须十分重视，整定参数要与现场设备参数一致。

（2）电厂投运时对启备变工作段的分支做了带负荷试验，因为工作段分支很容易在机组启动带上大负荷，而公用段由于一直没有大的负荷，所以没有做带负荷试验。运行以来一直未在公用分支带上大负荷，所以没有发现定值整定的问题。新设备投运时带负荷试验是电流回路的综合检查，只有带上了真实的一次电流，对各组 TA 的二次电流极性和幅值进行检查才能判断电流回路的正确性。如果对启备变的公用分支做了带负荷试验就可以在保护上观察到差流，发现定值单上的 TA 变比与现场不符，也就可以避免一次保护的误动。

四十五、电压互感器接线错误造成线路保护误动

（一）现象描述

2007 年 5 月 30 日，某 220kV 变电站 220kV 甲线断路器单跳后重合闸成功，当时 220kV 乙丙线（乙变电站至丙变电站）因故障跳闸，属 220kV 甲线区外故障，220kV 甲线两侧分别为 220kV A 变电站和某电厂，A 变电站侧保护动作，

电厂侧保护启动但未动作出口。对两侧保护装置及故障录波器文件分析，判断 A 变电站侧保护动作情况正确，此次保护误动的原因为电厂侧保护错误停信。

（二）分析处理

（1）5 月 31 日电厂侧旁路 242 断路器旁代甲线，进行甲线保护装置检查。甲线方向高频保护装置退出后进行仔细的检查和校验，零序功率方向保护装置采样值、功能校验正常。

（2）检查电厂升压站 220kV 系统电压互感器二次接地点：首先测量接地点 N600 与地之间电压、电阻，在接地点与小母线间并接小电阻后拆除原接地点，此时测量电阻两端电压（9.8V），可排除存在第二个接地点的可能。

（3）从保护的停信特征来看，停信元件为零序功率正方向。保护装置根据故障录波器数据的三相电压和三相电流波形，合成自产 $3I_0$ 和自产 $3U_0$，作为零序功率方向判别的基本电气量，自产 $3U_0$ 与自产 $3I_0$ 相位关系如图 2-84 所示。

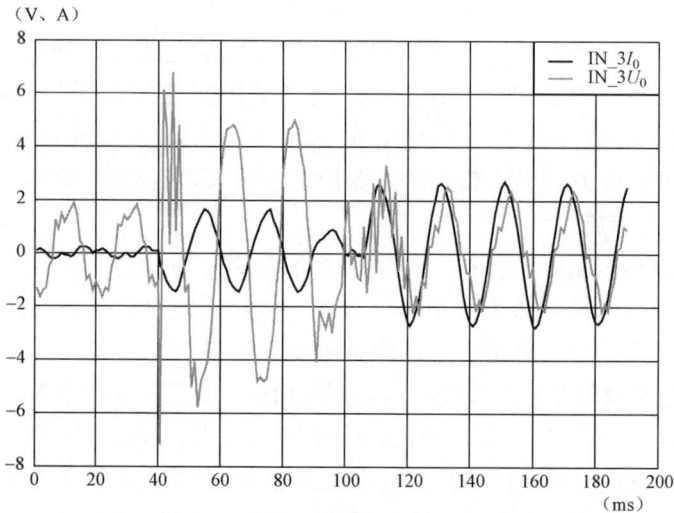

图 2-84　自产 $3U_0$ 与自产 $3I_0$ 相位关系图

外接 $3U_0$ 与外接 $3I_0$ 相位关系如图 2-85 所示。故障录波器波形如图 2-86 所示。

保护装置用自产 $3U_0$ 和自产 $3I_0$ 作为零序功率方向判别的基本电气量，根据故障录波器数据的三相电压和三相电流波形，合成自产 $3I_0$ 和自产 $3U_0$，从图 2-86 明显看出自产 $3U_0$ 与录波的外接 $3U_0$ 之间有差异，导致用外接 $3U_0$ 计算零序功率方向为反方向（外接 P_0 与自产 P_0 方向相反），保护的零序功率方向元件为正方向，因此保护停信，从而导致对侧保护跳闸。

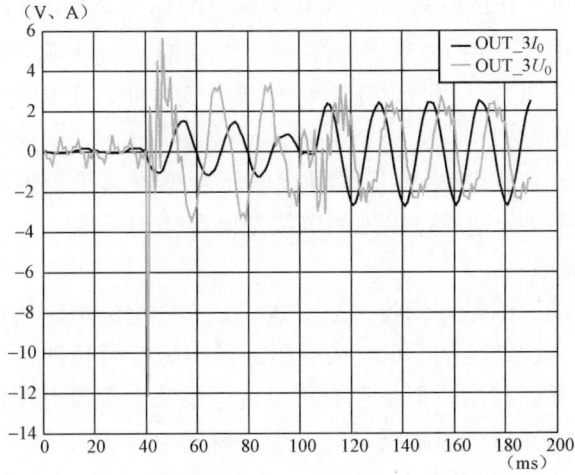

图 2-85　外接 $3U_0$ 与外接 $3I_0$ 相位关系图

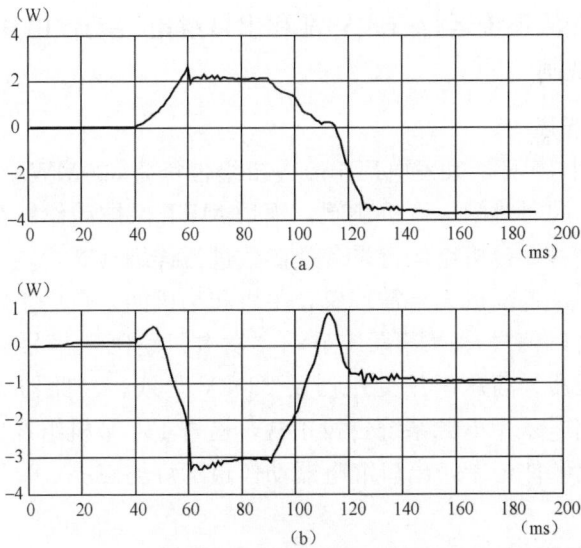

图 2-86　故障录波器波形图

(a) 外接 P_0；(b) 自产 P_0

　　通过装置录波可以看出，因为故障点对 A 变电站侧而言是正方向，A 变电站侧保护装置动作原因在于电厂侧保护装置停信 30ms，A 变电站侧保护装置没有对侧的闭锁信号，本身判为正方向，高频保护延时动作。

　　(4) 在对外回路进行检查时发现电厂侧 220kV Ⅲ 段母线端子箱处 TV 二

次、三次绕组 N600 并接后共用 1 根电缆接至网控楼 N600 接地点，未按照反措要求采用独立电缆，由 $r/（2r+R）>1/3\sqrt{3}$ 时，包括实际发生过的控制室侧 $3U_0$ 端子短路，$3U_{0j}$（测量电压）将与 $3U_0$ 反方向，于是接地零序保护正方向拒动而反方向误动。

(5) 处理措施：在 220kV Ⅲ 段母线电压互感器端子箱处断开二次、三次绕组 N600 连接片，分别通过单独的电缆至网控楼端子排。

(三) 防范措施

这次保护误动原因是，未将 TV 二次、三次绕组的电压通过不同的电缆接入控制室，再将各次绕组的 N600 在电压并列柜短接后接地。对电压回路的这一要求在反措中早已提出，但是还有很多变电站和电厂没有严格遵守、认真排查，出现了接线错误造成保护误动，这也提醒继电保护人员，事故反措的每一条都是经验的总结，在实际工作中要认真学习，理解反措涉及的原理和要求，避免出现重复性错误。

四十六、直流系统运行方式异常和出口继电器动作电压、动作功率低导致发电机误跳闸

(一) 现象描述

2007 年 6 月 10 日，某发电厂 156 号机组带负荷 320MW。17 时 41 分，发变组断路器三相同时跳闸，汽机跳闸，锅炉 MFT 保护动作。在 156 号机组跳闸后，运行人员对 2 台机组运行设备及参数进行详细检查，均正常。汽机、锅炉专业检查本体及各辅机无异常现象，主机和小机油泵自启正常。热工专业检查保护装置无出口信号，DCS 系统显示"发电机跳闸"信号。电气专业检查发电机、主变压器、高压厂用变压器及 220kV 母线、断路器等电气一次设备正常，6kV 厂用电备用电源系统自投正常，检查 156 号机组发变组继电保护装置无启动信号及事件记录，出口继电器动作指示灯均点亮，220kV 母差保护装置无出口信号。

(二) 分析处理

(1) 汽机保护、电气保护检查及分析。检查 6 号发变组保护屏 A、B 柜出口继电器 1A 动作灯亮，保护装置与 DCS 系统无任何保护动作信号，DCS 系统 SOE 记录"发电机跳闸"。根据保护原理，有 2 条回路驱动继电器 1A 动作：一是电气量保护动作；二是热工"汽轮机跳闸继电器"触点启动 6 号发变组保护 A 柜的 5X 继电器，5X 继电器的动合触点与发变组 206 断路器的合位触点 52X 串联后启动出口继电器 1A，原理如图 2-87 所示。

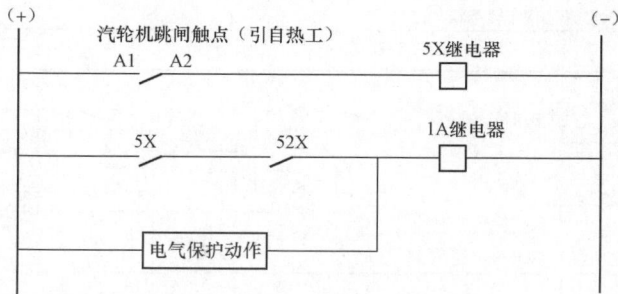

图 2-87　1A 继电器跳闸原理图

其中，汽机中压调门关闭触点、高压调门关闭触点、主汽门触点关闭串连后启动热工出口继电器，热工出口继电器触点接至 A1、A2，电气出口继电器 1A 作用于发变组全停。

1）汽机保护检查及分析。汽机保护联锁逻辑试验正常、回路接线正确、绝缘良好。出口继电器额定电压值 DC 110V，动作值为 47V，直阻为 11.8kΩ，计算动作功率为 0.186W。

分析结论：出口继电器动作电压较低、动作功率较小，不满足反事故措施要求，受直流系统干扰后易瞬时动作。

2）电气保护检查及分析。检查发变组保护装置逻辑正常，回路接线正确，绝缘良好。继电器动作情况检查：5X 继电器动作值为 58V、直阻为 5.45kΩ、计算动作功率为 0.61W；1A 继电器动作值为 69V、直阻为 2.1kΩ、计算动作功率为 2.26W。

分析结论：出口继电器动作电压较低、动作功率较小，不满足反事故措施要求，受直流系统干扰后易瞬时动作。

（2）直流系统检查及分析。156 号机组 110V 直流系统正常运行时采用 2 段独立的运行方式，其中Ⅰ、Ⅱ段直流母线共同供电至发变组保护 A、B 屏及备用电源自投装置。由于原设计采用双回路供电方式，Ⅰ、Ⅱ段直流母线分别通过自动空气开关供电至保护屏，并将两路直流正、负极经过大功率二极管后并联供电至保护装置，此方式导致Ⅰ、Ⅱ段母线通过二极管连接。

155 号机组 110V 直流系统采用同样原理。

155 号、156 号机组的公用设备由 2 台机组直流母线共同供电至公用设备 ECB 控制屏。

具体供电方式如图 2-88 所示。

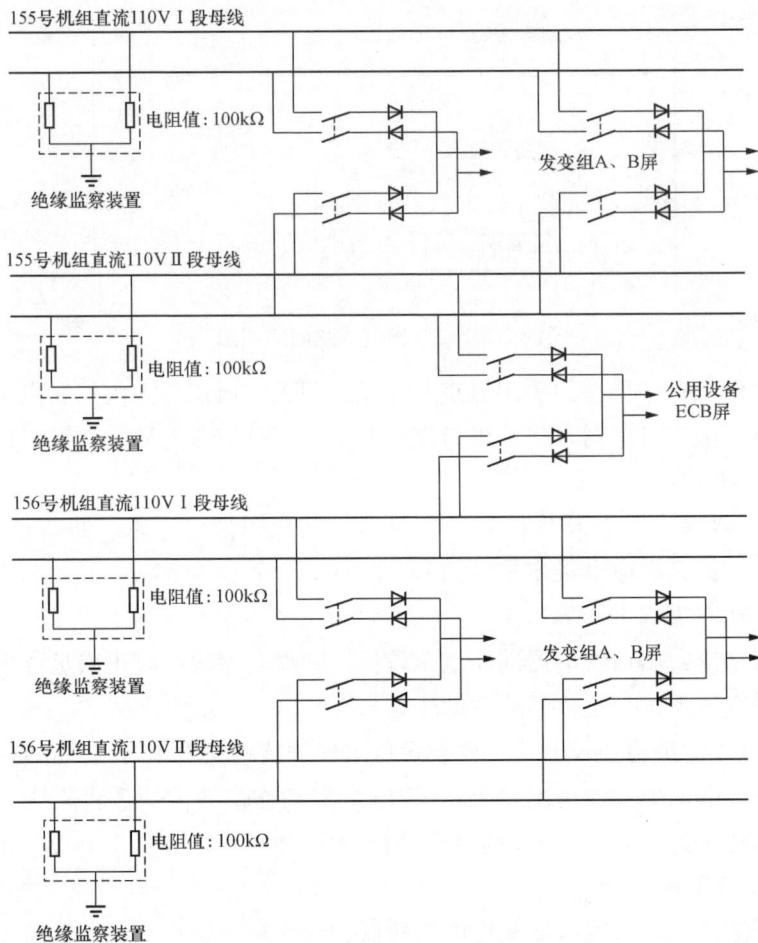

图 2-88 系统供电方式示意图

由于每段直流母线均安装一台直流系统绝缘监察装置,该装置由于采样需要,将直流母线正、负极分别经 100kΩ 电阻后接地。

直流系统测试数据分别见表 2-9~表 2-13。

表 2-9				原 运 行 方 式							V
155 号机组 110V 直流 Ⅰ 段		155 号机组 110V 直流 Ⅱ 段		156 号机组 110V 直流 Ⅰ 段		156 号机组 110V 直流 Ⅱ 段					
正对地	负对地	正对地	负对地	正对地	负对地	正对地	负对地				
75~60	55~40	75~60	55~40	75~60	55~40	75~60	55~40				

表 2-10　　　　检测中运行方式一（任意单段母线绝缘监察装置投入）　　　　　V

155 号机组 110V 直流 I 段		155 号机组 110V 直流 II 段		156 号机组 110V 直流 I 段		156 号机组 110V 直流 II 段	
正对地	负对地	正对地	负对地	正对地	负对地	正对地	负对地
72~60	55~43	72~60	55~43	72~60	55~43	72~60	55~43

表 2-11　　　　检测中运行方式二（四段母线绝缘监察装置退出）　　　　　V

155 号机组 110V 直流 I 段		155 号机组 110V 直流 II 段		156 号机组 110V 直流 I 段		156 号机组 110V 直流 II 段	
正对地	负对地	正对地	负对地	正对地	负对地	正对地	负对地
60	55	60	55	60	55	60	55

表 2-12　　　　检测中运行方式三（156 号机组母线绝缘监察装置投入、ECB 单路电源供电）　　　　　V

155 号机组 110V 直流 I 段		155 号机组 110V 直流 II 段		156 号机组 110V 直流 I 段		156 号机组 110V 直流 II 段	
正对地	负对地	正对地	负对地	正对地	负对地	正对地	负对地
60	55	60	55	72~60	55~43	72~60	55~43

表 2-13　　　　检测中运行方式四（156 号机组 I 段母线绝缘监察装置投入并单路电源供电）　　　　　V

155 号机组 110V 直流 I 段		155 号机组 110V 直流 II 段		156 号机组 110V 直流 I 段		156 号机组 110V 直流 II 段	
正对地	负对地	正对地	负对地	正对地	负对地	正对地	负对地
60	55	60	55	72~60	55~43	62	53

分析结果：155、156 号机组共 4 段母线通过保护双路供电回路的大功率二极管连接，形成环网供电的模式，不符合直流系统的放射状布置的要求。同时 4 段直流系统连接运行，4 套绝缘监察装置同时投入运行，导致直流母线绝缘整体下降（100kΩ/4＝25kΩ），易引起装置频繁误报警和直流系统绝缘下降，不能起到绝缘报警作用。

（三）防范措施

（1）热工保护、电气发变组保护逻辑出口正常、二次回路接线正确，绝缘良好。由于 155、156 号机组 110V 直流系统运行方式异常、绝缘监察装置使得整个直流系统绝缘降低。同时热工保护、发变组保护出口继电器动作电压较低、动作功率较小。156号机组跳闸应为热工或电气保护出口继电器受直流系统绝缘下降扰动而动作所致。

（2）采取的措施。

1）调整直流系统运行方式，将155、156号机组110V直流系统隔离独立运行。155、156号机组公用设备ECB屏双路电源供电方式改为双路电源主、备供电方式。双机运行时由155号机组直流电源供电，156号机组直流电源备用，单机运行时由运行机组直流电源供电，停运机组直流电源备用，彻底隔离155、156号机组110V直流系统的联系。

2）155、156号机组各2段110V直流系统维持现运行方式，发变组保护装置仍然由两路电源供电，以保证发变组保护装置供电的可靠性。每台机组2段直流母线投入单套绝缘监察装置，监视两段直流母线绝缘情况，并定时轮流切换。

3）热工保护和电气发变组保护出口继电器更换为动作电压高的大功率出口继电器。

第三章

继电保护缺陷处理

一、KKJ 设计接线错误，造成备自投动作不成功

（一）现象描述

某 110kV 变电站。带断路器做进线备自投传动试验。试验备自投方式 1，即 1 号进线运行，2 号进线备用。使 I 段母线失压，1 号进线跳开后，2 号进线未合。跳闸灯亮，合闸灯不亮。

（二）分析处理

（1）备自投可以充电，说明充电条件满足。1 号断路器跳开后，2 号断路器未合，问题应出在备自投放电闭锁回路，怀疑 1 号断路器跳开导致某个放电条件满足，初步判断是 1 号进线 KKJ 所致。

（2）查看保护定值和出口连接片。重新合上 1 号断路器，通过状态显示菜单里的开关量状态，查进线断路器 TWJ、KKJ 和闭锁备自投连接片开入。加电压满足充电条件，备自投充电完毕。

（3）再次做试验，从开关量状态里监视 KKJ 等开入状态变化情况。发现 1 号断路器跳开时，1 号 KKJ 变位为 0。因为 KKJ＝0，程序认为 1 号断路器为人工分闸，给备自投放电，导致 2 号断路器不能合上。

（4）在检查开入量状态时，发现 1 号断路器在合位时，1 号 KKJ＝1，说明该信号已接入。查图纸确认，进线断路器操作回路采用主变压器保护操作箱。用户对 KKJ 信号含义理解不够，把备自投跳 1 号断路器的输出引至操作回路的手跳输入端。所以当备自投跳开 1 号断路器时，造成 KKJ＝0。将备自投跳闸输入改接至操作回路保护跳闸输入端重新试验，正确。

（三）防范措施

（1）KKJ 接线错误是备自投容易出现的问题。现场如有问题，应首先考虑这点。其他常见的问题还有用户设计时，不理解 KKJ 真正含义，把 HWJ 当

KKJ 引入装置等。

（2）为了避免引起 KKJ＝0，备自投跳闸输出应接断路器操作回路的保护跳闸输入。合闸输出建议接手合输入端，如接保护输入，备自投动作成功合上备用线路后，断路器合闸，但其 KKJ 不变位仍为 0，始终满足不了新的运行方式下（备自投方式 2：2 号运行，1 号备用）的备自投充电条件，必须要人工对位，让 2 号 KKJ＝1 后，才能准备下一次备自投。这对于无人值守的综合自动化变电站是不合适的。接入手合输入端，KKJ＝1，自动满足新的充电条件，可以不需人为干预的实现多轮次自动备自投。所以备自投输出到操作回路的接线应该是：跳闸接保护跳，合闸接手合。

（3）如果进线配有保护装置且投入重合闸功能，进线断路器采用保护自身操作回路。当备自投动作跳开进线断路器时，因为接保护跳，KKJ 不变位。线路保护重合闸包括保护启动和不对应启动两种方式，不对应启动重合闸时，线路保护会把备自投跳开的进线断路器重新合上。为此，可再引 1 对备自投跳进线断路器的备用触点，接至线路保护闭锁重合闸输入端，备自投动作时给重合闸放电。同样线路保护跳进线断路器也会因为母线失压，且 KKJ 不为 0 导致备自投动作，可以通过延长备自投跳线路断路器时间躲过重合闸，再启动备自投。

二、保持继电器损坏导致操作把手触点烧毁

（一）现象描述

某 110kV 变电站，35kV 线路保护采用集中组屏安装方式，屏上配有手合、手分操作把手 QK。调试过程中连续发生 3 次同一线路操作把手损坏故障。

（二）分析处理

（1）断路器在分位，保护装置上电后（装置电源和控制电源未分开）断路器自动闭合。用万用表测量操作回路手合输入端对地电压为 109V，说明一直有合闸电压加在操作回路上。沿手合回路倒推，测量 QK 把手合闸输出端子有电压输出。因为之前多次手分手合操作正常，所以可以排除 QK 开关接线错误。把手不在合闸位置，但合闸触点导通，判断为把手手合触点损坏，查 QK 把手触点图，改线至另一对备用触点，故障排除，手合断路器正常。

（2）更换触点后 2 天，发现断路器跳闸后不能手合。按上述步骤检查，发现改线后的 QK 把手备用触点一直导通，存在合闸电压。保护跳闸时启动了防跳回路，切断合闸回路，造成不能手动合闸。工作人员认为是操作把手质量

差，于是更换新把手后问题解决。

（3）操作几次后发现断路器又不能闭合了。仔细观察操作把手，发现合闸触点接线端子处有电弧烧灼的痕迹。根据操作回路原理，分合闸操作时，因保持回路作用，回路是由断路器辅助触点切断的，出现拉弧痕迹，说明保护操作回路板合闸保持回路有问题。

（4）取出操作回路，外观检查无异常。测量 HBJ 线圈电阻正常。对 HBJ 加上 1.5V 直流电压，听不到继电器动作时发出的"咔嗒"声；测量其动合触点，发现其不闭合。得出故障原因：由于 HBJ 损坏，合闸保持回路无法启动。手动合闸时，如果把手松的比较快，QK 把手接点在断路器动断辅助触点尚未打开时就返回了，造成 QK 把手接点拉弧。查该线路断路器参数，合闸线圈电阻为 60Ω，合闸电流较大（将近 4A），由于多次拉弧造成 QK 把手触点烧毁。更换保护操作回路板，再未出现 QK 把手触点烧毁的故障。

（三）防范措施

（1）处理故障时应深入分析故障原因，不要单凭表面现象武断定论。如本例中 QK 操作把手，因为每个人操作把手的习惯不同，有些人在开关合上后才松开把手，这种情况把手就不会拉弧，把手拉不拉弧是随机的。所以故障具有隐蔽性。

（2）该案例从侧面反应了保持回路的重要性。如果保持回路有问题，保护内部 24V 继电器触点和操作把手等切断能力较强的触点，都存在拉弧烧坏触点的可能。

三、保持回路未启动，导致断路器遥控无法合闸

（一）现象描述

某 110kV 变电站，1 号主变压器 10kV 侧断路器在后台做遥控试验时，断路器无法闭合（遥控合闸时，HWJ 灯灭后马上又亮），手合断路器正常，且遥控分闸时断路器正常断开。该断路器操作回路采用主变压器操作箱，通过测控单元的遥控触点实现遥控。

（二）分析处理

（1）怀疑保护防跳或断路器自身防跳启动切断合闸回路，但手合断路器正常，说明不是防跳回路启动，否则手合回路也会被防跳切断。

（2）检查测控单元遥控触点的电源、连接片正常。查看测控单元远方操作记录报告，遥控点号和遥控状态（遥控合）正确，说明测控单元收到遥控命令并正确执行。用万用表测量操作回路遥控输入端对地电压，测量遥控合闸时的

电压值为 110V。说明包括测控单元遥控回路没问题。

（3）遥控触点是同手合把手合闸触点一起并接在操作回路手合输入端的，手合断路器正常，说明从操作回路手合输入端到断路器合闸线圈这一段回路正常。检查遥控回路正常。

（4）分析手动合闸和遥控合闸的区别：出厂默认遥控触点闭合时间为 120ms；手动合闸时，断路器合上后松开把手，手合触点闭合时间远大于 120ms。正常情况下操作回路 HBJ 启动，遥控触点和手合触点闭合时间长短对合闸没有影响，HBJ 会自保持至断路器合上。

（5）造成 HBJ 没有启动的原因可能有：HBJ 继电器损坏或 HBJ 保持电流调整的不合适，导致 HBJ 不能启动。因现场没有试验仪，所以没法加电流验证 HBJ 好坏。拔出操作回路板，查看合闸保持电流设置为 0.5A。断路器参数：少油断路器，操动机构为 CD10 电磁操动机构，合闸接触器线圈电阻约为 2kΩ，跳圈电阻约为 50Ω，合闸时间为 160～180ms。

（6）根据合闸接触器线圈电阻推算，合闸电流约为 0.1A，可以断定 HBJ 不会启动。保持不启动，则加在断路器合闸接触器上的电压持续时间取决于遥控或手动合闸触点闭合时间。因为电磁操动机构合闸时间较长（需要同时压紧分闸弹簧），而遥控触点闭合时间只有 120ms。所以遥控时，断路器尚未完成整个合闸过程，合闸电压就消失了，造成断路器刚一合上就跳开的表现，实际上是机构未合到位。正常手合时，断路器合上后把手才松开，触点闭合时间足够长。遥控跳闸正常时，电磁操动机构利用弹簧弹力跳闸，跳闸电流约为 4A，跳闸保持可以正常启动。

（7）断路器合闸接触器阻值无法调整，但可以修改测控单元遥控触点闭合时间来保证断路器合闸。增加测控单元遥控触点闭合时间至 200ms 再做试验，一切正常。

（三）防范措施

（1）本案例中为测控单元遥控触点切断的合闸回路。因为合闸电流较小，没有因拉弧烧毁测控单元遥控触点。

（2）由于电磁操动机构合闸电流太大，保护操作回路合闸输出接合闸接触器，由接触器触点启动合闸回路。所以现场应注意，如果合闸时跳位和合位指示灯均不亮（关掉控制电源，防止烧毁线圈），重新给操作回路上电后又有跳位指示，这种情况一般是由断路器的合闸熔断器未压紧引起的。对于电磁机构，合闸熔断器同控制回路熔断器不同，合闸熔断器接通合圈回路，因为合闸回路没电，所以虽然合闸接触器动作了，但合闸线圈不会动作，断路器合不上，其动断辅助触点也不会切断合闸接触器回路。HBJ 启动后（有些电磁机构合闸接触器电阻较小，也会启动保持）会一直保持，虽然断路器没有合上，但 TWJ 线圈被短接，跳位信号消失。操作回路掉电，HBJ 返回。再上电，TWJ 动作，重新有跳位信号。虽然现在电磁机构的断路器使用较少，但在一些老式变电站仍有应用。断路器检修时一般都要取下合闸熔断器。检修完毕做试验时，应合上熔断器。

四、操作回路配新型永磁操动机构，位置指示不正确

（一）现象描述

某变电站 1 号主变压器低压侧 501 断路器采用新型永磁操动机构。501 断路器在跳位时，操作回路指示灯正常（绿灯亮）；手合断路器后，操作回路指示灯全灭。断路器柜自身位置指示确认断路器已合上。TWJ 和 HWJ 在屏体端子排上同合闸/分闸回路并在一起引至断路器跳合闸线圈。

（二）分析处理

（1）断路器合上但没有位置指示，首先考虑是操作回路板的 HWJ 指示灯（发光二极管）损坏。换置备用板，回路重新上电后，HWJ 指示灯亮。做断路器分合试验，结果断路器跳开，但 TWJ 灯不亮。

（2）用万用表二极管挡（测量线路通断的发声电阻挡）正向加在回路板发光二极管管脚，发现可以点亮 HWJ 灯，说明该发光管正常。

（3）重新插回第一块板，断路器在跳位，测量 HWJ 负端子对控制电源负端电压为 220V，TWJ 负端对控制电源负端电压为 88V。手合断路器，确认断路器在合位，测量 HWJ 负端子对控制电源负端电压为 90V，TWJ 负端对控制电源负端电压为 220V（正常的断路器回路测量参数：断路器跳位，TWJ 负端对控制电源负端电压小于 1V，一般为 0V；当断路器在合位，HWJ 负端对控制电源负端电压相同）。因为 HWJ 无指示，重点分析断路器合位的测量结果。HWJ 负端对控制电源负端电压为 96V，说明断路器动合辅助触点已闭合，断路器已合上。但断路器合闸线圈阻值比常规断路器大很多，产生分压，使得实际加在 HWJ 回路（包括 HWJ 线圈及电阻等）上的电压为 220－96＝124V。

（4）查看断路器资料，发现 501 断路器采用的是最新推出的永磁操动机构，其跳合闸线圈实际上是一个电压触发的固态继电器，具体阻值断路器资料里未提供，只提供了动作电压大于 160V。根据分压程度判断，其等效阻值为 27～31kΩ，因此保持及防跳功能无法启动。查看设计图纸备注，已要求去掉保护保持回路，防跳采用断路器自身程序闭锁。

（5）由于回路电阻的分压作用，整个 TWJ 或 HWJ 回路（从操作回路板控制电源正端到 TWJ 或 HWJ 负端）电压一般应大于 130V，才能启动 TWJ 或 HWJ。所以得出故障原因：因为永磁机构跳合闸固态继电器等效电阻较大造成分压，当断路器在跳位时，TWJ 回路分压较大（$220-88=132V$），可以启动 TWJ 动作；当断路器在合位时，HWJ 回路分压相对小些（124V），HWJ 未启动，合位灯不亮。换备用操作回路板后，HWJ 灯亮，TWJ 灯不亮，是因为该电压基本在发光二极管点亮的临界状态，两块板参数的差异导致故障现象不同。

（6）为了验证 HWJ 处在动作的临界状态，对 HWJ 灯不亮的操作回路板，用 1 根短接线直接将 HWJ 负端同控制电源负端短接，HWJ 灯点亮，拿掉短接线，HWJ 灯仍亮。HWJ 回路上的电压不能使发光二极管击穿点亮，通过短接线使 220V 直接加在 HWJ 回路，发光二极管亮，说明这个电压值为临界状态。解决方案为：给保护 TWJ 负端和 HWJ 负端各引 1 对断路器动断和动合触点，以取得位置信号。改线后试验，一切正常。

（三）防范措施

（1）测试操作回路位置灯光指示所采用的发光二极管是否完好，可以用万用表二极管测量挡（也常用来测通断）。若发光二极管完好，则给发光二极管加正向电压时二极管亮，但亮度会因万用表电池电量是否充足而有差别。

（2）触点通断可用万用表电阻挡测试。但现场触点常用的是用万用表测量某点电位，测量时应注意选择的这个地必须跟系统接地网接触良好。

（3）该案例及 VD4 断路器的防跳问题是因为习惯上的组屏设计 TWJ（或 HWJ）与保护装置合闸（或跳闸）输出端直接并在一起，TWJ 回路分压所致。具体影响如下：

1）保持继电器不启动，不会影响保护跳闸，一般也不会造成保护跳闸继电器触点因拉弧烧毁。因为保护触点是瞬动的，保护动作返回触点就返回。也就是说断路器跳开切断电流之前，只要有故障电流，保护触点就不会返回。而故障电流消失，保护触点返回时，断路器已断开。所以正常情况下，一般是由辅助触点拉弧的，除非断路器辅助触点故障，断路器未断开，此时可能会烧毁保护触点。

2）保持继电器不启动，一般不会影响重合闸或备自投动作。重合闸合闸脉冲宽度为 120ms，备自投跳闸或分脉冲宽度为 150ms 或 200ms，不同型号略有区别。这个时间是由程序固定的，现场无法修改。对于现在通用的断路器，合闸时间一般都不大于 80ms，触点闭合时间足以保证断路器动作，且正常情况下不会拉弧。

3）遥控分合闸触点闭合时间出厂程序默认为 120ms，并且这个参数可现场修改。

4）手动分合闸按照电力系统规定，应在断路器变位后松开操作把手，以保证断路器正常分合。

综上所述，如果保持回路不启动，则一般不会出现上述问题。但应注意：如果 TBJ 不启动，则保护防跳不起作用；如果保持回路可以启动，但断路器辅助触点不能返回，保护触点不会因拉弧烧毁，但会烧毁断路器线圈；如果保持不启动，辅助触点异常，一般会烧毁保护触点，不会烧毁断路器线圈。

五、一次直流接地故障的查找

（一）现象描述

某 110kV 变电站调试过程中，直流屏报控制母线接地。继电保护人员采取拉路法，通过逐一拉掉控制电源检查接地信号是否消失来查找故障点。当拉掉集中组屏的 10kV 1 号线路保护屏时，接地信号消失。投入该屏控制电源自动空气开关，又报直流正接地。从屏后逐路拉掉各线路保护的控制电源自动空气开关，当拉掉青大线装置自动空气开关后，信号消失。于是认为该装置接地，继电保护人员及时进行现场处理。

（二）分析处理

（1）因为单装置或屏体都是经过耐压试验的，所以首先判断装置内部或屏内配线接地的可能性不大。

（2）因为设计装置电源、开入电源、控制电源没有分开，都是从保护屏后装置电源自动空气开关引出的。因装置内部接地可能性不大，所以初步断定是装置引出的开入回路或跳合闸回路接地。

（3）查找接地故障较有效的方法是拉路排除。控制回路只引出到断路器跳合闸线圈、控制电源负端 3 根线，但开入采集回路引出屏外的线较多，如果一路路的拆线查找，比较烦琐，故应先区分是开入回路还是控制回路接地。拆除装置电源正端到保护屏开入公共正端的连线，接地信号未消失，说明开入采集回路没有接地。这样就不用再一根根拆除开入引出线了。那么只剩下控制回路跳合闸输出 2 根线，逐一拆除。当拆到操作回路至断路器跳闸线圈导线时，接地信号消失，说明跳闸回路接地。

（4）继电保护人员查线，最后发现跳闸输出导线在断路器柜侧的接线线鼻子没有完全插进端子插孔里，与柜体有接触点。故障原因确定：虽然保护跳闸触点没有闭合，但控制正电源通过 HWJ 回路在断路器柜端子排接地。重新连线，故障排除。

（三）防范措施

（1）现场调试查找故障原因较实用、简单的方法有替换法和排除法。替换法很简单，就是直接换同类型的板子比较。排除法最有代表性就是拉路查找直流接地，排除时要注意由大到小、由粗到细（如先确定是装置内部还是外回路的问题）。

（2）发生直流接地时，一般通过逐路拉开控制电源输出开关来判断。当判断为保护接地时，往往是装置外部接线有问题。除了控制回路，较易出现问题的还有开入量采集回路，如接入装置开关量的电缆剥好线头但未接入装置，就会造成接地故障。

六、保护装置防跳与断路器防跳回路的缺陷处理

（一）现象描述

某变电站引进一台合资厂的断路器，并对断路器进行改造，安装完毕后做断路器整组传动试验时，当用 KK 操作合上断路器后，发现操作电路插件合位及分位发光二极管均亮，控制屏仅红灯 HR 亮。当用 KK 操作断路器分闸时，断路器操动机构分闸正常。但是，分闸后出现控制回路断线信号，操作电路插件跳位发光二极管亮，但控制屏红、绿灯均未亮。将控制电源断开，重新投入电源，跳闸位置指示全部正常。

（二）分析处理

控制回路与断路器防跳存在寄生回路展开图如图 3-1 所示。

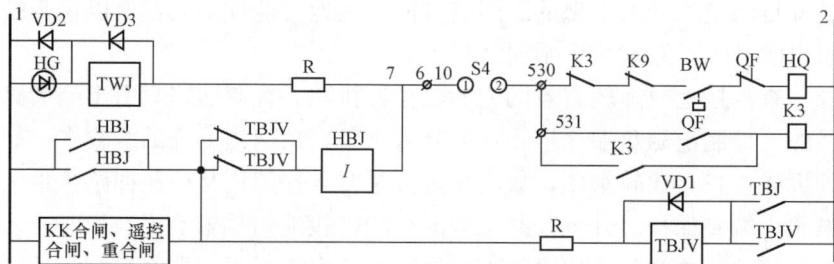

图 3-1　控制回路与断路器防跳存在寄生回路的展开图

HQ—合闸线圈；K9—SF₆ 压力闭锁继电器；BW—弹簧已储能接点；K3—防跳跃继电器；

QF—断路器辅助触点；S4—就地/远方转换开关；HBJ—合闸保持继电器；TWJ—跳闸

位置继电器；VD1、VD2、VD3—二极管；TBJ、TBJV—控制回路的防跳继电器；

R—电阻；HG—发光二极管

在控制室进行远方合闸时，S4 打到远方位置，其 1、2 触点接通，当合闸命令发出，断路器合上后，QF 动合触点闭合，跳闸位置继电器 TWJ 通过 QF 动合触点及断路器防跳继电器 K3 线圈形成回路使跳位发光二极管亮。由于 TWJ 的直流电阻为 20kΩ、动作电压为 130V，K3 的直流电阻为 40kΩ、动作电压为 125V，由串联分压原理得 TWJ 线圈上的电压为 73V，K3 线圈上的电压为 147V，因而防跳继电器 K3 动作，TWJ 线圈由于电压不足而不动作，控制屏上的绿灯不亮。断路器合闸回路已经由 QF 动断触点及 K3 的动断触点断开了。当断路器分闸后，由于防跳继电器 K3 通过其动合触点与 TWJ 线圈形成回路，将合闸回路断开并自保持，TWJ 线圈上的分压仍不足以动作。而断路器又在分闸位置，其动合辅助触点 QF 将分闸回路断开，合位 HWJ 继电器返回。因此，出现控制回路断线信号。当控制电源断开后，K3 自保持会因失电而返回。重新投入控制电源时，合闸回路已经恢复正常，TWJ 跳闸位置继电器动作故灯光显示恢复正常。问题解决方案如图 3-2 所示。

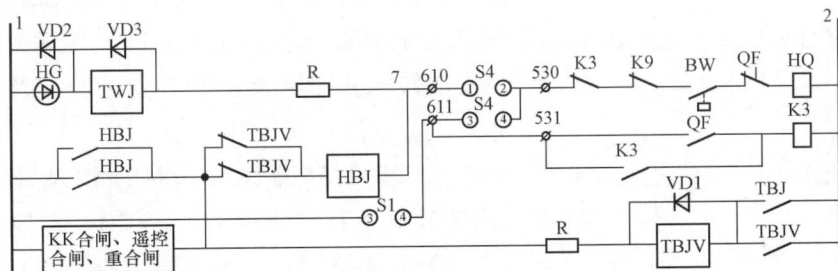

图 3-2 控制回路与断路器防跳改进接线图

基于不重复设置电气防跳跃回路并保留合闸回路监视功能的考虑，对防跳回路进行了改进，保留保护装置内的 TBJ 防跳回路作为断路器的"远方/就地"把手在"远方"位置时的防跳跃功能，将断路器内部的 K3 防跳跃功能作为"远方/就地"把手在"就地"时的防跳跃功能，如图 3-2 所示。两者相互独立。具体方法是将 530 与 531 回路的连接片断开，将 531 连接到 611 操作把手上。

（三）防范措施

断路器机构内的继电器 K3 的作用是：当断路器合闸脉冲发出后，断路器在合闸过程中，由于本身机构问题无法将断路器合上，断路器会返回到分闸状态。此时，若 HBJ 的触点黏合或其他原因使 SHJ 励磁，发出合闸脉冲（因保护装置没有动作，保护装置内的 TBJ1 线圈未励磁，TBJV1、TBJV2 的动断触点接通），由于断路器机构内防跳继电器 K3 在断路器合闸时励磁，并由其自身的动合触点自保持，将合闸回路断开，保证断路器不再合闸，直到断路器合闸脉冲解除，K3 的线圈断电后，其触点返回，从而防止多次"跳—合"。

保护装置中的防跳继电器的作用是：在断路器发出合闸脉冲后，HBJ 的触点黏合或其他原因使 SHJ 励磁，发生保护出口动作 TJ 触点闭合使断路器跳闸，TBJ1 电流线圈由于分闸电流通过而动作，其 TBJ1 动合触点与合闸脉冲接通 TBJV 线圈，再利用 TBJV 的触点自保持，TBJV1、TBJV2 的动断触点断开合闸回路，使断路器跳闸后不再合闸。只有合闸正脉冲解除，TBJV 的电压线圈断电后，回路才恢复到原来状态，从而防止多次"跳—合"。

七、远方跳闸回路缺陷的完善

（一）现象描述

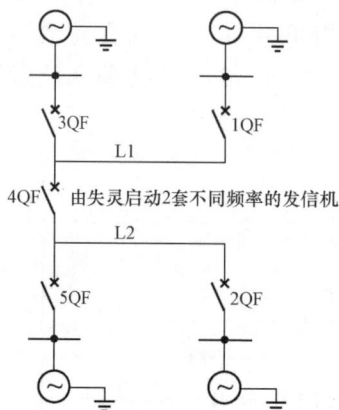

图 3-3　3/2 断路器接线远方跳闸装置设置示意图

如果 3/2 接线断路器的一串中都是输电线路，如图 3-3 所示。以线路 L1（或 L2）发生短路故障为例，线路 L1（或 L2）两侧的保护装置动作跳开断路器 1QF（或 2QF）及本侧 3QF（或 5QF）和 4QF。若此时 4QF 断路器拒跳，4QF 断路器失灵保护动作跳开 5QF（或 3QF）及相邻线路 L2（或 L1）对侧 2QF（或 1QF）断路器。由于 2QF（或 1QF）的保护装置对相邻线路侧短路的灵敏度不足而不能跳闸。因此，在 4QF 处装设由断路器失灵保护启动发信装置发跳闸命令，在 2QF（或 1QF）处装设收信装置，收信装置在收到对侧 4QF 发来的跳闸命令时将 2QF（或 1QF）断路器跳开。

远方跳闸是一种发出直接跳闸命令的装置，其构成原理有以下 2 种：

（1）不加就地故障判别元件，按"二取二"方式构成瞬时跳闸。"二取二"方式是使用 2 套远方收发信机，2 个通道，2 个不同工作频率。只有当 2 套装置同时动作，发出跳闸命令才允许对侧跳闸。本侧只装发信装置，对侧只装收信装置。

（2）收信装置侧增加就地故障判别元件控制的"二取一"方式延时 0.06~0.1s 跳闸，即 2 套远方收信装置中任 1 套收到跳闸命令后，须经故障判别元件判断是否存在故障才允许延时跳闸。

远方跳闸收信装置直流回路原理接线图如图 3-4 所示。

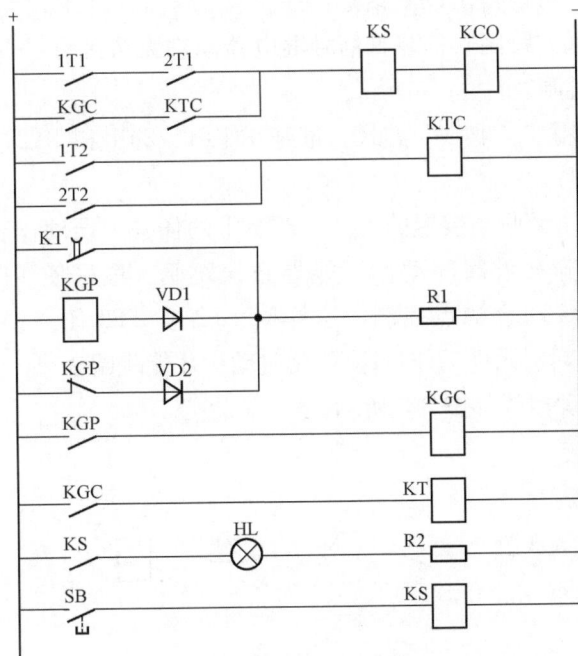

图 3-4　远方跳闸收信装置直流回路原理接线图

故障判别元件采用负序电流和零序电流突变量。当短路故障瞬间出现负序电流和零序电流突变量时，其执行元件 KGP 动作。KGP 的 1 个线圈引入交流量，经整流后为负序电流、零序电流突变量之和；另 1 线圈正极性引入直流助磁电流，但被自身动断触点所旁路，无直流电流通过。当 KGP 动作，其动断触点断开时，KGP 线圈通入电流，加速动作并自保持于动作状态。KGP 动合触点启动 KGC，即为 KGP 的重动继电器。KGP 动作后，其 1 对动合触点启动复归时间继电器 KT，延时应大于断路器失灵保护的动作时间；另 1 对动合触点控制远方跳闸收信"二取一"方式的回路。

1T1、1T2 和 2T1、2T2 为远方跳闸收信装置的 1、2 号载波机跳频触点。当 2 台载波机跳闸触点 1T1、2T1 同时闭合，即"二取二"方式满足时，即启动出口跳闸中间继电器 KCO。当 2 台载波机触点 1T1 或 2T1 闭合满足"二取一"方式时，启动延时中间继电器 KTC。KTC 触点经故障判别元件重动继电器 KGC 触点控制启动出口跳闸中间继电器 KCO，跳开断路器。

（二）分析处理

分析图 3-4，可以得出以下结论：

（1）KS 为远方跳闸收信装置信号继电器。它无法区分"二取二"方式和"二取一"方式跳闸。

（2）无法停用"二取一"方式，最好在 1T1、2T1 和 1T2、2T2 触点回路中分别各加连接片。

（3）当远方跳闸收信装置的 1T2、2T2 中的任一个误动作后，KTC 动作，其触点闭合，故障元件瞬间动作可能导致误跳闸。最好使 1T2 或 2T2 启动 KTC 回路受 KGC 动合触点控制，这样当 1T2 或 2T2 任一误动作后不启动 KTC。如果故障判别元件动作，KTC 延时动作才能跳闸。

改进后的原理接线如图 3-5 所示。

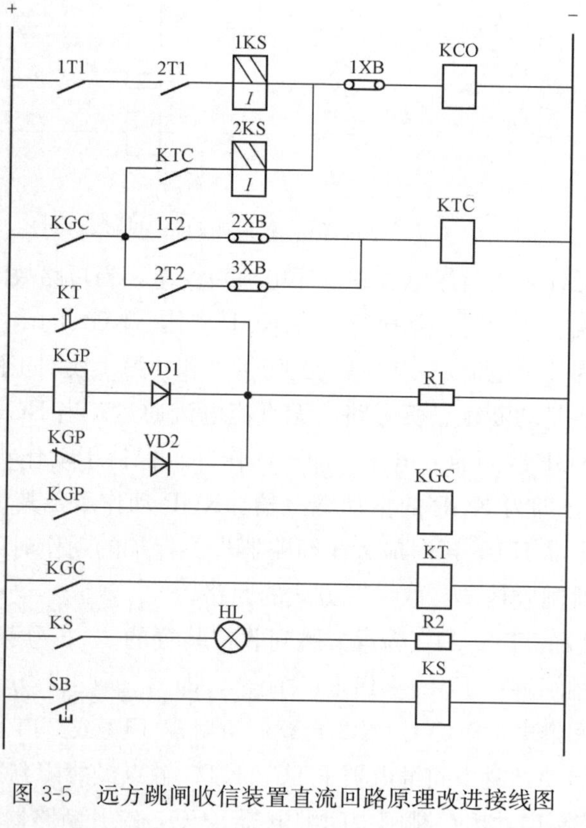

图 3-5　远方跳闸收信装置直流回路原理改进接线图

八、某 220kV 变电站主变压器保护定值整定错误

(一)现象描述

2011 年 9 月 16 日,继电保护人员对 220kV 变电站 2 号主变压器进行定期检验,其中低压侧后备保护"过流 I 段第二时限"定值单上控制字为 0A09,备注项为"跳低压侧并闭锁分段备自投"。但继电保护人员在该项保护逻辑功能校验过程中,测量主 I、主 II 保护屏上"低后备保护动作闭锁 500 备自投"和"低后备保护动作闭锁 550 备自投"连接片两端对地电压时,发现前者连接片上有正电位而后一个连接片没有正电位。

(二)分析处理

继电保护人员立即对回路进行检查。查明回路所用保护动作触点两端编号为 1B18、1B20,经"低后备保护动作闭锁 550 备自投"连接片接至备自投屏,具体回路如图 3-6 所示。加入电流量使保护动作,分别测量 1B18、1B20 触点对地电压,发现 1B18 电位为 58V,1B20 电位为 0("低后备保护动作闭锁 550 备自投"连接片断开),这说明本应该动作的触点没有闭合导致无正电源。

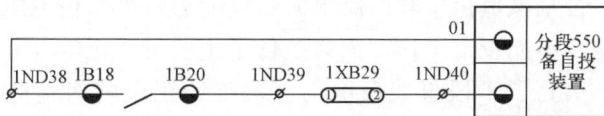

图 3-6 低后备保护动作闭锁 550 备自投装置回路图

初步推断保护控制字整定错误,遂立即进行检查,发现 1B18、1B20 所构成的触点为跳闸备用 1,但保护控制字中该位(第 8 位)整定为 0,这意味着该触点在保护动作时不能闭合,因而正电不能够到达连接片。

尝试将控制字"0A09"修改为"0B09",测量连接片,发现连接片电压为 58V,说明推断正确。

立即向有关主管部门汇报情况,得到有关主管部门的同意后电话告知调度中心继电保护定值整定负责人员,将"过流 I 段第二时限控制字"由"0A09"更改为"0B09"。

(三)防范措施

变压器低后备保护的作用是防止由外部故障引起的变压器绕组过电流,并作为相邻元件(母线或线路)的后备以及在可能的条件下作为变压器内部故障时主保护的后备保护。在 10kV 母线故障或 10kV 出线故障且断路器拒动时,变压器低后备保护动作跳开低压侧断路器隔离故障点以免事故范围扩大。由于低

压侧断路器断开，10kV 母线失压，满足 10kV 备自投装置动作逻辑，备自投会闭合母联断路器由另 1 台主变压器供电。这样就存在一个问题：由于 10kV 出线故障且断路器拒动，原故障点仍然存在，导致故障电流通过母联断路器而将故障范围扩大到另 1 条 10kV 母线及主变压器，严重时会导致全站 10kV 母线失压，因而反措要求"变压器低压侧后备保护动作闭锁 10kV 备自投装置"。

九、某 500kV 变电站直流系统隐患及接地故障处理

(一) 现象描述

某 500kV 变电站直流系统存在一个隐患：220kV 甲线 II 段母线隔离开关机构箱内有一根线短接了控制电源正电（701）和信号电源正电（801），701 由 II 段母线供电，801 由 I 段母线供电，即并联 2 段母线的正电。无论断开隔离开关控制电源自动空气开关还是解开该短接线，都将 I 段母线正电与 II 段母线正电分开，监控即报"I 段母线正接地，II 段母线负接地"及"220kV 乙线交流失压"告警信息。经过分析，确定这是由于直流负荷 R_L 的正电接在 I 段母线，负电接在 II 段母线导致。当 2 段母线的正电并联，该负荷才能通过 II 段母线获得电源，否则该负荷串联两路电源，仅能通过平衡桥电阻与接地点形成一个大电阻回路，不能正常工作，而且拉低了 I 段母线正电与 II 段母线负电的对地电压幅值，抬高了 I 段母线负电与 II 段母线正电的对地电压幅值，如图 3-7 所示。

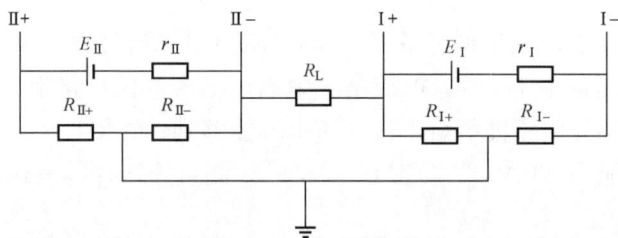

图 3-7 R_L 接在 I 段母线正电与 II 段母线负电之间的平衡电桥简略图

2011 年 6 月 14 日，500kV 某变电站直流系统接地，两段母线正端对地电压为 90V，负端对地电压为 -25V，运行人员断开 220kV 甲线隔离开关控制电源自动空气开关后，I 段母线正端正对地电压为 70V、负端对地电压 -50V，II 段母线正端对地电压为 160V、负端对地电压为 50V，监控报"220kV 乙线交流失压"，如图 3-8 所示。

(二) 分析处理

将直流监测装置的接地点断开，测量两段母线的对地电压，若测不出，则

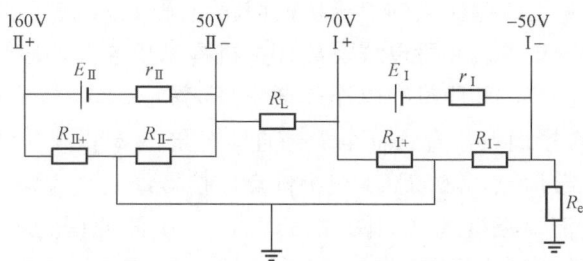

图 3-8　直流接地时的平衡电桥简略图

证明系统没有接地；若能测出，则证明有直流接地。结果是：Ⅰ段母线正对地95V、负对地−20V，Ⅱ段母线正对地210V、负对地90V，证实直流系统确实有接地，而且是Ⅰ段母线负极接地，如图 3-9 所示。由于 500kV 变电站场地大，直流系统电缆长，电缆对地电容不可忽略，与接地电阻构成回路，产生一定的电容电流，使接地的Ⅰ段母线负极对地电压不为零。

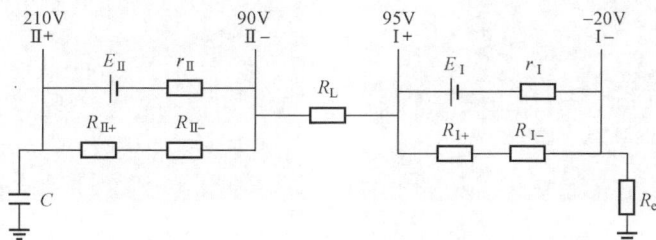

图 3-9　直流接地时解除监测装置接地点后的平衡电桥简略图

　　（1）排查：Ⅱ段母线没有接地，但电压异常。经过排查，发现 220kV 乙线操作箱的电压切换回路电源接错线，正电接Ⅰ段母线，负电接Ⅱ段母线，证实了上述分析中的直流负荷 R_L 就在该回路。推测原因是对直流电源切换回路进行改造时，将负电误接在Ⅱ段母线上。后来监控改造，解开 220kV 甲线Ⅱ段母线隔离开关机构箱里连接两段母线正电的短接线后，监控报Ⅰ段母线正接地，Ⅱ段母线负接地，"220kV 乙线交流失压"等告警信息，才不得不接回去，将两段母线的正电并起来，系统才恢复正常。

图 3-10　220kV 甲线Ⅱ段母线
隔离开关机构箱里连接
两段母线正电的短接线

　　（2）处理：

1）将 220kV 乙线操作箱的电压切换回路电源改正，取Ⅰ段母线。

2）取消 220kV 甲线Ⅱ段母线隔离开关机构箱里连接两段母线正电的短接线（如图 3-10 所示），Ⅱ段母线电压逐渐恢复正常。

3）继续排查接地点，直到查至 1 号直流分屏的 500kV 1 线并联电抗器保护屏支路才确定接地点，500kV 1 线中性点电抗器油温高告警回路在本体接线盒里积水导致直流负极接地（如图 3-11 所示）。推测原因为电缆弧垂不够深，雨水从电缆孔渗入（如图 3-12 所示）。

4）将接线盒内积水排空，进行干燥、净化后，发现最下端子绝缘偏低，应弃用，直接把线接上，用绝缘胶布包裹好，用玻璃胶封堵电缆孔以及盖板边缘缝隙。

图 3-11　积水侵蚀后的 500kV 1 线中性点电抗器本体告警回路接线盒

图 3-12　电缆弧垂不够深，雨水从电缆孔渗入

（三）防范措施

由于电缆电容电流偏大，直流接地查找仪总是误报，在直流室的直流馈线屏多次检测到 3 号分屏进线 2 有接地，但到 3 号分屏则查不出任何问题。最后改用运行人员的检测装置才能发现接地。但该装置功率大，对直流系统产生较大的干扰，不利于运行设备。因此可首先排除报非接地的支路，再仔细反复检查报接地的支路，对信号电源、隔离开关控制电源可采用拉路法，对保护、控制电源再用查找仪进行彻底排查，如果连续多次报接地，该支路接地的可能性就较大，应继续深入检查。

十、某 500kV 变电站 500kV 甲线主三保护装置 CPU 故障处理

（一）现象描述

2011 年 5 月 15 日，某 500kV 变电站 500kV 甲线主三保护"保护装置异

常"信号动作后已复归，只有"保护通道异常"信号动作，保护面板告警灯亮、装置不能采样，报 CPU1、CPU2 异常。

（二）分析处理

保护型号为××－103A，由于备品室没有相应备品，继电保护班人员只能带上同系列××－103B 装置到现场处理。通过重启电源，更换管理插件，更换电源插件，检查 CAN 总线，装置都不能恢复，最终证实 CPU 插件故障，但两块 CPU 同时故障的概率极低，因此轮流更换两块 CPU 插件，终于更换 CPU2 插件后装置恢复正常，从而确定该插件故障，由厂家输入相应程序后，实施二次回路安全措施，对保护进行补充试验。

××－103A 装置有双 CPU，CPU1 为保护 CPU，CPU2 为启动 CPU，任一 CPU 故障均显示"CPU1、CPU2 异常"，这是由于双 CPU 之间进行实时数据交换，只要任一发生故障，通信就中断，因而报 CPU1、CPU2 异常。这是该保护比较具有误导性的一个告警信息，容易对检查人员的判断产生误导。

（三）防范措施

（1）备品必须及时准备到位，由于 500kV 甲线保护投运不到 1 个月，新设备的备品还没购入，因此对抢修造成极大困难，本次抢修如果有相应备品，只需直接更换 CPU 插件即可解决问题，不需为了等厂家带程序到现场而对其他插件进行排查，耗费精力。

（2）保护装置面板显示 CPU 故障，原因未必是 CPU 的问题，与其相连的插件或主板均可能是诱因，但应优先更换 CPU 插件，如果故障依然，再按从易到难的排查难度进行排查。

（3）××－103 系列装置的硬件通用，只是程序不同，实在找不到对应备品时，可用其他型号的插件代替，但要输入对应的程序。

（4）电源插件有 220V 与 110V 之分，其他插件均可互换，没有电压区别。

（5）保护双重配置的设备其中一套保护因故障必须退出运行的，但不影响一次设备正常运行，属于重大设备缺陷，应在 8h 内处理，36h 内解决。

十一、某 500kV 变电站 220kV 甲线 C 相 TA 接线盒内侧锈迹缺陷处理

（一）现象描述

2011 年 4 月 18 日，继电保护班人员对某 500kV 变电站 220kV 甲线间隔进行 TA 过电压保护器检查，发现 C 相 TA 接线盒内侧四周锈迹严重，并有大量铁锈跌落在 TA 二次接线柱间，如果锈迹进一步发展可能发生二次接线柱之间的短路或接地，如图 3-13 所示。

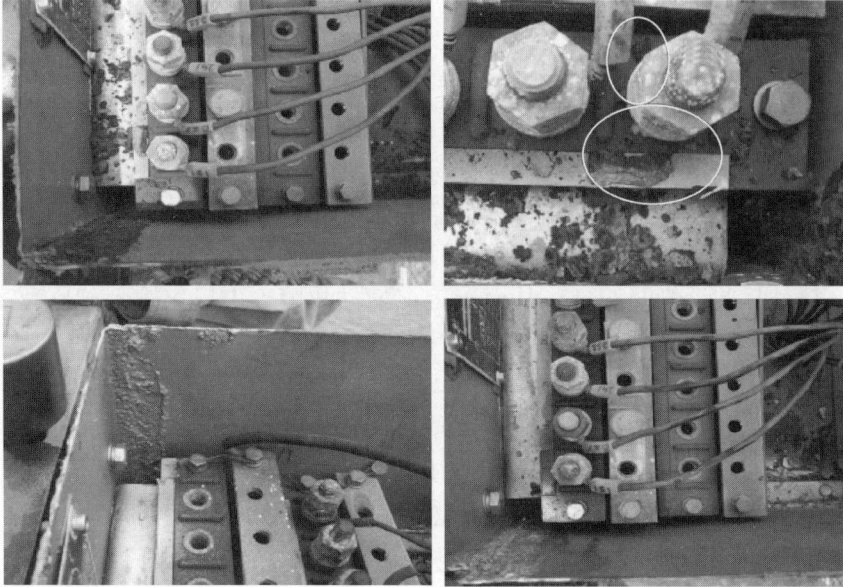

图 3-13 TA 接线盒内接线

（二）分析处理

由于南方天气潮湿，TA 接线盒的水蒸气无法排出，久而久之，TA 接线盒内侧腐蚀而生锈。当铁锈跌落至 TA 二次接线柱时，将造成接线柱的物理接触，特别是空气潮湿凝露时，极有可能造成 TA 接线柱相间短路或接地。继电保护人员立即对接线盒内侧生锈处做除锈及喷漆处理。

（三）防范措施

（1）结合停电加快开展 TA 过电压保护器检查工作，同时开展对 TA 二次接线盒的检查维护工作。

（2）加强对设备维护试验，发现问题及时处理。

十二、某型号保护装置抽出式连接片断裂的缺陷处理

（一）现象描述

2011 年 5 月 15 日，继电保护人员对某 110kV 站 110kV 线路备自投装置进行定检工作。根据运行方式安排 110kV 甲线 126 断路器停电配合传动 110kV 线路备自投装置，当继电保护人员在端子排上模拟 110kV 线路备自投采样运行线路无流、TA 失压后，备自投装置跳闸灯亮，发出跳运行线路（110kV 甲线）命令后，110kV 甲线 126 断路器依然在合位状态，备自投动作

逻辑终止，没有完成备自投动作过程。经检查发现 110kV 线路备自投屏上的"51XB4 110kV 甲线跳闸"连接片的螺栓管脚断裂，连接片管脚已经脱离连接片，跳闸回路不导通，从而导致备自投跳 110kV 甲线失败，备自投动作逻辑终止。备自投二次接线图如图 3-14 所示，连接片管脚如图 3-15 所示。

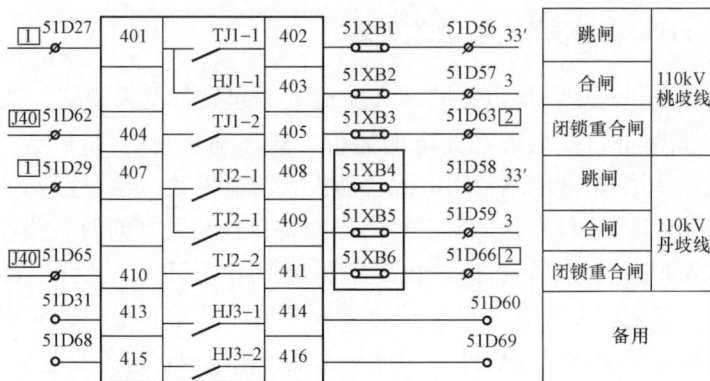

图 3-14　备自投二次接线图

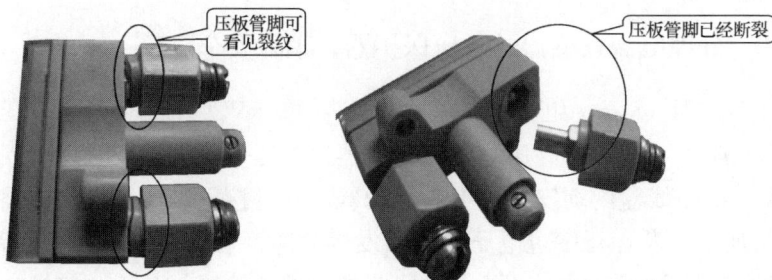

图 3-15　连接片管脚

（二）处理经过

更换连接片后进行试验，110kV 线路备自投逻辑动作正确，各回路正常。检查本屏其他二次连接片，确保无断裂现象。

（三）原因分析

该保护屏为抽出式连接片，每个连接片的固定螺栓均为塑料材质，塑料部分出现老化现象，发生断裂，可见该批产品的塑料连接片老化严重。发现问题应马上进行更换处理。

（四）防范措施

（1）对抽出式连接片使用作业表单进行统计排查，发现问题，马上汇报，制订相关方案进行及时处理。

（2）运行人员在操作过程中发现连接片松脱，必须马上停止操作，通知继电保护人员到场处理。

（3）将情况反映给厂家，提供足够数量的连接片备品，并建议厂家在以后的产品中使用质量可靠的保护连接片附件。

十三、110kV 线路备自投缺陷处理

在巡查维护过程中，继电保护人员发现了一起设备重大缺陷：某 110kV 变电站 110kV 线路备自投装置在充电的运行方式下却未充电（110kV 甲线运行，110kV 乙线热备用），变电站备用电源自动投入功能失效。经查为 110kV 乙线的断路器位置 TWJ 开入没有送入备自投，导致备自投装置判断两断路器位置均为合位。继电保护人员办理许可后，在断路器端子箱对 110kV 乙线断路器位置更换辅助触点，装置恢复正常充电，预防事故发生，保证了在 110kV 甲线线路故障时备自投能正确动作，成功投入 110kV 乙线备用电源，避免变电站失压。

继电保护人员在日常工作中应重点留意各站的备自投、安稳装置、母差等公共设备的状态是否与运行方式一致，及早发现缺陷，保证供电可靠性。

十四、处理电流互感器过电压保护器，消除安全隐患

2011 年 4 月 17 日，继电保护人员进行某 110kV 变电站 1 号主变压器保护定检。当对 1 号主变压器高压侧电流互感器过电压保护器检查时，发现高压侧三相 TA 二次接线盒内均安装过电压保护器，并且接入了 TA 二次回路，如图 3-16（a）所示。若运行中过电压继电器发生故障，会造成 TA 二次回路分流。汇报后进行拆除处理，并对 TA 二次回路进行重新接线、升流试验等，杜绝了 TA 二次回路被分流，如图 3-16（b）所示。

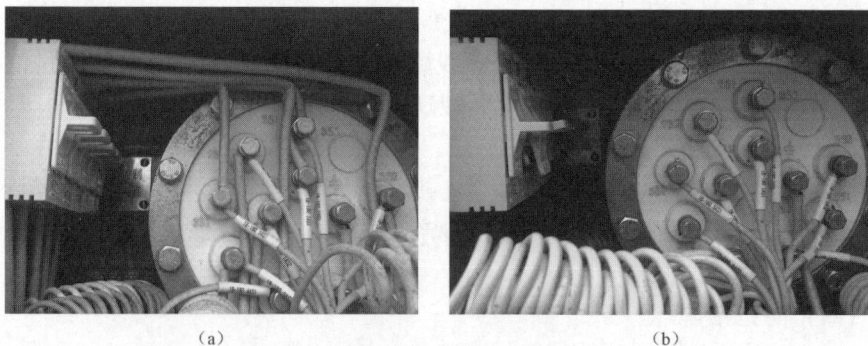

(a)   (b)

图 3-16　过电压保护器情况
(a) 处理前；(b) 处理后

十五、220kV 电流互感器接线盒进水的缺陷处理

2011 年 7 月 1 日中午，继电保护人员处理 220kV 乙线 TA 二次回路渗水问题。了解到 220kV 乙线端子箱处 TA 二次回路接线上有大量水珠，对此制订了消缺方案：首先申请退出母差保护的相关连接片，再对 220kV 乙线相关渗水的 TA 二次回路进行干燥处理，如图 3-17 所示。为防止再次渗水，用玻璃胶将接线盒封好。在端子箱处用吹风机将潮湿的 TA 二次回路接线吹干，至此渗水处理完成，如图 3-18 所示。

图 3-17　未清理的 220kV 乙
线上 TA 本体接线盒

图 3-18　清理过后的 220kV
乙线上 TA 本体接线盒

十六、某 110kV 变电站直流系统故障的处理

（一）缺陷现象

2011 年 3 月底，继电保护人员开展变电站直流系统定检，发现蓄电池触头上出现严重的铜锈现象，如图 3-19 所示。

（二）处理经过

继电保护人员对故障的蓄电池进行了更换。

（三）原因分析

蓄电池触头部分可能出现漏液，导致触头金属部分氧化，发生铜锈。

（四）经验总结

（1）对同厂家、同类型、同时期投运的设备进行针对性的检查，发现问题马上报送整改。

（2）准备足够的备品，在雨季和迎峰度夏前必须完成备品补充。

（3）加强对设备运行巡视，发现问题及时处理。

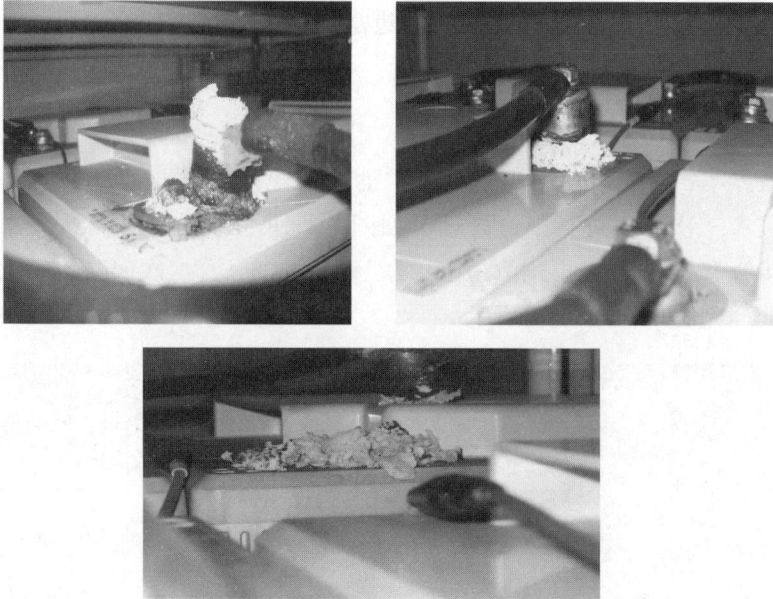

图 3-19　蓄电池触头上的铜锈现象

十七、直流充电屏集中监控器内部元件故障缺陷处理

2011 年 9 月 13 日，继电保护人员对某 110kV 变电站 110kV 线路备自投装置进行定检工作。当时巡检人员尚未到站，继电保护人员进入主控室准备写工作票时，听到主控室发出报警声，赶到现场，发现 30P 1 号直流充电屏的集中监控器显示告警，告警信息为"绝缘监测通信故障"，显示控制小母线正、负端对地电压异常，最高电压为 850V，最低电压为−42V。绝缘对地电阻异常。继电保护人员查看相邻屏的绝缘监测装置参数，一切数据正常，用万用表量度控制母线正、负端对地电压分别为 57、−58V，查看后台监控机未发现异常信号。初步判断为集中监控器内部元件故障所致。

9 月 14 日，继电保护人员与厂家到现场进行消缺。在排除其他原因后，厂家将集中监控器的原通信口 COM4 改接到备用接口 COM6，设置相关通信参数后，集中监控器显示数据一切正常，不再发告警信号。

综上所述，检查设备排查故障时，要做到多方面、多渠道获取信息，才能综合掌握设备的运行情况。

十八、站用电低压备自投的故障处理

某 110kV 变电站因受雷电的袭击，导致 1 号站用电变压器低压侧的两个自动空气开关跳闸。由于低压备自投装置的电压是通过自动空气开关上端直接采样的，不能进行切换，因此造成站内部分低压失电。经继电保护人员到站检查，发现 1 号电源 11QS 跳开，检查各低压回路无异常后合上 11QS 自动空气开关，低压恢复正常，但进线断路器跳闸指示灯亮，后台监控机报 1 路进线断路器故障，进一步检查发现 ATS 开关智能控制器死机，无法复位。人工取下 1FU、2FU 熔断器，断开控制器电源 1min 左右再投入，检查控制器正常，试验备自投切换正常。站用电接线图如图 3-20 所示。

原因分析：ATS 开关智能控制器采用单片机控制的运行方式，在受到雷击影响下电源波动使单片机死机，其所有程序不运作，包括复位程序，此时，断电后重新上电是处理方法之一。

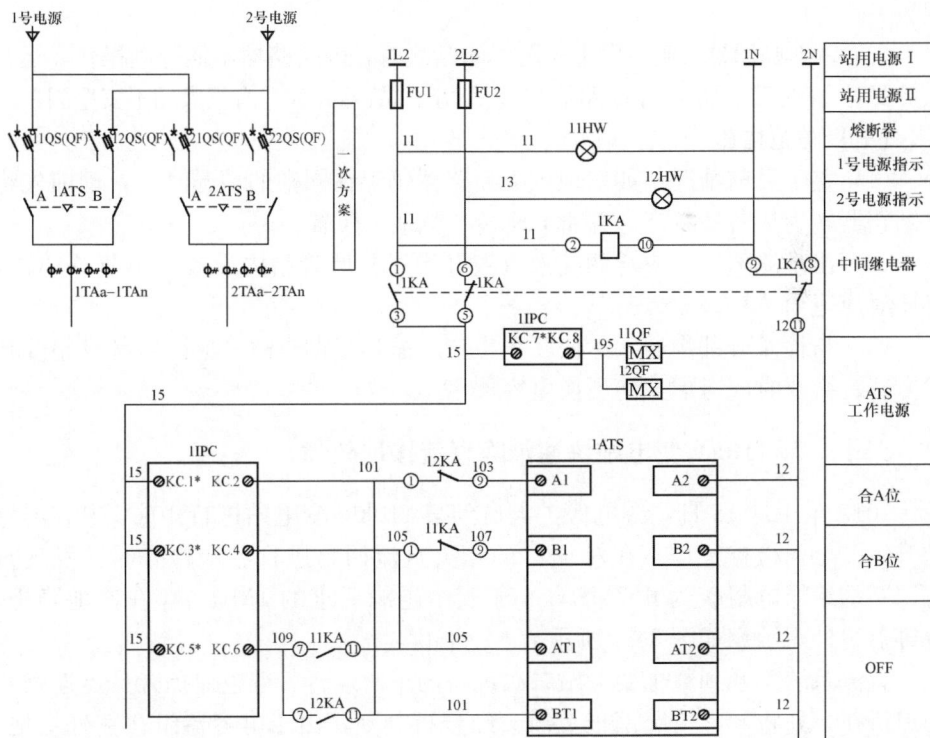

图 3-20　站用电接线图

十九、某 110kV 变电站 10kV 电容器组断路器发控制回路断线处理

(一)故障过程

某 110kV 变电站 10kV 电容器组在 AVQC 的调节下经常分合电容器组的断路器。因电容器组的断路器多次分合振动时手车断路器会产生松动(手车断路器向外回退,使闭锁辅助触点松动)。造成电容器组断路器经常发控制回路断线故障信号告警,运行人员需要用手车遥把将运行中的手车断路器向内用力摇进才能使手车断路器闭锁辅助触点返回,恢复控制回路电源(手车断路器有时在分闸状态,有时在合闸状态)。

(二)事故总结

本案例暴露三点不安全因素:

(1)如果手车断路器合闸后发生控制回路断线,运行人员到达处理故障前设备发生故障,断路器将不能跳闸,造成事故扩大。

(2)手车断路器向外回退松动,可能使手车断路器的触头产生接触不良现象。

(3)手车断路器合闸后发生控制回路断线时,因断路器不能分闸操作,运行人员要对合闸运行中的手车断路器进行手动操作故障处理,有很大的不安全因素。

(三)防范措施

(1)鉴于目前情况,如发现该类断路器仍存在同样的情况时,处理前先将该断路器转为热备用状态,并将 CK 转"就地"位置。

(2)出现缺陷时,应与调度人员做好沟通并监管站内设备,调节 AVQC,必要时应退出 AVQC。

(3)与检修分部沟通,尽快联系生产厂家到站彻查故障原因,制订整改技术方案;必要时应考虑如何更换电容器手车。

二十、某 110kV 变电站快速消除直流接地故障

2012 年 4 月 18 日,继电保护人员到某 110kV 变电站进行 10kV 电容器保护升级及全面检查工作。在对 12C 的相关直流回路进行绝缘检查时,发现直流回路的绝缘电阻仅为 0.7MΩ,小于安全绝缘要求的 1MΩ,存在接地隐患。电容器组外观示意如图 3-21 所示。

直流系统关系到整个变电站二次设备的正常运行。继电保护人员迅速查找隐患所在,并将异常情况汇报上级。经分析判断,由于电容器组在室外场地,近两天持续降暴雨,导致变电站 12C 电容器组 53390 接地开关辅助触点受潮,导致直流接地。干燥处理后绝缘恢复正常,隐患消除。

图 3-21　电容器组外观示意图

二十一、某 110kV 变电站电压互感器二次回路多点接地缺陷处理

（一）缺陷现象

2011 年 4 月 27 日，继电保护人员在某 110kV 变电站进行电压互感器二次回路一点接地检查。在中央信号继电器屏用钳形电流表检查时，发现电压互感器的二次全站一点接地点 N600 的接地电流达到 138.3mA，超出 50mA 的正常临界值，如图 3-22 所示。

（二）处理经过

查阅图纸，到高压场地 110kV 甲线线路电压互感器端子箱处，发现端子箱里的 1 只击穿避雷器已经击穿，对地电阻为 0.2Ω，如图 3-23 所示。

图 3-22　钳形电流表检测

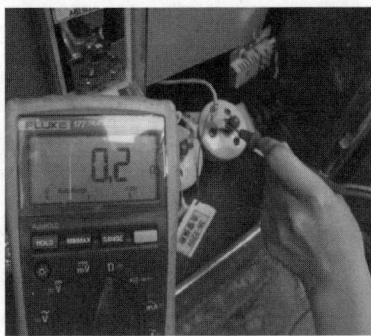

图 3-23　对地电阻测试

（三）风险辨析

电压互感器二次出现多点接地，可能会造成保护拒动或误动。

（四）防范措施

（1）彻实开展目前的电压互感器二次一点接地的专项检查工作，发现问题马上整改，杜绝二次回路带缺陷运行。

（2）选用合格、参数正确、满足运行要求的击穿避雷器的产品。

（3）加强运行维护，结合各间隔的保护装置定检时，执行作业表单，检查所在间隔的电压互感器二次接地点是否满足要求。

二十二、某220kV变电站母差保护装置缺陷处理

（一）缺陷现象

巡检人员执行调度命令将110kV的所有负荷倒到110kV Ⅰ段母线后，110kV母差保护屏面板"告警"、"TV断线"、"隔离开关位置异常"灯亮，后台机报"110kV母差装置告警、闭锁"。从保护装置的"状态"菜单可以看出1021、1261隔离开关位置与实际不对应。

（二）处理经过

经巡检值班员向调度申请将110kV母差保护退出后，在110kV母差保护屏处将1021、1261隔离开关位置"强制接通"，但异常仍未消失。至此，可以判断是保护装置的隔离开关位置输入光耦有问题，更换隔离开关位置输入插件后，"告警"、"TV断线"、"隔离开关位置异常"灯灭。保护装置恢复正常，后台机"110kV母差装置告警、闭锁"恢复。

二十三、某220kV变电站10kV甲线电流互感器故障

（一）缺陷现象

继电保护人员到某220kV变电站10kV设备进行状态检修工作，发现10kV甲线保护装置C相电流采样不正确，装置采样为0，而实际二次电流为0.1A，电流测试如图3-24所示。

（二）处理经过

用短接线短接端子排电流互感器侧的保护组C421电流到N421后，打开端子排保护侧的端子，使用二次电流钳形电流表检测电流为0，可判断C相电流互感器的二次保护绕组没有电流输出。安排紧急停电后，检查C相电流互感器的二次保护绕组已经开路，由检修班组更换电流互感器后，继电保护人员进行二次回路检查试验正常，投运后检查保护采样恢复正常。

（三）原因分析

C相电流互感器保护组1S组的1S3凸体字以上有一个突起点（1S3并无接线柱，只有印刷凸字），并有烧焦的痕迹。继电保护工作人员解开C相电流互感器各组别的二次接线，对其进行测量直流电阻：1S1－1S2保护组为

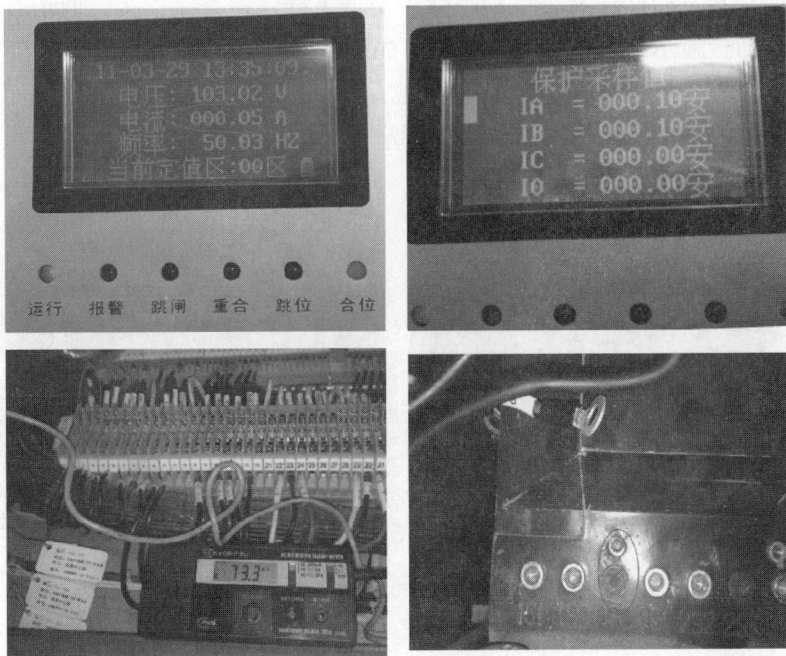

图 3-24　电流测试

9.3kΩ、2S1－2S2 测量组为 2.3Ω、3S1－3S2 计量组为 2.1Ω，B 相电流互感器二次组别对照，1S 组应为 4.3Ω，现场判断 C 相电流互感器保护组 1S1－1S2 有故障，为二次开路。分析其可能是电流互感器内部二次绕组接触不良，长期带电下绝缘下降，导致电流互感器二次绕组开路。

（四）防范措施

（1）对同厂家、同类型、同时期投运的设备进行针对性的检查，发现问题马上报送整改。

（2）该 10kV 甲线间隔的保护装置 2009 年投运后未进行过停电定检，本次工作属于保护超期未定检而进行的 10kV 状态检修。一方面要重视安排线路停电配合定检工作，另一方面要及时开展继电保护状态检修，保证质量。

（3）加强对设备运行巡视，发现问题及时处理。

二十四、某 110kV 变电站 10kV 乙线保护异常处理

（一）现象描述

继电保护班开展 110kV 某变电站 10kV 状态检修，当进行到 10kV 乙线保

护时，按照状态检修作业表单检查保护交流采样，检查完毕按"取消"键退出装置时，面板显示"恢复定值完成"，如图 3-25（a）所示，后台收到相应报文。继电保护人员检查保护定值，发现所有参数均被修改为最大值，而功能控制字均被修改为"退出"，如图 3-25（b）所示。

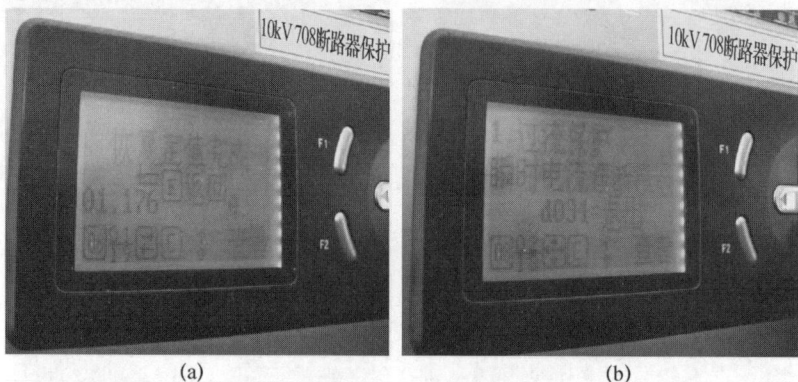

图 3-25　面板显示
（a）恢复定值完成；（b）参数设置状态

（二）处理过程

继电保护人员判断 10kV 乙线保护已经被退出，该线路处于无保护运行状态，立即通知运行人员向调度报告情况，申请退出保护连接片对保护进行处理。调度下令完成相应安全措施后，继电保护人员对该保护定值进行重新设定，使保护重新投入运行。再次检查保护交流采样时，面板又出现"恢复定值完成"，定值被修改为最大值，控制字被修改退出。现场分析后再次对装置进行定值整定，只能依靠面板显示进行采样判断正确，使该线路保护重新投入运行。将情况报告继电保护主管部门后，安排联系厂家到站检查。现场模拟再现该故障，厂家无法马上分析结果，只能提供 CPU 插件予以更换，并带故障插件回厂进行试验再提供分析报告。

（三）风险辨识

目前的微机保护产品不断升级，对备品的通用造成了一定困难；另一方面，增加了产品的维护难度。在加强应急备品准备或者及时沟通厂家的同时，继电保护专业人员要累积处理缺陷的经验，准确判断保护的异常情况，确保保护正常投入运行，结合状态检修、定检、新投试验等检查同型号装置是否存在同样缺陷，并解释进行处理。

二十五、某110kV线路备自投装置逻辑缺陷处理

继电保护人员对某110kV变电站新装110kV线路备自投装置进行调试验收，试验过程中发现该备自投装置在全站电压正常时，当运行线路TWJ由"0"变"1"，备自投将动作出口跳运行线路断路器，备自投动作逻辑不完善，事件具体情况如下。

新装110kV线路备自投装置完成充电后，在全站电压正常的情况下，运行线路TWJ由"0"变"1"，备自投装置动作出口跳开该运行线路断路器并闭锁重合闸，且备自投不合备用线路断路器，导致全站失压。备自投动作应符合以下3个条件：

(1) 全站失压或电压不平衡率达到动作值。
(2) 原运行线路无流（当检进线无流控制字为"1"）；
(3) 备用进线有压（当检进线有压控制字为"1"）。

上述试验在不满足第一条必要判据的情况下，备自投动作出口跳开运行线路断路器，在逻辑方面存在明显的缺陷，为此，继电保护人员要求厂家完善备自投动作逻辑，备自投动作必须增加全站电压判据，确保备自投装置安全可靠运行。

二十六、某110kV变电站110kV线路备自投装置紧急缺陷处理

2012年5月23日，继电保护人员巡视发现110kV线路备自投装置未充电。

装置的运行方式是110kV甲线在运行状态（124断路器在合位），110kV乙线在热备用状态（121断路器在分位），母联隔离开关1112在合位，备自投装置应满足充电条件。检查发现110kV乙线保护装置、备自投装置、后台监控机均无线路电压显示，也没有任何异常信号，如图3-26所示。备自投装置因没有采到线路电压，不满足充电条件。如不及时处理，当主供线路（110kV甲线）发生永久性故障时，备自投装置会因不能动作而造成全站失压。

查看二次图纸及电缆走向，检查发现TYD端子箱熔断器后均无电压，但熔断器前电压正常。测量玻璃管熔丝未熔断，两端都是铜绿。更换熔断器后测量线路电压正常，备自投装置恢复正常充电。

综上，工作人员在工作中应注意设备运行状况，发现问题及时消除，确保电网安全稳定运行。

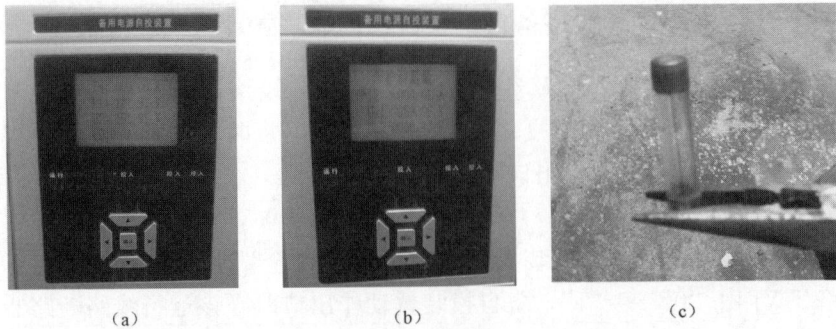

图 3-26　备自投装置缺陷现象

（a）装置无充电；（b）进线线路无压；（c）两端都是铜绿

二十七、查找某 110kV 变电站直流接地

2012 年 5 月 15 日，继电保护人员在某 110kV 变电站执行 10kV 500 分段备自投装置定检任务。主控室 1 号充电机屏短暂响起警报。继电保护人员迅速排查警报来源及原因，安排人员携带直流接地检测仪进行直流接地的消缺查找。

经测量，继电保护人员发现直流系统负母线电压由正常的－110V 下降到－57V，对地电阻降低到 39kΩ，确定为直流系统负母线接地。经过一系列的排查，继电保护人员终于在 110kV 场地 110kV 分段隔离开关机构箱的母联隔离开关位置发现接地点。隔离开关机构箱内有大量积水，将接线端子浸湿，整个机构出现多处发霉，如图 3-27 所示。对进水状况进行处理，用风筒吹干接线端子上的水珠，接地信号消失。

图 3-27　机构箱内积水生锈

直流系统接地属于重大缺陷，有造成保护误动的可能。如果回路中再有一点接地就可能造成保护拒绝动作（越级扩大事故）或误动，严重威胁变电站的安全和稳定运行。

二十八、某 220kV 变电站 110kV 线路 TV 电压继电器缺陷处理

某 220kV 变电站发生多起 110kV 线路 TV 电压继电器缺陷故障，导致线路接地隔离开关不能正常操作，TYD 电压的作用如图 3-28 所示。

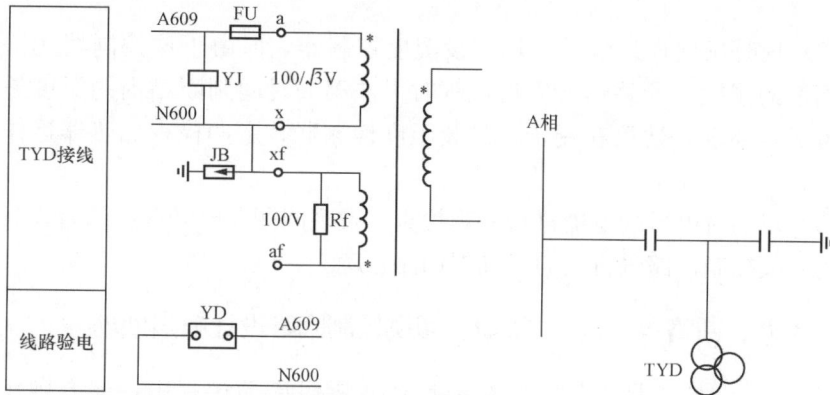

图 3-28　TYD 电压作用示意图

（一）TV 电压继电器缺陷处理情况及原因分析

（1）电压继电器制造工艺质量差造成继电器动断触点动触脱落，如图 3-29 所示，导致接地隔离开关控制回路断开无法操作。处理方法是更换继电器。

（2）电压继电器制造工艺质量差造成继电器限位螺钉过位及舌片变形，导致继电器线圈失电后动断触点卡死，无法返回正常工作状态，接地隔离开关无法操作，如图 3-30 所示；处理方法是经调整至正常工作状态，否则更换继电器。

图 3-29　继电器动断触点脱落

图 3-30　继电器动断触点卡死

（3）电压继电器动断触点氧化（电阻为 2700Ω）造成触点接触不良，导致接地隔离开关的控制回路断开无法操作；经轻微打磨处理后复测触点接触电阻为 0.3Ω，测量隔离开关控制回路恢复正常状态。

经上述分析，导致故障的原因主要有两个：一是继电器制造质量存在问题；二是户外端子箱密封性能差，继电器运行时间长导致触点氧化。

（二）防范措施

（1）对同一厂家同一批次的产品进行一次检查，发现问题马上进行修复或更换。

（2）现时场地户外端子箱均装设湿度控制器，但由于该控制器无法直观显示当前的湿度，导致运行人员巡视时无法第一时间判断箱内的湿度是否满足设备运行要求，建议在端子箱加装湿度检测器，定期检查加热器运作是否正常。

（3）定期对电压继电器进行外观检查，发现问题及时处理。结合设备停电对隔离开关控制回路进行试验，确保回路正确。

二十九、断路器"远方/就地"切换控制回路设计缺陷处理

2010 年 3 月 24 日，某电厂在进行 3 号机组启动过程中，远方操作合上 5003 断路器不成功后，现场运行人员将断路器切换至就地操作模式。就地合上 5003 断路器对 500kV 3 号主变压器充电时，主变压器保护动作。因就地操作模式下保护跳闸回路断开，主变压器保护无法跳开 5003 断路器，造成 5003 断路器失灵保护动作跳相邻 5002 断路器。

（一）断路器"远方/就地"切换控制回路要求

（1）保护和监控系统分、合断路器，应经"远方/就地"切换开关控制，并能对保护分、合闸回路完好性进行有效监视。当"远方/就地"切换开关置于"远方"位置时，保护和监控系统才可对断路器进行分、合闸操作；当断路器检修，"远方/就地"切换开关置于"就地"位置时，断开保护和监控系统分、合断路器的控制回路，断路器由现场就地操作，有效保障检修人员的人身安全。

（2）断路器就地合闸操作，宜经断路器两侧隔离开关位置闭锁。在就地手合回路中，宜串接断路器两侧隔离开关辅助触点，仅当断路器两侧的隔离开关同时拉开时，才允许就地手合操作。

220kV 及以上 3/2、4/3 接线断路器"远方/就地"切换控制回路接线示意如图 3-31 所示（虚线框内来自隔离开关辅助触点的闭锁逻辑关系，与接线形

式有关）。

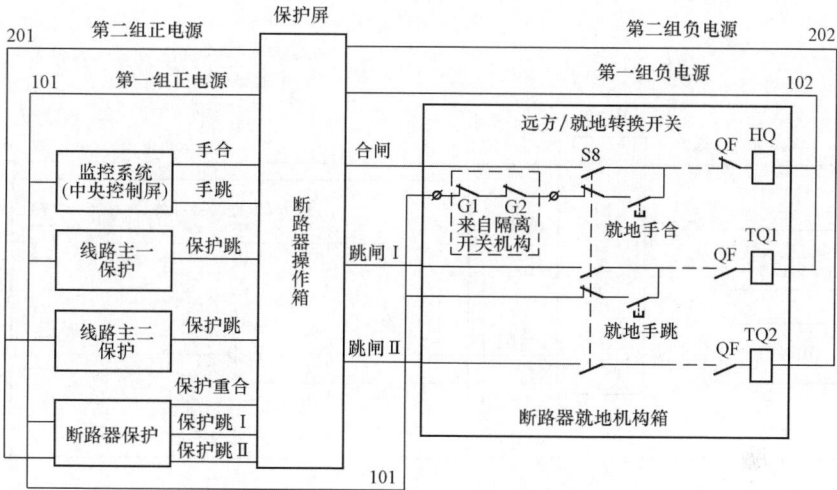

图 3-31   220kV 及以上 3/2、4/3 接线断路器"远方/就地"
切换控制回路接线示意图

220kV 双母线接线断路器"远方/就地"切换控制回路接线示意如图3-32所示（虚线框内来自隔离开关辅助触点的闭锁逻辑关系，与接线形式有关）。

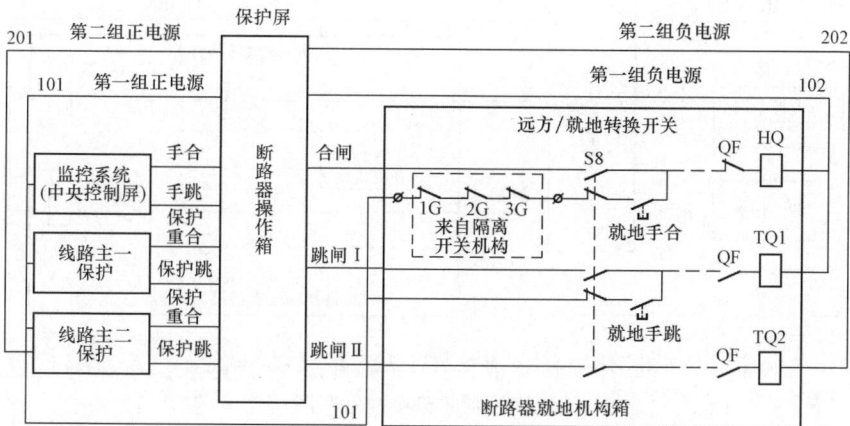

图 3-32   220kV 双母线接线断路器"远方/就地"
切换控制回路接线示意图

110kV 及以下双母线接线断路器"远方/就地"切换控制回路接线示意如图 3-33 所示（虚线框内来自隔离开关辅助触点的闭锁逻辑关系，与接线形式有关）。

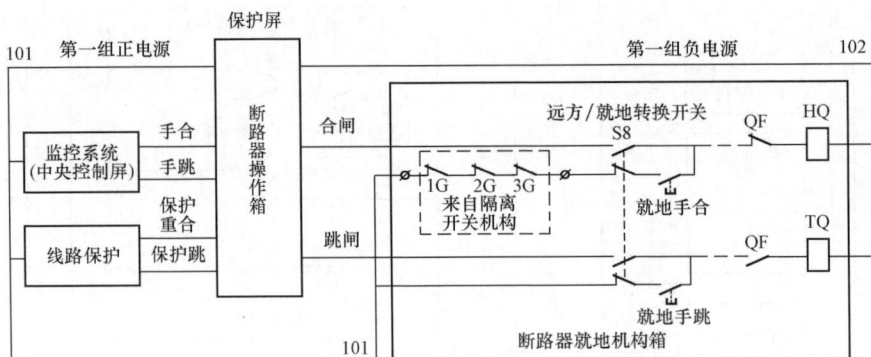

图 3-33　110kV 及以下双母线接线断路器"远方/就地"
切换控制回路接线示意图

35kV 补偿装置断路器"远方/就地"切换控制回路接线示意如图 3-34 所示（虚线框内来自隔离开关辅助触点的闭锁逻辑关系，与接线形式有关）。

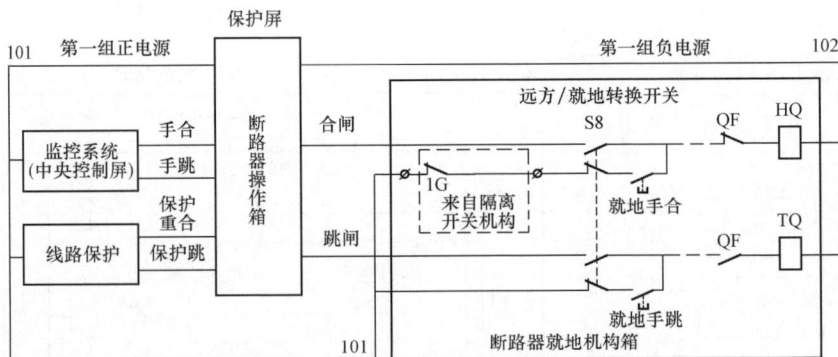

图 3-34　35kV 补偿装置断路器"远方/就地"
切换控制回路接线示意图

就地手合回路断路器两侧隔离开关辅助触点闭锁关系见表 3-1。

表 3-1   就地手合回路断路器两侧隔离开关辅助触点闭锁关系

序号	主接线形式	主接线示意图	控制回路示意图中虚框内断路器 两侧隔离开关闭锁手合逻辑关系
1	3/2 断路器主接线	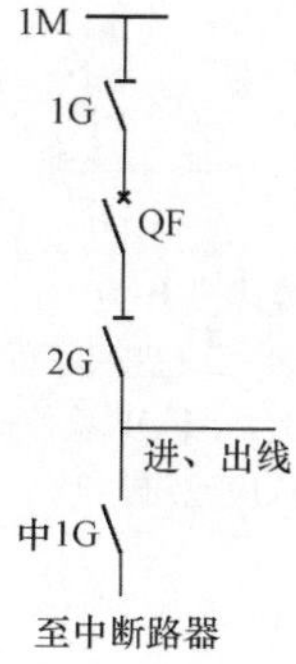 1M 1G QF 2G 进、出线 中1G 至中断路器	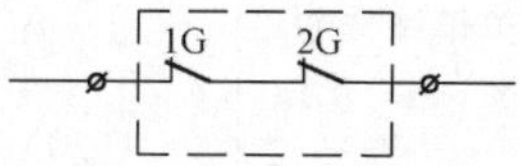 1G 2G 断路器两侧隔离开关 1G 和 2G 分位串联
2	单母线主接线进、出线	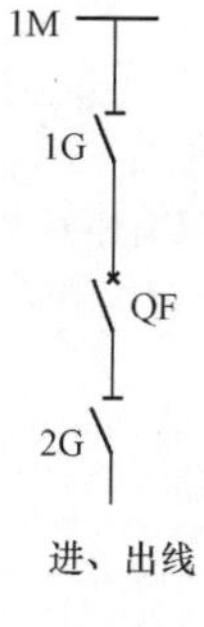 1M 1G QF 2G 进、出线	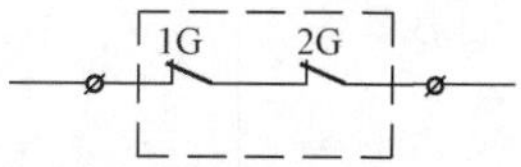 1G 2G 母线隔离开关 1G、出线隔离开关 2G 分位串联
3	单母线带旁路主接线旁路间隔	 1M 1G 旁路QF 3G PM	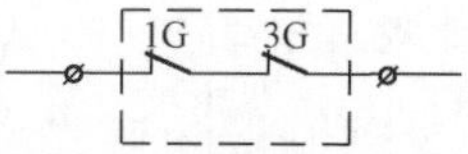 1G 3G 母线隔离开关 1G、旁路隔离开关 3G 分位串联

序号	主接线形式	主接线示意图	控制回路示意图中虚框内断路器两侧隔离开关闭锁手合逻辑关系
4	单母线带旁路主接线进、出线	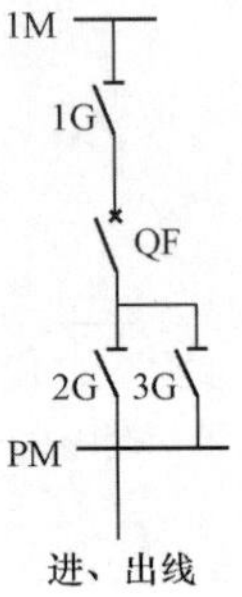	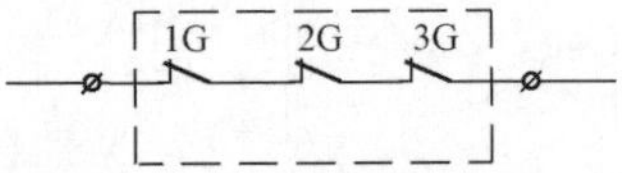 母线隔离开关1G、出线隔离开关2G、旁路隔离开关3G分位串联（如果在旁路代路运行，2G、3G均合上，当QF检修时，就地不能合上QF，这种接线方式应改进）
5	双母线主接线进、出线	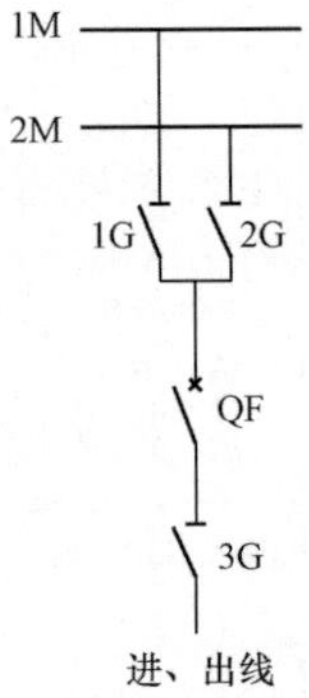	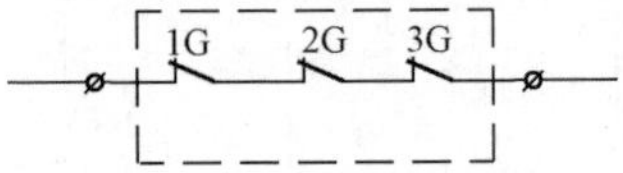 母线隔离开关1G、母线隔离开关2G、出线隔离开关3G分位串联
6	双母带旁路主接线进、出线间隔	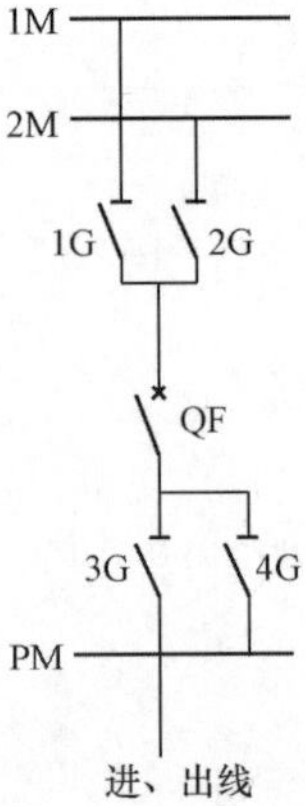	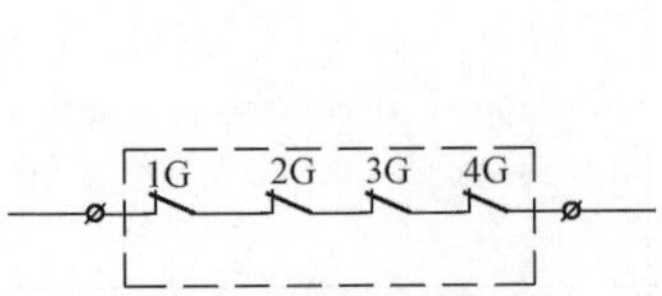 母线隔离开关1G、母线隔离开关2G、出线隔离开关3G、旁路隔离开关4G分位串联（如果在旁路代路运行，3G、4G均合上，当QF检修时，就地不能合上QF，这种接线方式应改进）。

续表

序号	主接线形式	主接线示意图	控制回路示意图中虚框内断路器两侧隔离开关闭锁手合逻辑关系
7	双母带旁路主接线旁路间隔	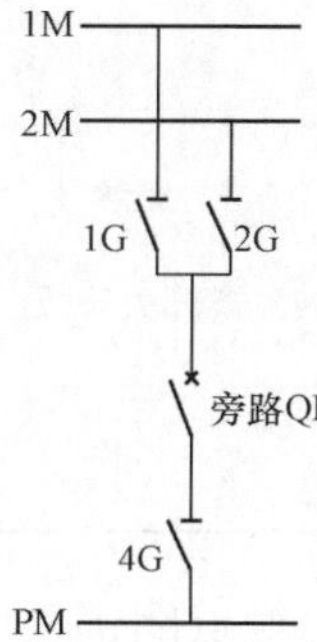1M 2M 1G 2G 旁路QF 4G PM	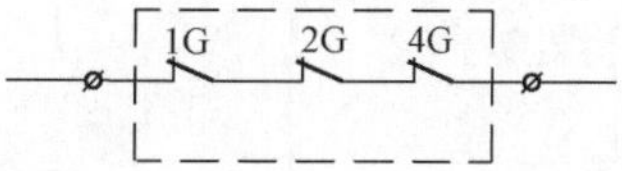1G 2G 4G 母线隔离开关 1G、母线隔离开关 2G、旁路隔离开关 4G 分位串联
8	母联兼旁路	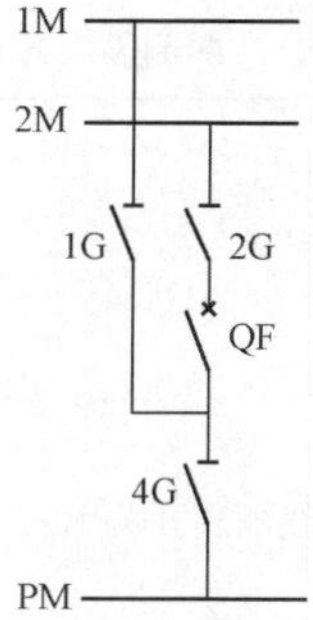1M 2M 1G 2G QF 4G PM 母联兼旁路	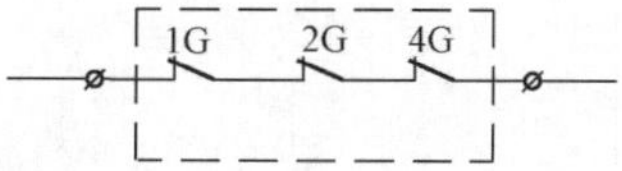1G 2G 4G 母线隔离开关 1G、母线隔离开关 2G、旁路隔离开关 4G 分位串联
9	双母线主接线母联（分段）	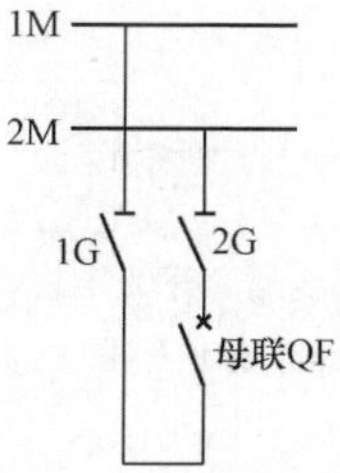1M 2M 1G 2G 母联QF	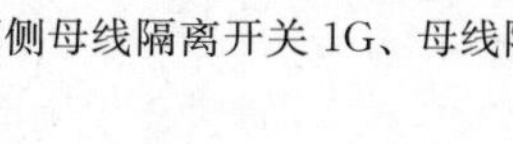1G 2G 断路器两侧母线隔离开关 1G、母线隔离开关 2G 分位串联

续表

序号	主接线形式	主接线示意图	控制回路示意图中虚框内断路器两侧隔离开关闭锁手合逻辑关系
10	单母线主接线补偿装置	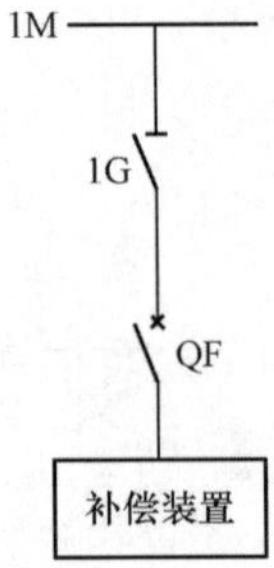1M 1G QF 补偿装置	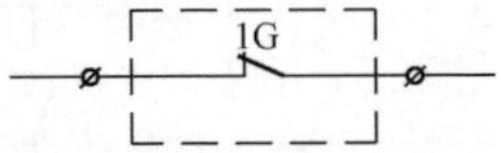1G 母线隔离开关分位

就地手合回路断路器两侧隔离开关辅助触点闭锁关系改进见表 3-2。

表 3-2　就地手合回路断路器两侧隔离开关辅助触点闭锁关系改进

序号	主接线形式	主接线示意图	控制回路示意图中虚框内断路器两侧隔离开关闭锁手合逻辑关系
1	单母线带旁路主接线进、出线	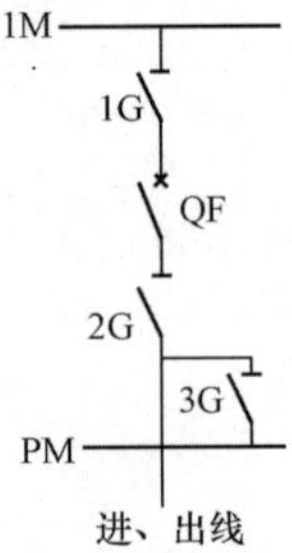1M 1G QF 2G 3G PM 进、出线	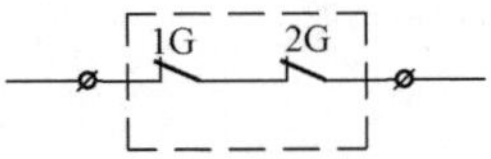1G 2G 母线隔离开关 1G、出线隔离开关 2G 分位串联
2	双母带旁路主接线进、出线间隔	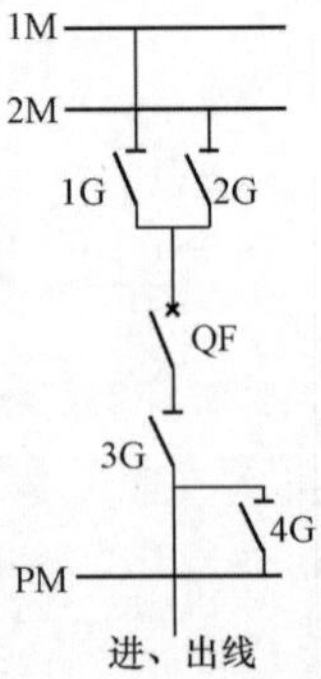1M 2M 1G 2G QF 3G 4G PM 进、出线	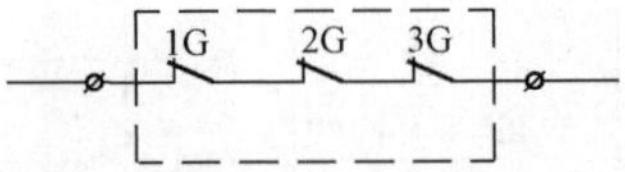1G 2G 3G 母线隔离开关 1G、母线隔离开关 2G、出线隔离开关 3G 分位串联

（二）运行要求

（1）除冷备用及检修状态外，严禁在就地进行分、合闸操作。

（2）保护和监控系统分、合闸回路经"远方/就地"切换开关控制的断路器，在正常运行及热备用状态时，严禁将断路器控制模式切换至"就地"。

（3）保护和监控系统分、合闸回路部分或全部未经"远方/就地"切换开关控制的断路器，在断路器检修且本体有人工作时，严禁进行保护带断路器传动试验和远方分、合闸操作。

（4）运行人员应高度重视告警信号，出现断路器控制回路断线等告警时，应立即处理。运行设备出现断路器控制回路断线告警时，经确认且异常短时无法处理，应尽快停运断路器；待投运设备出现断路器控制回路断线告警时，若异常未处理，严禁操作断路器合闸。

三十、保护动作后，调度及后台机均无动作报告的缺陷处理

继电保护班对 110kV 某变电站 1 号主变压器保护定检，当定检完毕后与集控人员核对远动信号时，发现 3 条 110kV 线路及 2 台主变压器保护动作后，调度及后台机均无动作报告。调度要求运行人员立即处理。

针对此缺陷，考虑有 4 种可能：①保护 CPU 通信板的问题；②通信线的问题；③保护通信管理机的问题；④总测控单元的问题。

继电保护班与自动化班带齐备品到达工作现场，做好危险点分析，办理了工作票许可手续，采取逐个元件、逐段排除的方法，但由于工作范围所涉及的几个间隔保护都在运行中，所以安全必须放在首位，做好误碰跳闸的安全措施。进行合理分工统筹，保护屏到保护通信管理机屏由继电保护班负责，而保护通信管理机屏到总测控单元屏由自动化班负责，涉及的操作由巡检运行人员与调度联系操作。

经过更换插件及对模拟试验保护动作报文收发对保护通信管理机进行不断的测试，保护报文上传现象时有时无。确认保护通信管理机功能正常，同时由自动化班对总控的配置进行检查，未发现配置问题。后采用备份总控程序下装运行，通过对串口 6 的报文监测，发现报文与新程序的报文相差很大，旧程序的报文只对地址为 0 的装置进行访问，而新程序对地址为 1~10 的装置进行访问，不对 0 号装置访问，而通信管理机的地址为 0，总控不对通信管理机所挂的 10 个装置进行直接访问。由此确定为总控程序升级后与设备通信的程序与原程序实现机制不同，导致通信不正常。

采用的临时补救措施：将通信管理机的地址改为 2，由于新程序对地址为

1～10 的装置进行访问，将通信管理机的地址改为 2，新程序会对地址 2 进行访问，最后通过 110kV 乙线保护动作信号进行多次试验，保护信号最终正确上传。

三十一、某型号母线保护装置缺陷的处理

2010 年 8 月 3 日，某 220kV 变电站母线保护的失灵保护动作，因保护跳母联断路器支路的驱动芯片故障，导致母联断路器未能跳开。为提高保护跳母联（分段）断路器出口回路的冗余能力，母线保护在原有出口插件基础上，对每个跳母联（分段）断路器的出口回路进行了双重化修改，修改后的 2 个出口触点分别由 2 个不同继电器的出口触点并联组成。为避免保护因跳母联（分段）断路器出口回路异常导致断路器不能跳闸。

1. 出口继电器驱动回路修改说明

母线保护出口跳闸回路由启动继电器的动合触点、DSP 密封继电器和出口驱动三极管 MC1413 3 部分构成，如图 3-35 所示。

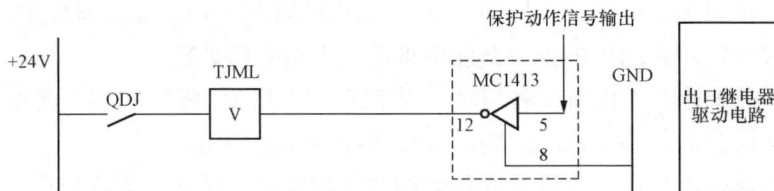

图 3-35　母联断路器跳闸出口回路电路图

图 3-35 中 QDJ 为启动继电器动合触点，TJML 为母联跳闸继电器。

在系统故障时，保护装置独立启动元件启动驱动启动继电器动合触点 QDJ 闭合，若故障发生在保护动作范围内，保护动作后 CPU 输出动作信号驱动芯片 MC1413 输出低电平，从而驱动出口继电器（图 3-35 中 TJML）的励磁线圈使继电器动作。上述任一环节损坏均会导致断路器拒动。

为防止由于驱动回路异常导致的拒动，对驱动回路进行冗余设计，设计方案如图 3-36 所示。针对每个跳母联及分段的驱动回路在硬件上增加 1 个跳闸驱动回路和 1 个出口继电器，如图 3-37 中虚线框所示，将 TJML－1 的 2 对触点和 TJML－2 的 2 对触点并联后代替图 3-35 中 TJML 的 2 对触点。

冗余设计后的出口回路对出口驱动回路和继电器进行了冗余设计，且冗余设计后的装置外部端子与反措之前完全相同，所以二次回路不用做任何修改。同时，2 个驱动回路仍由原来的同一个动作信号输出控制，因此保护软件不用升级。

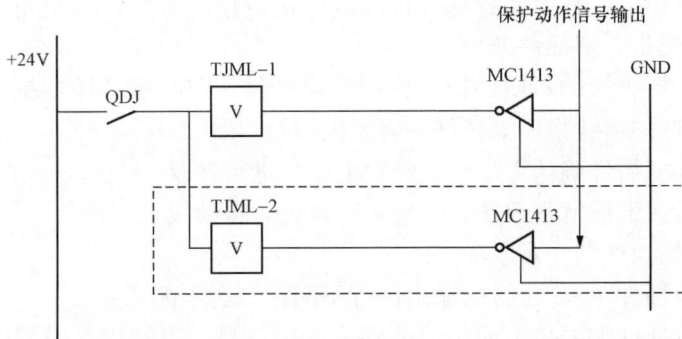

图 3-36　跳闸出口冗余设计的原理图

图 3-37　母联跳闸出口触点

2. 需要更换的出口插件及装置型号

母线保护装置出口继电器插件的修改情况具体如下。

(1) 出口插件 1。

1) 更改目的：双重化母联跳闸继电器（TJML）及其驱动电路，双重化启动继电器（QDJ）及其驱动电路。

2) 修改内容：增加出口继电器及其驱动电路。更改后，跳母联输出触点由 2 个驱动电路独立的继电器的输出触点并联组成；启动继电器用于跳闸回路中的触点由 2 个驱动电路独立的继电器触点并联。

(2) 出口插件 2。

1) 更改目的：双重化分段跳闸继电器相应出口继电器定义为分段/母联跳闸触点。

2) 修改内容：增加出口继电器及其驱动电路。更改后，跳分段/母联输出触点由 2 个驱动电路独立的继电器的输出触点并联组成。

3. 插件更换步骤、注意事项和试验项目

更换母线保护装置出口插件的步骤和注意事项，以及更换插件后的试验项目具体如下。

(1) 更换插件的操作步骤。

1) 申请退出保护、布置好安全措施。

2) 确定需要更换插件的直流电压参数与现场开入电源的直流电压一致。

3）装置断电，将装置背部插件对应的接线把座卸开；将机箱门打开，松开插件紧固把手，将插件取出。

4）将需要更换的新插件插入机箱对应槽位，扣紧插件固定把手；将装置背部插件对应的接线把座安装好并将紧固螺钉拧紧。

5）更换完插件确认无误后，装置上电，进行试验。

6）试验无误后清理现场、恢复安全措施，申请投入保护。

（2）更换插件的注意事项。

1）出口插件1、2包含的输出内容不同，二者不能通用。

2）装置插件编号自上而下，分别为1～12号，更换插件时要确认插件次序是否正确。

3）更换前应检查待更换的出口插件的标示与该插件在装置中的插件号是否一致，以及待更换插件的直流电压参数与实际装置开入电源的直流电压是否一致。

4）更换插件前请检查插件外观，检查插件是否损伤。

5）更换插件过程中请注意防静电措施，插件应放置在防静电包装上，操作人员佩戴防静电护腕。

（3）试验项目。出口插件1、2主要包含装置的输出触点而与保护逻辑无关，试验针对插件上包含的输入、输出信号触点。由于输入、输出和外回路联系紧密，请在试验时确保测量触点和外回路电路分开，试验请严格参照屏柜图纸。

1）针对更换出口插件1的试验项目。开入信号：出口插件1包括的开入信号有16～18支路的隔离开关位置开入、16～18支路的失灵开入、代路投入及代路的失灵开入，试验时依次使这些开入信号变位，观察保护装置的开入信息。

输出触点：出口插件1包括16～18支路的跳闸输出、母联的跳闸输出、分段的跳闸输出，试验相应保护功能，测量保护所有输出触点。

2）针对更换出口插件2的试验项目。输出触点：出口插件2的输出触点包括装置的异常闭锁信号、各个保护动作信号、母联跳闸输出触点、主变压器间隔的失灵联跳输出。试验相应保护功能，测量保护所有输出触点。

（4）其他事项。本反措适用于220kV及以上电压等级系统的非3/2接线和三角形接线方式。

三十二、某型号高频收发信机频繁启信处理

（一）现象描述

2012年2月，某电厂220kV甲线方向高频保护屏收发信机频繁启动发信，方向高频保护被迫退出。

（二）分析处理

（1）高频收发信机工作频率为 294kHz，线路长度为 17kM，检查频繁启信时线路两侧收发信机的报文如下：0ms 保护发信动作、0ms 收信输出动作、0ms 对侧信号动作、5ms 对侧信号返回、10008ms 保护发信返回、10012ms 收信输出返回。正常的交换信号报文如下：

1）本侧做通道试验时报文：0ms 保护发信动作、1ms 收信输出动作、203ms 保护发信动作、205ms 对侧信号动作、5208ms 保护发信动作、5212ms 对侧信号返回、15218ms 保护发信返回、15222ms 收信输出返回。

2）对侧做通道试验时：0ms 保护发信动作、0ms 收信输出动作、0ms 对侧信号动作、4ms 对侧信号返回、10012ms 保护发信返回、10014ms 对侧信号动作、15015ms 收信输出返回、15015ms 对侧信号返回。

比较不正常的信号报告和正常交换信号报告，基本判断是高频通道上的干扰造成两侧收发信机同时启信。

（2）高频通道示意如图 3-38 所示，高频通道的干扰可能为双方的高频加工设备，包括收发信机、高频电缆、结合滤波器、耦合电容器、高频阻波器，也有可能是高压线路上有干扰。由于线路在运行，退出方向高频保护后，不停电只可以检查两侧的收发信机、高频电缆和结合滤波。检查步骤：

1）线路一侧从结合滤波器下端甩开高频电缆，另一侧保持不变，观察两

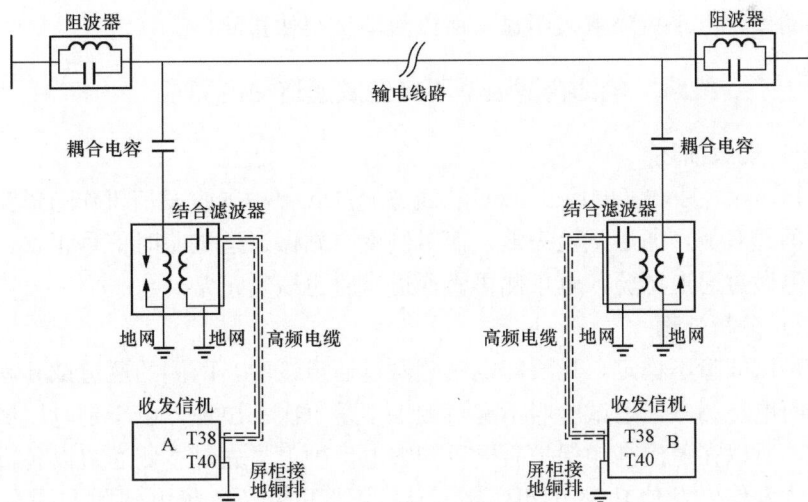

图 3-38　高频通道示意

侧运行情况，结果是甩开高频电缆侧干扰消失，收发信机不再启动，未甩开电缆侧仍然存在干扰，两侧做同样的检查，结果相同，说明干扰在两侧结合滤波器之间。

2）将一侧结合滤波器上端的接地开关合上，另一侧保持不变，合上接地开关一侧干扰消失，另一侧仍然存在干扰，两侧同样检查，结果相同，说明干扰源在两侧耦合电容之间。

3）由于耦合电容之间的设备必须停电检查，中调安排停电后，两侧对耦合电容器和阻波器进行检查，发现变电站侧耦合电容器一次引线螺钉较松，两侧其他部位没有发现问题，将变电站侧耦合电容器的高压引线紧固后，两侧高频通道交换信号正常，两侧高频通道恢复正常运行方式，高频收发信机未再出现频繁启信的现象。

（三）防范措施

（1）这次故障是典型的通道干扰引起高频保护不能正常工作，虽然现在的高频收发信机抗干扰能力比较强，但是高压部分存在接触不良而造成高压打火，形成很强的高频干扰，从而引起线路两侧收发信机同时被叫起发信，由于打火的不确定性，使得收发信机的频繁启信也存在不确定性，时有时无，特别是干扰源不太明显时查找起来很困难。

（2）从经验看，收发信机频繁启信大多是由于高压打火引起的，也有线路的结合滤波器一次绕组接地线接触不良打火，引起本线路和相邻线路的收发信机频繁动作，由于故障点很明显，所以故障被很快排除。

三十三、线路一侧结合滤波器不良造成通道交换异常

（一）现象描述

2011 年 11 月，某电厂 220kV 乙线方向高频保护屏收发信机作通道交换试验，叫不起对侧，通道试验失败，而对侧变电站做通道试验时信号正常，一旦变电站侧做过通道试验，电厂侧再做通道试验也恢复正常。

（二）分析处理

（1）该故障不稳定，只要变电站侧做过通道试验，两侧的通道试验就恢复正常，而电厂侧做通道试验叫不起对侧也不是每次都出现，由于是电厂侧叫不起对侧，所以在退出高频保护后电厂侧继电保护人员先对本侧通道设备进行检查，测收发信机发信功率 31dB，结合滤波器下端（高频电缆侧）发信功率 29dB，上端（结合滤波器侧）发信功率 37dB，各点功率电平均在正常范围，单独对结合滤波器进行特性检查结果也正常。而变电站侧后来也进行了测试，

未发现明显问题，双方继电保护人员约好一旦电厂侧做通道试验不正常时，变电站侧运行人员不要再做通道试验，而要保持现状并通知继电保护人员到场处理。

（2）电厂侧通道试验失败后，两侧继电保护人员都到现场进行检查，电厂侧检查各点的功率电平依然正常，到结合滤波器上端电平为 37dB，而变电站侧在收发信机入端测不到高频信号，结合滤波器下端高频信号电平为 0dB，结合滤波器上端电平为 24dB。很明显是变电站端的结合滤波器失效造成电厂侧发出的高频信号无法通过结合滤波器到达收发信机造成通道试验失败。更换变电站侧的结合滤波器后，通道恢复正常。

（三）防范措施

高频通道故障必须线路两侧继电保护人员互相配合查找才能分析故障点所在位置，仅通过表面现象判断故障是不正确的，如本次故障是变电站侧的结合滤波器故障，却反映为电厂侧做通道试验异常。

三十四、110kV TV 一次未接地造成二次电压回路异常

（一）现象描述

2008 年 11 月，某 220kV 变电站扩建 1 台主变压器，增加了 220kV 母线 1 条，110kV 母线 1 条，验收合格后送电，在冲击 110kV 母线时发现 110kV 二次电压不稳，三相电压不稳定且不平衡，最大时三相电压相差 3V 左右，同时 110kV 母线 TV 本体发出很大的放电声，继电保护室部分保护装置液晶屏闪烁。

（二）分析处理

（1）拉开 110kV 母线 TV 隔离开关，检查 TV 接线时发现，母线 TV 一次绕组未接地，如图 3-39 中的 E 点未接地，110kV 电压通过 C1、C2 以及 TV 的一次绕组到达 E 点，E 点与二次绕组接线端子都在本体接线盒中，且 E 点与二次绕组接线端子距离较近，造成 E 点对已经接地的二次绕组放电，检查就地 TV 端子箱有部分电压端子已经因为放电打火损坏，继电保护室保护装置没有因为放电损坏。

（2）恢复三相 TV 的一次接地，更换被损坏的二次电压端子，重新送 110kV 母线 TV，二次电压显示正常。

（三）防范措施

（1）由于本次工程安装一次、二次分属两个不同的施工单位，TV 的一次接地点位于本体的二次接线盒中，两个单位都认为应该是对方的任务，都没有将 TV 的一次接地，漏掉了这项重要的工作，接线完成后从外面已经无法判断

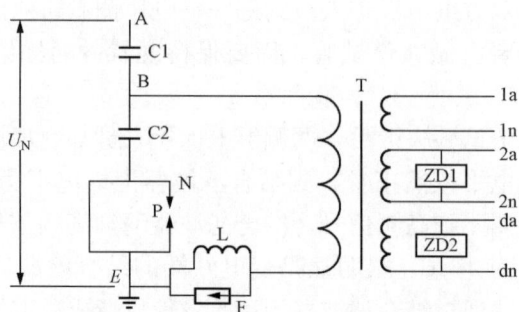

图 3-39　电容式电压互感器接线原理图

一次是否接地，导致送电时一次高压对二次绕组放电，同时由于三相一次都未接地，造成三相二次电压不稳定、不平衡。

（2）本次安装缺陷中 110kV 二次电压回路的保护接地正常，将二次绕组的对地电压钳位在一个比较低的电压值，否则将会使一次高压通过二次电压小母线对连接了 110kV 二次电压的保护装置放电，造成大量的保护装置损坏，甚至会造成人身伤害事故。本案例说明在设备送电前对设备的安装质量的验收一定要严格仔细，特别是电压、电流回路的关键点一定要严格把关，才不至于在送电时造成重大损失。

第四章

继电保护安全技术

一、有缺陷的失灵启动回路分析与改进

某变电站 220kV 主变压器失灵保护启动回路只接入了保护动作 TJ 触点而未接入三相断路器的三相跳闸（三跳）辅助触点，如图 4-1 所示，这将导致在外部开入变压器高压侧断路器三跳辅助触点（如母差保护）时不能启动失灵的缺陷。

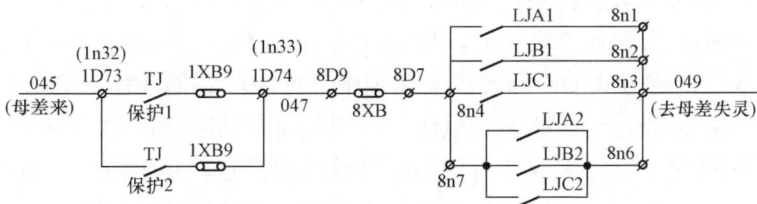

图 4-1　未接入断路器辅助触点

对有缺陷的主变压器高压侧失灵启动回路的改进措施：经现场检查，操作箱有三跳触点 1TJR 和 2TJR 引出，并有配线到保护屏端子排 4D33 和 4D34，考虑到主变压器高压侧断路器为三相联动，并且保护动作都是三相跳闸的，所以可以参考以下方案（图 4-2 红色部分）：①在端子排将 1D73 和 4D33 短接；②取消 8n4 和 8n7 的短接线；③4D34 串接 9XB 连接片后与 8n7 连接。这样，无论是主变压器保护动作还是外部开入变压器高压侧断路器三跳辅助触点（如母差保护）时，均能启动失灵保护。

失灵保护配置原则如下：

（1）对双母线或分段单母线接线，断路器失灵保护首先动作于断开母联断路器或分段断路器，然后动作于断开与拒动断路器连接在同一母线上的所有断路器。

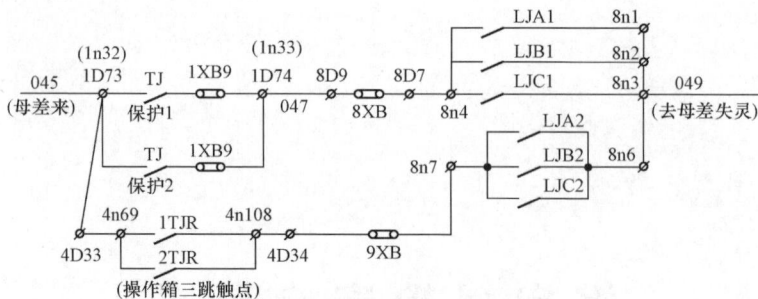

图 4-2　接入断路器辅助触点

（2）为提高动作可靠性，必须同时满足下列条件，断路器失灵保护方可启动：故障线路或元件设备的保护能瞬时复归的出口继电器动作后不返回；断路器未断开的判别元件，可采用能够快速复归的相电流元件。

（3）为从时间上判别断路器失灵故障的存在，失灵保护的动作时间应大于故障元件断路器跳闸时间与继电保护装置返回时间之和。

（4）当采用多元件公用出口时，断路器失灵保护出口回路应经负序、零序和低电压闭锁元件触点控制，以减少较多元件被误切得可能性。

（5）断路器失灵保护动作时，应闭锁有关断路器的自动重合闸装置。

（6）3/2 接线方式的断路器失灵保护中，反映断路器动作状态的相电流判别元件宜分别检查每台断路器的电流，以判断哪台断路器拒动。当一串中的中间断路器拒动时，则应采取使对侧断路器跳闸的措施，并闭锁重合闸。

（7）当某一连接元件退出运行时，它的启动失灵保护的回路应同时退出工作，以防止试验时引起失灵保护的误动作。

（8）当以旁路断路器代替某一连接元件的断路器时，失灵保护的启动回路可作相应的切换。

（9）失灵保护由故障元件的继电保护启动，手动跳开断路器时不可启动失灵保护。

二、利用后台记录分析保护正确出口

（一）现象描述

2009 年 6 月 5 日，某 110kV 变电站 35kV 新华线出口故障，断路器拒动，最终由母联断路器切除故障，导致该段母线失电。故障时运行方式及保护配置情况如下：变压器为 110/35/10kV 负荷变压器，35kV 为双母线。新华线配置保护，TA 变比为 200/5；过流 I 段 $I_{zd}=30A$，$t=0s$；过流 II 段 $I_{zd}=25.4A$，$t=0.3s$；

未投方向；重合闸投入，不检，$t_{ch}=1s$。主变压器 35kV 侧后备配置保护，TA 变比为 1000/5；过流Ⅰ段 $I_{zd}=11A$，$t=0.3s$；Ⅰ段出口跳母联断路器。

事故分析最重要的依据是保护装置记录的故障波形。但到达现场后发现主变压器保护跳闸报告已被运行人员误清掉，新华线保护也因为线路很快投入运行，直到 6 月 26 日才退出，这段时间内装置有大量的启动报文，刷新了故障波形、当时的跳闸记录和 SOE 事项报告。至此，分析故障依据的材料除了运行人员回忆的当时情况就只有后台记录的保护事项了。用以分析的后台记录的事项见表 4-1。

注：因为变位遥信为后台收到报文的时间，而 SOE 顺序记录事项的时标为装置记录的时间，相对更加准确，所以分析各元件动作顺序全部采用 SOE。

表 4-1   后台记录事项

序　号	SOE 时间	动　作　事　件
1	19 时 27 分 21s. 475ms	新华线保护启动，相对时间 0ms
2	19 时 27 分 21s. 503ms	新华线过流Ⅰ段动作，相对时间 28ms
3	19 时 27 分 21s. 515ms	新华线 HWJ＝0
4	19 时 27 分 21s. 788ms	新华线过流Ⅱ段动作，相对时间 313ms
5	19 时 27 分 21s. 851ms	主变压器中后备过流Ⅰ段动作
6	19 时 27 分 21s. 872ms	母联断路器 HWJ＝0
7	19 时 27 分 21s. 893ms	新华线过流Ⅰ段返回，相对时间 418ms
8	19 时 27 分 21s. 895ms	新华线过流Ⅱ段返回，相对时间 420ms
9	19 时 27 分 21s. 958ms	母联断路器 TWJ＝1
10	19 时 27 分 22s. 001ms	新华线 TWJ＝1
11	19 时 27 分 22s. 908ms	新华线重合闸动作，相对时间 1433ms
12	19 时 27 分 22s. 920ms	新华线 TWJ＝0

（二）分析处理过程

（1）对新华线保护装置做保护性能及断路器传动试验，保护装置及断路器动作正常。

（2）根据保护装置的试验结果和运行人员反映的故障，对保护装置跳闸报告记录的故障电流为 11.12A，保护装置动作正确。

两次故障事后巡线都未找到明显的故障点。虽然新华线保护未投方向元件闭锁，但因为该线路所接 35kV 水泥站为纯负荷站，可基本排除母线故障可能。根据故障电流大小可初步推断故障点在新华线出口附近。根据装置记录故障电流 11.12A（TA 变比为 1000/5）推算一次故障电流约为 2224A，折算到新华线二次（TA 变比为 200/5）电流为 55.6A。所以新华线保护装置过流 I 段（30A）动作正确，过流 II 段（25.4A，延时 0.3s），0.3s 延时后故障电流未消失，为正确动作。

（3）新华线保护正确出口，不是保护装置的原因造成断路器拒动。

1）保护装置操作回路 HWJ 固定接入保护跳闸回路，HWJ 同 TBJ（跳闸保持）回路并在一起，当跳闸触点闭合，启动 TBJ，TBJ 触点闭合，HWJ 线圈两端可视为被短接，压降很小，导致 HWJ 触点返回。虽然保护装置操作回路 TBJ 是电压型继电器（DC1.5V），但其线圈上并联有钳压二极管以构成自适应保持回路，从使用角度上可视为电流型继电器，即事项记录里 HWJ＝0 说明跳闸保持回路已启动。跳闸回路串接的断路器动合辅助触点断开会造成 HWJ＝0，但是过流 I 段动作到 HWJ＝0 的时间为 11～12ms，断路器无法完成分闸动作（目前较快的弹簧操动机构，分闸时间为 40ms 左右）。TBJ 启动说明从保护跳闸输出到断路器跳闸线圈回路是完好的，可排除保护出口连接片未投或跳闸回路断线等情况。跳闸回路示意图如图 4-3 所示。

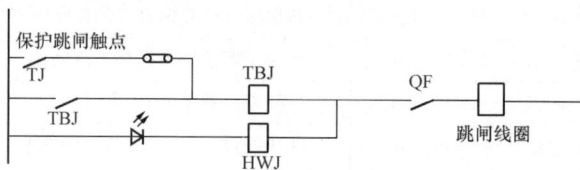

图 4-3　跳闸回路示意图

根据后台事项记录，新华线断路器在母联故障切除后断开。后台记录事项表明：35kV 后备保护装置动作后 21ms 母联断路器 HWJ＝0，说明母联断路器操作回路 TBJ 启动；35kV 后备保护装置动作 43ms 后新华线过流 I 段返回，44ms 过流 II 段返回，说明母联断路器已切除故障电流；新华线保护装置过流 I、II 段返回后约 106ms，新华线断路器 TWJ＝1，说明新华线断路器断开。除了线路自身保护，无任何保护设备跳新华线断路器，保护触点返回后，断路器能够断开，表明跳闸保持回路启动后自保持，跳闸电压一直加在断路器跳闸线圈上，只是断路器因为某种原因一直没有跳开，直到故障电流切除后才跳开。

2）现场保护性能和传动试验一切正常。新华线 SF_6 断路器为弹簧操动机构，跳合闸电流为 2.5A，在新华线保护装置操作回路电流允许范围内（0.5～4A），单独对 TBJ 试验，保持回路动作正常。据此，根据以上分析，可以得出结论：新华线保护装置从保护元件动作到出口均正确。

(三) 故障原因分析

故障后做传动试验，断路器分合正常，所以不能简单地认为是断路器拒动。对断路器而言传动试验和实际故障的区别在于一次侧有无电流。事项分析：断路器在大故障电流下断不开，故障电流消失后，断路器才能断开，怀疑是超程弹簧超程不够造成的。超程弹簧的作用有两个：一个是在断路器合位时给动静触头一个压力，使之结合更加紧密；另外一个作用是在分闸时，先由超程弹簧产生动静触头分闸加速度，超程弹簧力快释放完时，再由跳闸弹簧完成后继分闸过程。超程弹簧由超程参数表征其能提供的弹力。

7月10日，断路器厂家测量断路器超程。按照厂家标准，超程范围应为4～5mm。实际测量结果只有3mm。断定因为超程弹簧弹力不够，无法克服由于故障电流较大而产生的电磁吸力，断路器无法断开。故障电流消失及在正常负荷情况下，超程弹簧的弹力可以断开断路器。断路器厂家把超程调整至4.5mm。

三、TA 更换后的二次变比选择

2011年6月6日，某变电站完成了220kV旁路、母联TA更换。旁路TA变比由1200/5更换为1600/5。

(1) 图4-4为旁路新TA二次铭牌，参数表格电流比一行中的2×800/5的意思是TA的一次接头选用并联接线方式时的变比值。也就是说，变电站的220kV旁路选用1600/5的变比的话，一次接线柱必须是并联接线（如图4-4所示），同时要判断TA一次的正极性端的指向，此站更换前后的TA一次的正极性均指向母线，也就是从L1流入、L2流出。

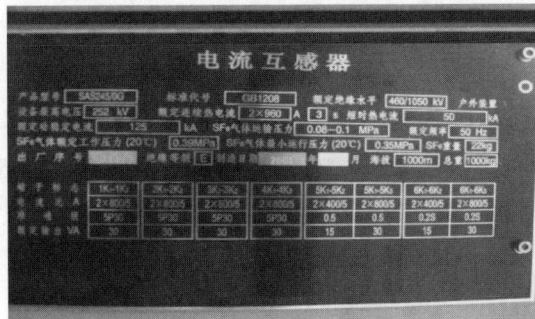

图 4-4　旁路新 TA 二次铭牌

（2）图 4-5 为 TA 的一次侧接线柱 L1 侧接线，也就是一次正极性侧，与二次侧的 K1 为同名端。图 4-5（a）中两幅接线图，上面接线对应 800/5 变比；下面接线对应 1600/5 变比，旁路选用 1600/5，接法如图 4-5（b）所示。

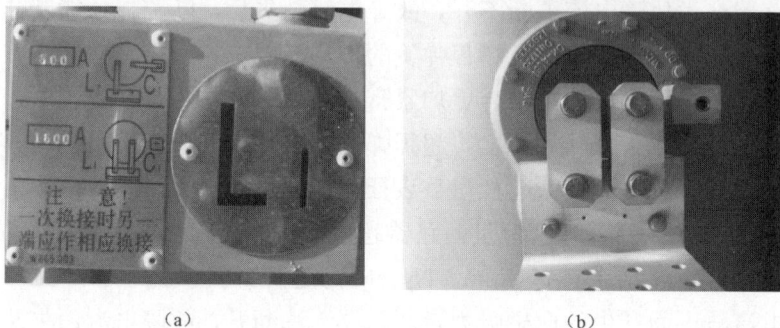

（a）   （b）

图 4-5　TA 一次侧接线柱 L1 侧接线

（a）L1 侧铭牌接线；（b）变比为 1600/5 时 L1 侧一次接线

（3）图 4-6 为 TA 的非极性端（流出端）必须与 L1 选用同样大小的变比接线，不同变比接线如图 4-6（a）所示，1600/5 接线如图 4-6（b）所示。

（a）   （b）

图 4-6　TA 非极性端接线

（a）L2 侧铭牌接线；（b）变比为 1600/5 时 L2 侧一次接线

极性及变比的选用对保护及自动装置是否正确动作关系重大，结合近期开展的 TA 二次使用情况的检查，必须在现场传授正确使用变比、极性的技能。

四、某 500kV 变电站 500kV 乙线高抗保护安全经验介绍

图 4-7 为 500kV 5053 断路器的操作箱及二次图纸。

在 500kV 乙线高抗保护更换工程中，发现高抗的非电量保护跳 5053 断路

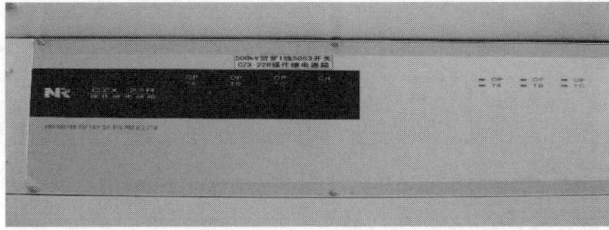

（a）

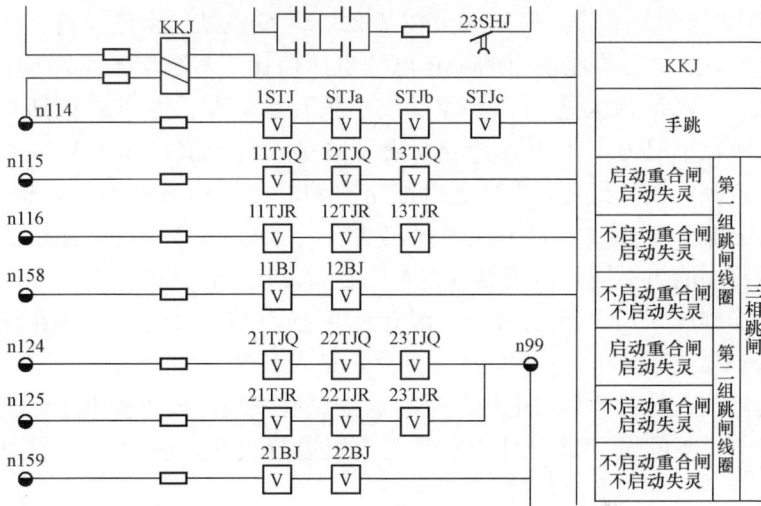

（b）

图 4-7　500kV5053 断路器及操作箱二次图纸

（a）操作箱；（b）操作箱二次图纸

器回路时，由于操作箱没有"不启动失灵及不启动重合闸"的三跳回路，所以只能接在手跳回路上（以前该保护也是这样接）。这留下两个问题：手跳命令只跳第一线圈，两套高抗保护分别经连接片接在 N114 手跳接入处；高抗非电量保护动作跳开断路器后，操作箱跳闸灯不亮。

五、某 500kV 变电站 220kV 备自投验收注意事项

继电保护人员开展某 500kV 变电站 220kV 备自投单体验收，并为联调结果和修改方案提供了联调作业表单。继电保护人员按照作业表单进行联调外，特别注意省公司对 220kV 备自投标准版本与 500kV 变电站的实际情况的通用性，下面对下装了最新程序的单机调试进行总结介绍如下。

（1）装置动作后必须手动复归才能再次充电，任一闭锁开入后，必须手动

复归，才能解除闭锁。

（2）旁代操作分2个过程，旁代连接片"先投先退"，投入或退出后到操作完成前，为代路暂态过程，若动作则跳旁路及所代变压器中压侧；代路完成后装置根据断路器位置自动识别状态，若动作只跳旁路，但所代变压器中压侧断路器位置被程序置为与旁路一样，显红色，这样对运行人员查看造成干扰。

六、实测数据反映直流系统缺陷

在2012年2月6号，巡检人员在某220kV变电站日常维护蓄电池电压测量检查时发现：2号蓄电池组的个体电池电压值比1号蓄电池组浮动大，2号蓄电池组个别电池最大达到7.07V，最小只有6.27V，电压差达到0.8V。1号蓄电池组在室温为18℃时，浮充状态下测量的电压值在6.75V左右，相差不超过0.05V，比较稳定；2号蓄电池组实测的电压值参差不齐，相差较大，偏差达到10%，说明2号蓄电池内存在缺陷。在对1、2号蓄电池组所测数据以及2号蓄电池组不同月份所测数据对比之后发现上述问题，上报并通知继电保护人员安排对220kV变电站2号蓄电池组进行检查。2号蓄电池组测量数据见表4-2。

继电保护人员对2号蓄电池组进行放电试验发现，该组蓄电池存在内部老化、容量不足等问题。随即对2号蓄电池组进行更换，使220kV变电站直流系统的重大缺陷得到及时消除。

表 4-2　　　　　　220kV 变电站 2 号蓄电池组测量数据　　　　　　　　V

序　号	1	2	3	4	5	6	7	8	9	10	11	12
电　压	6.38	6.34	6.70	6.68	7.01	6.41	6.97	6.92	6.71	6.97	6.97	6.38
序　号	13	14	15	16	17	18	19	20	21	22	23	24
电　压	7.07	6.99	6.77	6.77	7.00	6.70	6.98	6.52	6.96	7.02	6.98	6.97
序　号	25	26	27	28	29	30	31	32	33	34	35	36
电　压	6.83	6.81	7.01	6.98	6.71	6.55	6.80	6.66	6.70	6.99	6.89	6.27

七、天气雨雾潮湿，注意设备的绝缘情况

某110kV变电站持续发1号主变压器高压侧断路器SF6气压低告警信号，在现场检查101断路器压力及101断路器间隔GIS各气室压力表指示均在正常压力范围。查阅主变压器高压侧GIS机构控制及信号回路图，确定高压侧GIS断路器SF6气压低告警信号发信到测控屏，编号8115电缆。在主变压器高压侧GIS机构汇控柜测量8115对地电压为+57.7V，可以确定8115（断路器压

力低告警）发信。解开与 8101、8115 电缆相连的 F1、F2 电缆，测量其电缆间绝缘为 200k。F1、F2 连接到机构汇控柜内断路器 SF_6 气压低报警用中间继电器，中间继电器励磁靠的是气压低告警触点导通另一组回路 G1、NS1，由于之前已经排除气压表问题，推测是继电器问题。将中间继电器拆出，测量动合触点并且模拟磁吸分合，发现一切正常。继电器拆开后，再次测量 F1、F2之间绝缘较低，推测是继电器底座问题。将其拆出，测量端子间绝缘（11、14），为 90k，F1、F2 之间绝缘为正无穷。确定是底座绝缘低导致正电源爬电直接导通至负电源，导致发信。将 F1、F2 换至另一对端子，试验一切正确。测量 8115 电缆电压只有 −2V 左右。检查后台监控信号（断路器压力低告警）发信消失，缺陷处理完成。检查设备绝缘情况如图 4-8 所示。

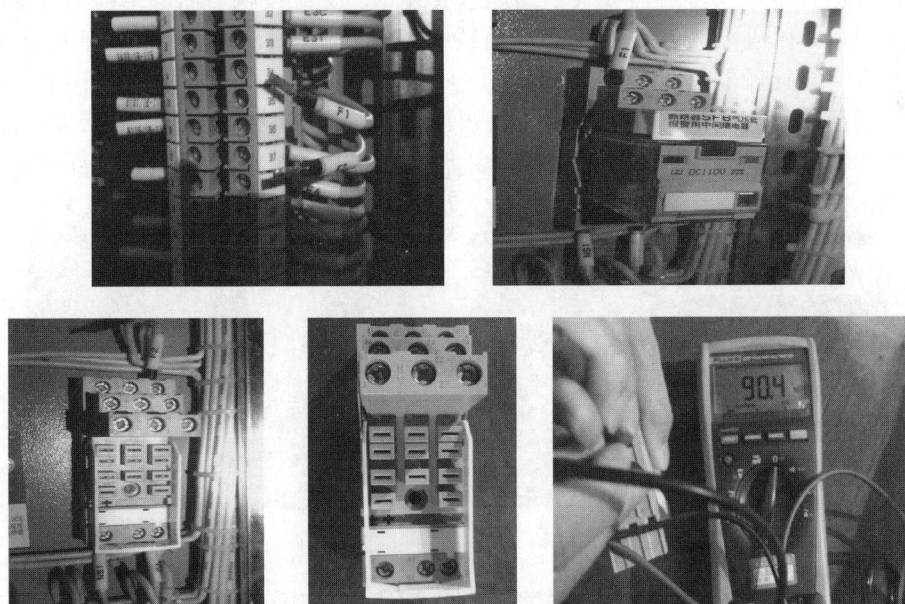

图 4-8　检查设备绝缘情况

由于天气潮湿，1 号主变压器高压侧测控柜内的 SF_6 气压低报警信号继电器底座绝缘降低，导致从测控屏来的信号正电源直接爬电接通负极端，于是持续发信。因天气雨雾潮湿导致的设备缺陷较常见，应引起重视。

八、某 110kV 变电站交流屏消缺安全经验介绍

巡维人员在巡站时发现某 110kV 变电站 380V 交流屏备自投装置不能自动互投，只能使用手动功能进行 1、2 号进线切换。继电保护人员对备自投屏做手动切换时两台进线交流接触器无法闭合，交流屏失压，只能使用工具将2号交流接触器线圈吸合铁推到位使接触器通电。联合厂家查找故障，启动应急措施，准备1台发电机作为后备应急电源。在对操作回路做了详细的分析及更换接触器辅助触点后，故障依然存在，2台接触器无法同时合上，造成交流失压。针对该现象，将故障排查重点转到交流接触器上，发现2台接触器在线圈通电后机构吸合均不到位，为尽量减少停电时间，不影响运行稳定，将交流屏停电，在最短时间内拆下并更换2台交流接触器，之后调试运行正常，故障消除。将故障交流接触器拆解后发现，故障由一小块防振胶块引起，胶块位于线圈吸合铁块后面的基座里，在线圈失电时磁力消失，吸合铁块快速返回撞向基座，用胶块作为缓冲，在多次操作后，由于振动，胶块离位卡在吸合铁块的运动行程位置里，使接触器吸合不到位造成故障。交流接触器内部结构与外形分别如图4-9和图4-10所示。在这起消缺中还发现该屏设计存在不合理的地方：在对任一台接触器做检修时均需全屏停电，现场对厂家人员提出设计更改要求，增加检修自动空气开关。由于交流屏与屏内交流接触器为同一厂家产品，都将存在同样的隐患，即防振胶块会松脱离位，建议验收人员注意该部件的完好性，安装时要求用胶水加固，巡检人员尽量减少交流屏的切换操作。

图4-9　交流接触器内部结构　　　　图4-10　交流接触器外形图

九、10kV真空手车式断路器合闸线圈烧毁的原因分析

真空断路器具有结构简单、体积小、重量轻、寿命长、维护量小和适于频繁操作等特点，在10kV及以下电压等级配电网中，真空断路器已逐渐取代油断路器，成为配电网的主要设备。

某110kV变电站51C电容器组534手车式真空断路器，在VQC将电容器组退出后，再将电容投入运行时出现合闸线圈烧毁现象，一方面增加了检修人员的工作量，另一方面不能及时将电容器组投运，影响供电可靠性。

（一）原因分析

现场检查断路器机构的储能保持掣子存在滚轮磨损、卡涩的现象。在

10kV 真空断路器的弹簧操动机构中，跳、合闸线圈直接接于控制回路中，它不是断路器动作的直接动力，而仅用于储能弹簧的能量释放。跳、合闸线圈是用线圈连杆的冲击力打开闭锁弹簧能量的机械闭锁装置，也就是说跳、合闸线圈只有在工作时才需要一定的电流，而且此电流只需在工作的一刻使线圈产生打开闭锁弹簧掣子的动力即可，因此，跳、合闸线圈的额定电流值较小。可是，这也带来了跳、合闸线圈长时间通过额定电流或是通过大电流时会直接破坏线圈绝缘、烧毁线圈的问题。

由于合闸连杆的多次冲击、操作次数的增加使得储能保持掣子在滚轮中的扣入深度变浅。合闸连杆的冲程增加，由于磨损、卡涩等原因使储能保持掣子与滚轮之间的摩擦力加大。根据 10kV 弹簧机构断路器的控制原理，它的电流通断是由断路器辅助触点控制的，若跳、合闸线圈通过电流时断路器不能动作，那么切断线圈电流的辅助触点就不能正常打开，线圈就会一直带电。时间稍长，便会烧毁线圈。

（二）故障处理

针对合闸线圈烧毁的原因．检修人员首先更换了储能保持掣子的顶轴，从而使储能保持掣子在滚轮中的扣入深度变浅；其次更换合闸线圈连杆的铜质顶帽及紧固螺钉（顶帽换为较短的，螺钉换为较扁的），增大合闸线圈连杆的冲程和连杆对合闸弯板的冲击力。

（三）防范措施

（1）操动机构停电检修时，在储能保持掣子及转动部分加润滑油，保证操动机构的动作灵活，避免由于机构卡涩造成断路器辅助触点不能及时转换，而使线圈长时间通电烧毁。

（2）平时设备停电时，机构活动摩擦部位均应保持有干净的润滑油，使操动机构动作灵活，减少机械磨损。注意检查滚轮、储能保持掣子、顶轴、合闸弯板等零部件外形是否完好。若有异常，及时联系检修班和厂家进行更换。检查各部位螺钉有无松动，发现松动，应及时拧紧。

（3）断路器在操作之前，应在试验位置进行跳合闸试验，以便及时发现并处理机构方面存在的问题。

十、220kV 纵联距离保护旁路代路收发信触点切换回路的切换开关切换不到位

某单位 220kV 纵联距离保护旁路代路收发信触点切换回路的切换开关切

换不到位，运行单位未及时发现，导致纵联保护通道无法正常投入运行。该缺陷易引起纵联保护的不正确动作，为消除系统安全隐患，保障电网安全，继电保护人员紧急开展对 220kV 纵联距离保护旁路代路收发信触点切换回路准确性校核的工作。为避免同类事件的再次发生，有以下 3 点建议：

（1）做 220kV 保护定检时核对图纸与回路接线。

（2）做 220kV 保护定检时用旁路代断路器传动，进一步确保回路的准确性。

（3）在日常维护中观察收发信触点切换回路的切换开关位置是否与线路的运行状态相符。

十一、某 110kV 变电站 10kV 21C 电容器保护装置消缺

某 110kV 变电站 10kV 21C 电容器保护经低电压跳闸，后台显示报文一致，并在跳闸之前不断发 TA 断线信号并自动复归。

现场消缺步骤如下：进保护采样菜单看电压采样值，发现本间隔电压为零，其他间隔电压正常，装置保护背板接线端子处电压正常，初步怀疑是由保护内部插件故障引起的跳闸。将保护装置电源切断再合上，对保护进行重启，电压采样值依旧为零；切断电源，将保护插件拉出检查，发现有轻微的烧灼味道，但部件外观基本正常；将插件接口部位清洁后重新投入使用，保护通电后进入采样菜单，发现电压显示值恢复正常，用仪器对保护做模拟传动试验，动作过程正确。

由此得出 10kV 21C 电容器保护低电压跳闸的原因：发热使电源插件出现故障导致采样值错误，误发 TA 断线信号并复归，电压采样错误使低电压动作逻辑开放引起跳闸。

十二、保护重合闸充电指示灯亮的异常情况分析

2011 年 4 月 22 日下午，接到巡检人员报称 220kV 甲线 2294 断路器在冷备用状态下，主一保护重合闸充电指示灯亮，主二保护无充电指示。运行人员查看主一保护装置开入量三相断路器跳位为 0，继电保护人员到现场检查主一保护重合闸充电指示灯亮的异常情况。

检查中发现 220kV 甲线主一、主二保护开入量中三相断路器跳位皆为 0，现场发 220kV 甲线控制回路断线信号，初步判定 220kV 甲线 2294 断路器就地汇控柜处"远方/就地"CK 把手应在就地位置。运行人员到高压场地将 CK 把

手切换至远方后，主一、主二保护装置开入量中的三相断路器跳闸位置指示为1，主一、主二保护充电灯均不亮。将CK把手再次切回就地位置，仍出现主一保护充电，主二保护无充电现象。

220kV甲线主一、主二保护出现充电不一致现象是因保护装置本身的重合闸判据不同造成的：主一保护是光纤电流差动保护，在差动投入并且通道正常时，TV断线不影响保护充电，满足重合闸投入、无TWJ、无压力低闭重输入和其他闭重输入的情况下经15s充电完成；主二保护是纵联距离和零序方向保护，需满足重合闸投入、无TWJ、无压力低闭重输入、无TV断线和其他闭重输入的情况下经15s充电完成。因此，当220kV甲线2294断路器就地汇控柜的CK切换至就地位置，保护无TWJ开入时，就出现了主一、主二保护充电现象不一致的情况。

综上所述，220kV线路两套保护重合闸判据不一样，主一保护无需判断TV断线，断路器转冷备用后，如果机构CK把手打在就地位置，远方发控制回路断线是正常的。此时，220kV线路保护收不到TWJ触点位置，TWJ＝0，判断路器位置为合位，对于无需判断TV断线而重合闸的保护重合闸充电灯点亮是满足的。

十三、核查电流互感器参数，及时消除电流互感器绕组使用不当隐患

继电保护人员对某220kV变电站110kV母差保护各间隔电流互感器参数核查时，通过核对电流互感器铭牌和工程图纸，发现母联电流互感器接入110kV母差保护的电流互感器绕组精度为0.5级而接入110kV母联测控装置的电流互感器绕组精度为5P30。

发现问题后，立即向调度申请停电。对相应电流互感器绕组的伏安特性进行测试，继电保护人员随即开展补救措施，互换接入两个装置的电流电缆接线，如图4-11所示。在更改了电流互感器回路后，会同运行人员申请短时退出母差保护，合上100母联断路器，进行带负荷测量六角图。六角图结果显示，更改的二次回路极性、相位正确。110kV母差保护装置显示差流为零，采样正确，之后将母差保护投入运行。

继电保护人员吸取经验教训，积极开展220kV及以上变电站母差各间隔电流互感器参数核查，及时发现并修正了这一起由于工程设计、施工、出厂以及验收疏忽造成的严重错误，消除了潜在隐患，保障了电网的安全稳定运行。

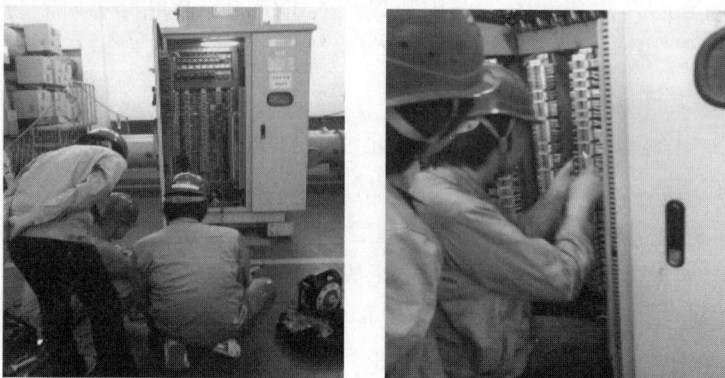

图 4-11　继电保护工作人员补救工作现场

十四、快速处理某 220kV 变电站 220kV 1M 隔离开关电动操作回路故障

2011 年 4 月 15 日，某 220kV 变电站进行 220kV1M 母线倒闸操作，发现所操作的全部 220kV 隔离开关不能进行电动分闸操作。

现场检查发现，220kV 1M 隔离开关的电气闭锁回路不导通，2012 母联断路器的辅助触点的塑料部分已经断裂。分析是母联断路器辅助触点基座不稳，动作时移位，产生了不平衡力矩，损坏隔离开关辅助触点。同时，发现 2012 母联断路器 A 相 2 个分闸线圈均烧毁，马上作了更换处理。在完成元件更换和回路传动试验后，220kV1M 母线恢复供电。

辨识风险，严密监控消缺过程中可能出现的危险点；工作中，运行、检修和继电保护这三个专业相互配合，紧密衔接，有条不紊地完成消缺工作。

十五、某 110kV 变电站 10kV 断路器机构典型缺陷处理

某 110kV 变电站 10kV 断路器于 2007 年 10 月投产。5 月 23 日，继电保护人员配合检修在现场对 51C 电容 535 断路器机构故障进行消缺。

检查 535 断路器机构时发现断路器机构内部弹簧储能触点爆裂，致使合闸回路中的弹簧储能触点不导通，断路器无法正常合闸，辅助触点损坏情况如图 4-12 所示。

变电站的每个 10kV 断路器机构内共有 3 个类似的辅助触点：一个合闸位置辅助触点、一个分闸位置辅助触点和弹簧储能辅助触点。据统计，继电保护人员自 2010 年 4 月以来处理过多起 10kV 断路器机构不能分合闸故障，而这些缺陷都是由辅助触点损坏引起的。现场观察发现这种辅助触点底座塑料质材

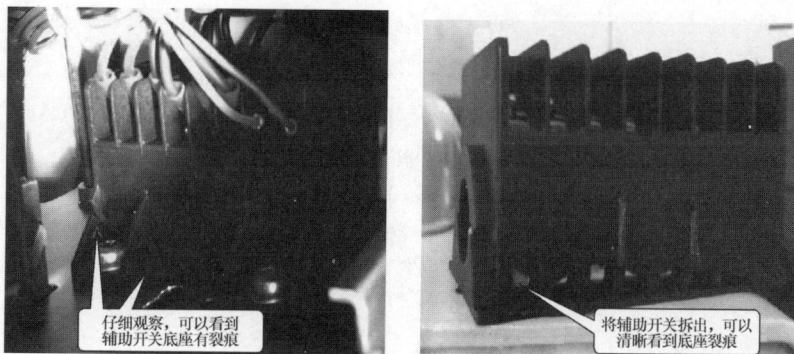

图 4-12　断路器辅助触点损坏情况

偏硬偏脆，且安装时没有附加软垫片缓冲，直接用螺钉将底座固定在机构金属框架上，特别对电容这种频繁分合的断路器，容易造成辅助触点损坏。建议厂家对这种特定类型缺陷做出相应整改措施，减少检修和继电保护专业不必要的维护工作。

十六、直流系统故障处理经验介绍

某 220kV 变电站发直流系统接地信号，到站检查直流系统，发现 1、2 号馈线绝缘监测仪出现负母线接地故障信息。负母线对地电阻测得 0.9Ω，不能复归信号。

继电保护人员对直流馈电屏 I 的 UPS 电源 1、直流馈电屏 II 的 UPS 电源 2 进行拉路，直流系统 I、II 负接地信号消失。检查 UPS 电源屏两路电源接线发现：在 UPS 电源屏 UPS 电源 2 无接入端子排（备用电源）且无包裹有露铜，而在直流馈线屏 UPS 电源 2 自动空气开关合上，UPS 电源 1 电源电缆绝缘皮有损伤，同样 UPS 电源 2 电源电缆绝缘皮也有损伤，是柜壁的金属板边锋利划伤电缆绝缘所至，经过隔开包扎及更换备用芯处理，信号复归。

由本案例得出：正常运行时，直流系统馈线的备用电源自动空气开关不要合上，备用电源电缆无接入端子排的电缆头最好用绝缘胶布包裹好；在电缆接线布线时千万不要损伤电缆的绝缘皮。

十七、审核设计图的经验介绍

图 4-13 是某 220kV 变电站扩建 3 号主变压器的高压侧电流互感器主接线图。

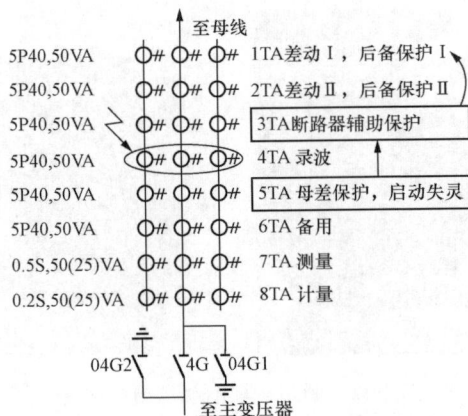

图 4-13 3 号主变压器电流互感器主接线图

在审核初设图中发现：

（1）主变压器差动保护与母线差动保护虽有交叉，但中间隔了 3TA 和 4TA 两个绕组，如故障点在 4TA，将导致母线差动保护扩大范围误动，母线所有间隔全停。故应选择尽量靠近母线但又要与主变压器差动保护交叉的绕组 3TA。

（2）断路器辅助保护建议沿用变电站 1、2 号主变压器习惯，与主变压器主一保护共用，使用在主一保护之后。

（3）变电站 220kV 失灵保护的启动电流分配在各间隔的断路器保护中，不能与母差保护共用，故失灵保护不能与母差保护共用 5TA，而应在 1TA 后的断路器辅助保护中。

十八、大修技改工程管理现场安全经验介绍

7 月 13 日，继电保护人员进行 110kV M 变电站 110kV 甲线保护及 110kV 线路备自投装置综合自动化改造工程现场管理时，原 110kV 线路备自投和新 110kV 线路备自投逻辑不同，原装置只接入了 110kV1M 电压，新装置接入两段母线电压。工程管理人员报告调通中心和设计院，由调通中心专责确定最终的 110kV 线路备自投方案。完善了 110kV M 变电站的适应安稳系统的 110kV 线路备自投的两段完整电压的接入，保证了备自投的动作可靠性。

7 月 16 日，在完成 110kV M 变电站 110kV 甲线保护及 110kV 线路备自投综合自动化改造，参与投运送电前，检查二次安全措施恢复情况时，发现远动测控屏的 110kV 甲线的电流电压端子连片打开，而 110kV 乙线的电流电压连片已连接，同屏的两间隔没有做隔离措施（自动化人员已经验收完毕），万

一110kV甲送电带负荷，将会在测控屏处造成电流互感器二次开路。马上要求施工队恢复，并全面检查所有安全措施的完成情况，避免了电流互感器二次开路的事故。

7月18日，进行110kV N变电站2号主变压器保护、52电压互感器综合自动化改造工程，在核对二次安全措施时，发现10kV备自投屏处的10kV备自投跳1号主变压器低压侧501断路器连接片（1号主变压器在运行）虽然在打开位置，但连接片前后没有用绝缘胶布包好、端子排也没有做封贴的安全措施（1号主变压器保护侧的跳闸回路未接入）。工程管理人员要求施工队停工，完善相关二次措施。

十九、传统的电压切换回路设计缺陷导致某变电站失灵保护误动分析

（一）缺陷现象

某变电站用220kV 2M母线对新投220kV乙线进行充电，当进行到220kV甲线由Ⅱ母倒至Ⅰ母操作时（开始时220kV母联断路器合闸），Ⅱ母母线隔离开关辅助转换动断触点因接触不良而未能接通，如图4-14所示。由于是等电位操作，在操作结束后，Ⅱ母电压切换回路的4个双位置继电器（2YQJ4～2YQJ7）不能复归，而用于Ⅱ母电压切换回路的告警监视继电器2YQJ正常复归返回；Ⅰ母电压切换回路的4个双位置继电器（1YQJ4～1YQJ7）处于动作状态，用于Ⅰ母电压切换回路的告警监视继电器1YQJ1处于动作状态，但由于2YQJ1正常复归返回，不能发出切换继电器同时动作信号，致使运行人员无法发现故障。此时220kV母联断路器在合闸位置，Ⅰ母与Ⅱ母电压为同一电压，电压切换回路虽运行不正常，但对220kV甲线保护及失灵保护和母线差动失灵保护没有影响，可正常运行。

当所有220kV出线由Ⅱ母倒至Ⅰ母操作完成后，所有220kV出线都运行在220kV Ⅰ母母线上（除220kV甲线外，其他220kV出线Ⅱ母母线隔离开关辅助转换开关动断触点接通），此时断开220kV母联断路器，使220kV Ⅰ母TV二次电压经220kV甲线的电压切换回路送至220kV Ⅱ母TV及220kV Ⅱ母线，导致220kV甲线保护操作箱电压切换回路因承担充电电流而发热。进而导致操作箱电压切换插件、第2组跳闸线圈C相分相跳闸插件严重烧毁，如图4-15所示。

由于失灵保护启动利用电压切换继电器选择母线，导致直流窜入失灵启动回路，使失灵启动回路间歇性接通。而TV二次电压也由此出现较大波动，有可能达到失灵保护的零序闭锁电压定值6V，导致失灵保护动作。失灵启动逻辑如

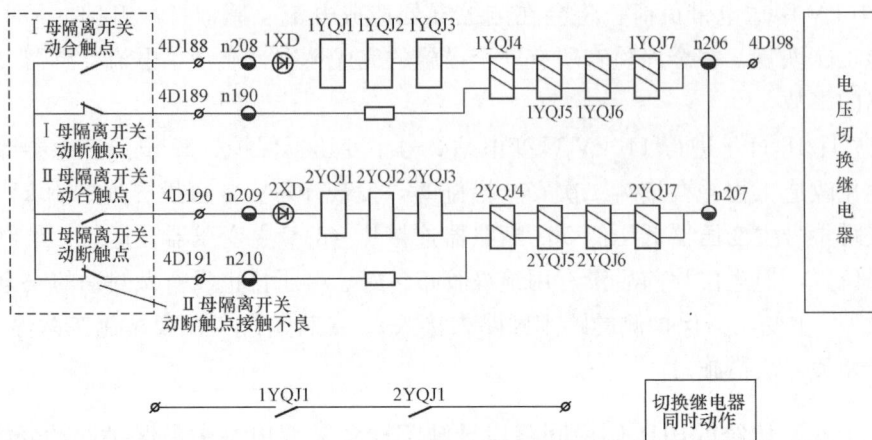

图 4-14　变电站电压切换回路

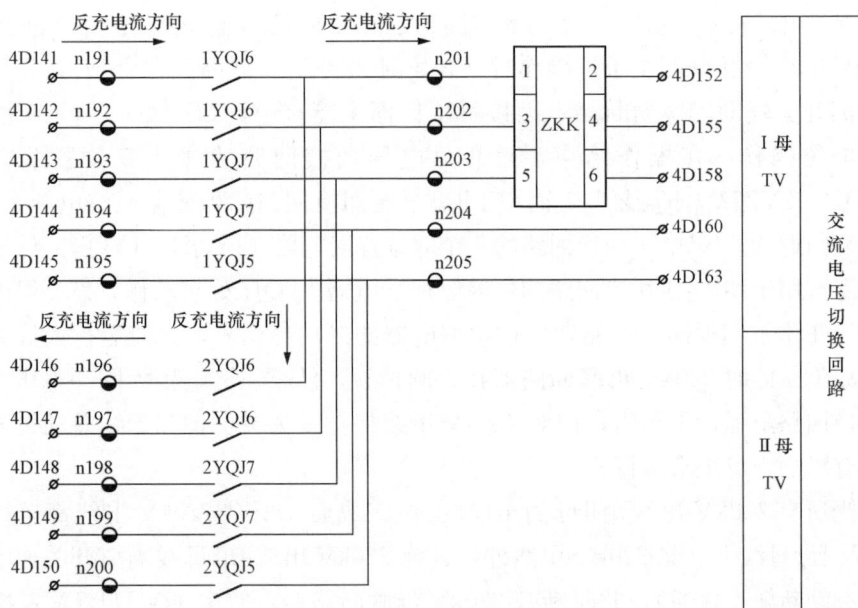

图 4-15　反充电电流切换回路

图 4-16 所示。

（二）分析处理

传统的电压切换回路设计的缺陷，主要是切换继电器同时动作信号回路存在缺陷，因为告警信号回路没有考虑母线隔离开关辅助转换开关动断触点接触不良的情况，仍采用 2 条母线的 2 个继电器（1YQJ1 与 2YQJ1）的动合触点

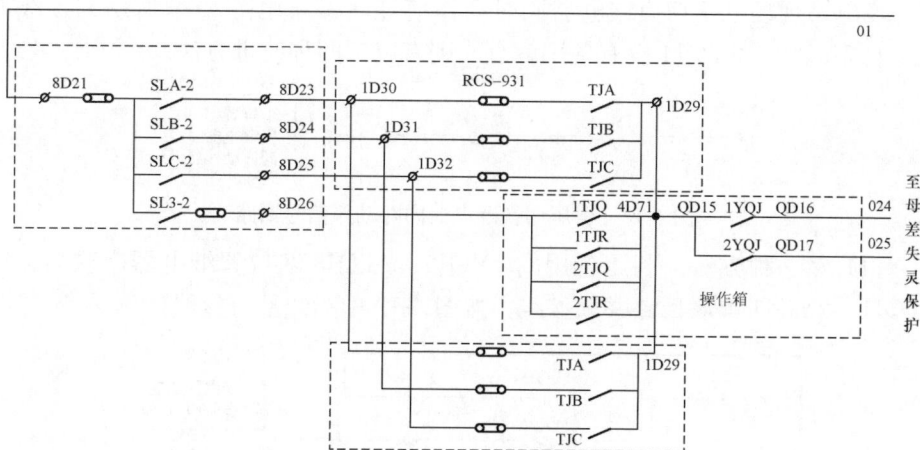

图 4-16 失灵启动逻辑回路

串接后，作为切换继电器同时动作的报警信号，由于这 2 个继电器（1YQJ1
与 2YQJ1）仅反映母线隔离开关动合辅助触点的状态，没有自保持功能，所
以当隔离开关动断辅助触点接触不良时，若进行该间隔的倒闸操作，就会造成
2 条母线的双位置继电器同时动作，而切换继电器同时动作告警继电器不动作
的情况，导致运行人员无法发现。

（三）改进方法

由上述分析可见，切换继电器同时动作信号回路存在的缺陷在于无法反映
母线隔离开关动断辅助触点接触不良的情况。所以对原切换继电器同时动作信
号回路作出改进，如图 4-17 所示。

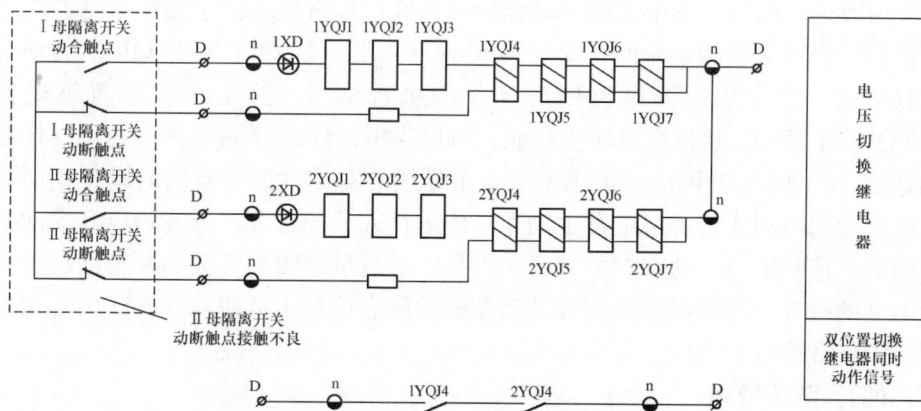

图 4-17 改进后的切换继电器同时动作信号回路

变电站现场电压切换继电器同时动作信号回路采用图 4-18 所示的接线方式，且 1YQJ4、2YQJ4 没有备用触点，则有以下两种改进方法。

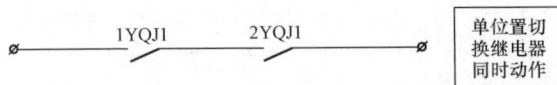

图 4-18　电压切换继电器同时动作信号回路

（1）第一种方法。利用备用的 1YQJ5、2YQJ5 双位置继电器串联后，以 1YQJ1、2YQJ1 串联回路并联接线，按图 4-19 中粗线部分接线。

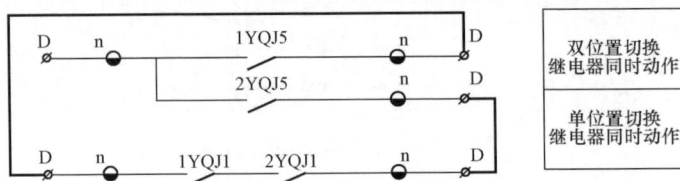

图 4-19　改进方法一

（2）第二种方法。把接在 1YQJ1、2YQJ1 串联回路的线，直接改接在备用的 1YQJ5、2YQJ5 双位置继电器串联回路中，取消 1YQJ1、2YQJ1 串联回路，如图 4-20 所示。

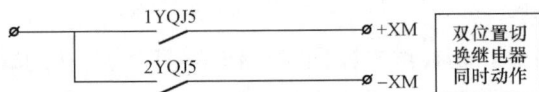

图 4-20　改进方法二

由改进后的切换继电器同时动作信号回路可以看出，由于切换继电器同时动作信号回路采用两条母线的 2 个双位置继电器（1YQJ5 与 2YQJ5）的动合触点串接，作为切换继电器同时动作的报警信号，这 2 个双位置继电器（1YQJ5 与 2YQJ5）具有自保持功能，所以当母线隔离开关动断辅助触点接触不良时，若进行该间隔的倒闸操作，2 条母线的双位置继电器同时动作，而切换继电器同时动作告警继电器也动作，使运行人员即时发现母线隔离开关动断辅助触点接触不良，通知有关部门及人员，进行母线隔离开关动断辅助触点接触不良的检查，排除母线隔离开关动断辅助触点接触不良故障，保证电压切换回路的正常运行。

（四）防范措施

将有缺陷的电压切换回路作了相应的改进，通过实例，经过理论分析与现场检验，改进后的电压切换回路能反映母线隔离开关辅助转换开关动断、动合触点接触不良的情况，大大提高了电压切换回路的可靠性。

二十、防止电压切换回路的二次侧非正常并列的预控措施

（1）充电操作时，测量空载母线 TV 二次自动空气开关装置侧有无电压。如果需要空出一段母线对其他设备充电，检查电压切换回路的二次侧是否存在非正常并列情况，在断开母联断路器前，断开空载母线 TV（以 1M 母线 TV 为例）二次自动空气开关，测量 TV 二次自动空气开关装置侧有无电压：有电压，则存在非正常并列情况；无电压，则不存在非正常并列情况。

（2）结合日常操作，发现不可靠的隔离开关辅助触点。日常操作中，如线路停电操作、主变压器停电操作。操作结束后，保护装置应该发 TV 断线告警信号，如果保护装置未发 TV 断线告警信号，则说明保护装置仍有电压引入，接入电压切换回路的隔离开关辅助触点分位置触点动作不可靠，未能使电压切换继电器返回线圈得电，将电压回路断开。

（3）母线由并列运行转分列运行时，测量任一母线 TV 二次自动空气开关装置侧有无电压（需讨论，母线 TV 停电时，从断开母线 TV 二次自动空气开关到将 CK 切换至并列位置的 3～5min 的时间内，保护装置无电压）。

母线并列运行时，如果隔离开关去到母差和监控机的辅助触点均动作正常，同时动作信号又因为其他原因复归（如同时动作信号发信触点已烧毁），很难发现电压切换回路的二次侧非正常并列。

当母线分列运行时，母线上不同电源电压在二次侧非正常并列，将会产生很大的环流，将电压切换继电器插件烧毁。

在断开母联断路器前，断开任一母线 TV 二次自动空气开关，测量 TV 二次自动空气开关装置侧有无电压：有电压，则存在非正常并列情况；无电压，则不存在非正常并列情况。

相关典型案例举例如下：

（1）某 220kV 变电站 2 号主变压器中压侧母线隔离开关辅助触点动作不可靠，电压切换回路的二次侧非正常并列，空出一段母线对其他设备充电过程中，断开母联断路器时，造成运行母线 TV 向热备用母线 TV 反充电，二次回路流过较大电流，将 2 号主变压器中压侧电压切换继电器插件烧毁。

（2）某 220kV 变电站 220kV 甲线线路停电后，220kV 甲线保护装置未发 TV 断线告警信号，检查发现 220kV 甲线 1M 母线 24681 隔离开关辅助触点不可靠，处理后，保护装置发 TV 断线，告警信号正常。

二十一、安全经验介绍及培训交流

2012年4月24日，巡维中心人员在巡视时发现某110kV变电站10kV 22C电容器组534断路器手车在试验位置（应在工作位置），转换开关CK在远方位置。检查发现534断路器手车驱动电机控制器故障，控制器电源灯不亮。经主管部门组织会议讨论，决定取消10kV电动手车开关柜电动手车电机电源。

（1）继电保护人员现场核对设备二次图纸（图4-21，设备厂家白图，运行分部提供），拆除电动操作小车马达电源接线；拆除的二次接线需包扎好，运行人员验收后做好交底工作，由运行人员在开关柜做好标识。拆线要求：不得在端子排上拆线，以图4-22所示的某110kV变电站的AR10为例，要求在控制器处（9、10端子处）拆掉控制器至手车电机的两根电源线，用绝缘胶布包好，并用扎带紧固。

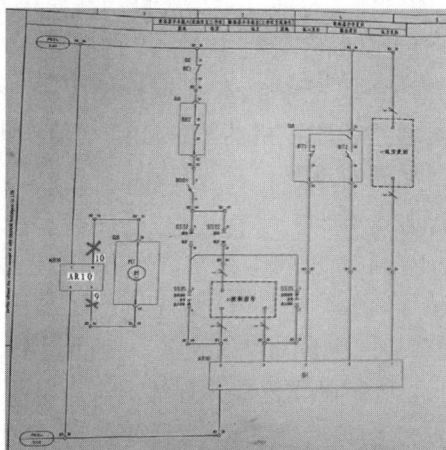

图4-21　设备二次图纸

图4-22　断路器手车驱动电机控制器

（2）必须办理二种工作票，并使用二次回路安全措施单。

（3）每个间隔工作前，必须落实用封条或绝缘材料遮挡、封贴开关柜内的端子排，防止金属工具掉落端子排上造成短路或接地而发生事故。

（4）工作完毕后，在图纸上做好修改标识，与运行人员签名确认。

（5）统计表中的间隔可能跟现场有出入，务必与运行人员核实，特别是变压器低压侧总柜和母联间隔现场确认是否为电动手车。

（6）各继电保护班务必做好班前会的安全分析，传达工作的风险和工作注意事项，保证顺利、安全开展工作。

二十二、2套10kV分段备自投在3个主变压器变电站的配合应用

（一）运行现状

1. 110kV变电站扩建后的运行状况

110kV变电站进行扩建，一般都是在原有的2台主变压器规模的基础上，增加第三台主变压器及其相关设备，扩建后的一次接线图如图4-23所示。

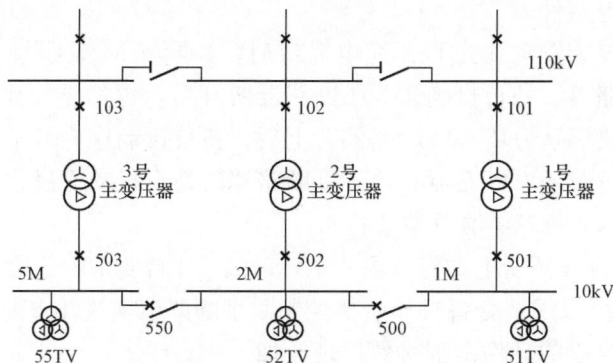

图4-23　扩建后的110kV变电站一次接线图

扩建后的10kV主接线具有3段10kV母线，分别是10kV 1M、2M和5M。为了避免3号主变压器故障时造成10kV 5M母线失压，在10kV 2M 5M母线间必须加装1套10kV分段备自投。

2. 常规10kV分段备自投的充电和动作过程

常规10kV分段备自投装置输入模拟量包括10kV侧两段母线三相电压、两主变压器低压侧一相电流，其一次接线示意如图4-24所示。

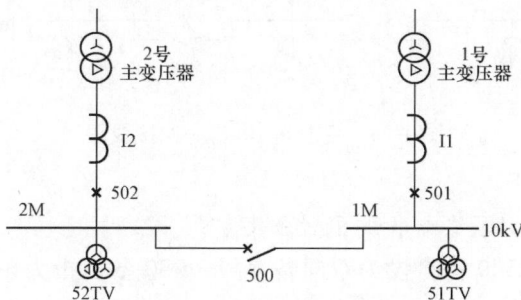

图4-24　10kV分段备自投的一次接线示意图

以电力系统内常用的某型号备自投装置为例，结合图 4-24 所示的一次接线对常规 10kV 分段备自投作简单说明。

当两段母线分列运行时，备自投装置选择分段断路器自投方案充电条件：

（1）定值整定正确，备自投正确投入；

（2）10kV 51TV 和 52TV 均三相有压；

（3）分段 500 断路器跳位，低压侧 501 和 502 断路器均合位且处于合后；

（4）无闭锁备自投开入；

（5）无放电条件。

常规备自投装置动作过程：充电完成后，10kV 1M 无压且无流，经整定延时跳 501 断路器。备自投确认 501 断路器跳开后，再经整定延时合分段 500 断路器。备自投确认分段 500 断路器合上后，备自投动作完成。

备自投装置跳 502 断路器，合 500 断路器的备自投动作过程与上述同理。

3. 2 套 10kV 分段备自投装置应用

扩建后的 110kV 变电站有 3 段 10kV 母线、2 台 10kV 分段断路器（500、550 断路器），拟采用 2 套备自投装置控制 5 个断路器实现 10kV 分段备自投功能，但 2 套备自投的动作范围必然出现叠加。

为方便起见，2 套 10kV 分段备自投分别命名为 500 备自投（501、502、500 断路器参与的 10kV 分段备自投）和 550 备自投（502、503、550 断路器参与的 10kV 分段备自投），均为 10kV 分段备自投方式，如图 4-25 所示。

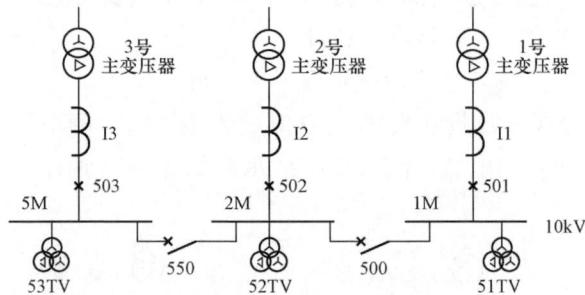

图 4-25　变电站 10kV 一次接线图

（二）方案分析

1. 2 套 10kV 分段备自投的配置方案

（1）方案一。500 备自投为双向备自投，550 备自投为单向备自投，即 1、2 号主变压器互为备用，2、3 号主变压器作为备用。正常运行时，501、502、503 断路器在合闸位置，500、550 断路器在分闸位置。

1）2号主变压器失电，500备自投执行，发跳502断路器指令，合上500分段断路器；550备自投不动作。

2）1号主变压器失电，500备自投执行，发跳501断路器指令，合上500分段断路器；550备自投不动作。

3）3号主变压器失电，550备自投执行，发跳503断路器指令，合上550分段断路器；500备自投不动作。

（2）方案二。550备自投为双向备自投，500备自投为单向备自投，即2、3号主变压器互为备用，1、2号主变压器作为备用。正常运行时，501、502、503断路器在合闸位置，500、550断路器在分闸位置。

1）2号主变压器失电，550备自投执行，发跳502断路器指令，合上550分段断路器；500备自投不动作。

2）1号主变压器失电，500备自投执行，发跳501断路器指令，合上500分段断路器；550备自投不动作。

3）3号主变压器失电，550备自投执行，发跳503断路器指令，合上550分段断路器；500备自投不动作。

可以看出，2套备自投在1、3号主变压器失电时有一致性。当1号主变压器失电，10kV 1M母线满足启动条件时，500备自投动作；当3号主变压器失电，10kV 5M母线满足启动条件时，550备自投动作。2套备自投动作方式清晰，互不关联。方案一和方案二的区别在于2号主变压器失电时，是500备自投动作还是550备自投动作。由2套备自投的充放电条件和动作条件可知，当2号主变压器失电，10kV 2M母线失压，2号主变压器低压侧无流，而10kV 1M和10kV 5M母线均有压，2套备自投均满足动作条件。

正确选择备自投的动作方案，成为2套10kV分段备自投互相配合的关键。

2. 对备自投装置进行设置实现方案的选择

（1）对备自投装置的整定控制字进行设置。在备自投装置的动作逻辑回路中，控制字MB是备自投投退的软压板，如果将550备自投的MB3控制字整定为0，将500备自投的MB4设置为1。当2号主变压器失电时，550备自投方式3不动作，500备自投方式4动作，这就满足了方案一。同样，将500备自投的控制字MB4设置为0，550备自投的控制字MB3设置为1，就能实现方案二。

（2）对备自投装置的动作时间进行设置。备自投在动作条件满足后，需要经过延时才跳合断路器。可以通过对其动作延时的整定来实现备自投方案。

例如，将 500 备自投的方式选为跳闸延时整定为 3.0s、合闸时限整定为 0.3s，550 备自投的方式选为跳闸延时整定为 5.0s 或更大（必须大于 3.0＋0.3s），当 2 号主变压器失电时，2 套备自投都满足动作条件，由于 550 备自投的动作延时大于 500 备自投的动作延时，也就是说 500 备自投先于 550 备自投动作，当 500 备自投动作后，10kV 1M 和 2M 母线均有压，550 备自投动作过程中止，这就满足了方案一。同样，将 500 备自投的动作延时整定大于 550 备自投的动作延时，就实现了方案二的备自投。

3. 通过拆除接入其中 1 套备自投的开关量实现方案的选择

根据运行经验，可对该站的 3 台主变压器的运行方式及其运行负荷确定下来，安排是 500 备自投动作还是 550 备自投动作。例如，如果 2 号主变压器失电，要让 500 备自投动作，将 10kV 2M 母线负荷转至 10kV 1M 母线的，可以在 550 备自投投入运行前，拆除接入 550 备自投的 2 号主变压器低压侧 502 断路器跳位 TWJ 和合后 KKJ 的开关量接线，550 备自投无法判断 502 断路器状态而不启动，同时不影响 500 备自投的正确动作。同理，可以实现 2 号主变压器失电时 500 备自投不启动而 550 备自投正确动作。这方案对于长期固定的运行方式是可靠和安全的。

（三）2 套 10kV 分段备自投配合应用中的设计要求及其危险点分析

2 套 10kV 分段备自投的相互配合使用，必须保证供电设备在任何运行方式下不造成事故。同时，备自投应用中应积极开展危险点分析，及时落实反事故措施。

1. 引入分段断路器合位位置对另 1 套备自投进行闭锁

对于 3 台主变压器的变电站，当其中 1 台主变压器检修或其他原因退出运行时，所带的负荷必须由相应的分段断路器转至另外 1 台主变压器，这时分段断路器在合位状态，2 段 10kV 母线并列运行。例如，1 号主变压器停运，10kV 1M 的负荷通过分段 500 断路器转至 10kV 2M 母线上，如果此时 2 号主变压器或 3 号主变压器失电，必将造成 1 台主变压器承担全站 3 段 10kV 母线负荷，可能会造成该主变压器过负荷，甚至过流保护动作而全站失压。

为了防止其中 1 台主变压器失电而造成全站失压，避免扩大停电范围，必须考虑引入分段断路器合位位置对另 1 套备自投进行闭锁。即引入 10kV 分段 500 断路器合位位置闭锁 550 备自投，引入 10kV 分段 550 断路器合位位置闭锁 500 备自投并且经过外部连接片进行投退。

2. 增加主变压器低压侧后备过流保护动作闭锁 10kV 分段备自投功能

当 10kV 母线故障或 10kV 断路器拒动时，将由主变压器低压侧后备过流保护动作，切开主变压器低压侧断路器隔离故障。如果此时 10kV 分段备自投动作，合上分段断路器，将会把有故障的 10kV 母线通过分段断路器投到另一段 10kV 母线上，进一步扩大故障停电范围。所以必须增加主变压器低压侧后备过流保护动作闭锁 10kV 分段备自投的功能，避免该类事故的发生。

3. 备自投接入断路器分合闸控制回路必须保证正确

备自投接入断路器控制回路时，备自投跳主变压器低压侧断路器要接在保护跳闸位置处，动作时不能将合后继电器 KKJ 置分位；备自投合分段断路器要接在手合位置处，动作时要将合后继电器 KKJ 置合位。如果备自投跳变压器低压侧断路器时把合后继电器 KKJ 置分位，备自投采样变压器低压侧断路器的合后位置开入消失，备自投判断是人工操作，导致备自投逻辑在切开变压器低压侧断路器后就停止。

（四）防范措施

综合考虑运行方式，根据实际情况进行配置，用 2 套 10kV 分段备自投实现 3 台主变压器变电站的备自投配置方案是安全可靠的。已经有多个变电站落实了 2 套 10kV 分段备自投配合使用在 3 台主变压器变电站，目前运行状况良好。同时，在设计、运行、维护过程中，不断开展危险点分析，总结运行经验，及时提出防范措施，避免备自投误动、拒动事故的发生。

二十三、适应安稳系统的线路备自投在 110kV 变电站中的应用

安稳系统是防止电网失稳瓦解和大面积停电事故的重要防线，其主要功能是解决主网 N−2 严重故障、直流组合故障、部分主变压器跳闸等故障引起的电网稳定破坏或设备过负荷问题。它通过采取切机、切负荷或解列等控制措施来避免主网失稳、瓦解和大面积停电事故以及重大设备损坏事故的发生。安稳系统一般以 500kV 厂站为控制站，220kV 变电站为切负荷执行站，用以切除 220kV 变电站的部分 110kV 出线负荷。

备自投装置是保证配电系统供电连续性的重要设备。安稳系统动作远切 110kV 终端站造成主供电源失电时，线路备自投不允许动作，但由其他原因使主供电源失电时，线路备自投应能正确动作，常规的线路备自投不具备区分这 2 种情况的能力。安稳装置均装设在 500kV 和 220kV 变电站，与 110kV 变电站间均没有建立通信通道。但要在安稳装置和 110kV 变电站间建立通信通道，将安稳装置的闭锁触点远传至数量多、分布广的 110kV 终端站去闭锁线路备自投是不可行的。

目前正在推广使用适应安稳系统的微机线路备自投装置，就地收集备自投

所在 110kV 变电站相关的电量和非电量信息，经过微机软件的分析和判断，可区分上述 2 种主供电源失电情况，确定备自投是否开放，防止备自投误动作。

1. 常规线路备自投充电和动作过程

常规 110kV 线路备自投装置输入 110kV 侧两段母线三相电压、进线断路器一相电流、进线 1、2 线路侧电压。进线 1、2 频率分别由软件方法和硬件方法测量获得。其主接线示意如图 4-26 所示。

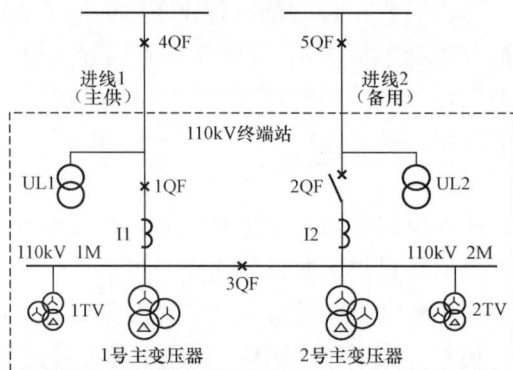

图 4-26　进线 2 明备用的一次接线示意图

常规 110kV 线路备自投可分为进线 1 明备用和进线 2 明备用，其动作原理相同。现结合图 4-26，以进线 2 明备用为例对常规进线备自投作简单说明。

进线 2 明备用的充电条件：

（1）定值整定正确，备自投正确投入；

（2）110kV 1M、2M 的母线电压 1TV 和 2TV 均有压；

（3）备用进线 2 的线路电压 UL2 满足有压条件；

（4）2QF 跳位，1QF 和 3QF 均合位且处于合后；

（5）无闭锁备自投开入；

（6）无放电条件。

常规 110kV 线路备自投动作过程：充电完成后，110kV 1M、2M 无压、UL2 有压且 I1 无流，经整定延时跳 1QF。备自投确认 1QF 跳开后，再经整定延时合 2QF。备自投确认 2QF 合上后，进线 2 明备用备自投动作完成。

进线 1 明备用备自投过程与上述同理。

2. 适应安稳系统的 110kV 线路备自投

从常规 110kV 线路备自投动作逻辑来看，无论是安稳系统远切 110kV 进线对侧的 4QF，还是线路故障、断路器偷跳等其他原因使主供电源失电，都会满足备自投动作条件，备自投动作跳 1QF、合 2QF。

为使备自投区分上述两种情况，适应安稳系统的线路备自投使用了如下判据开放备自投，保证备自投正确动作。

(1) 母线电压不平衡开放备自投判据。当安稳系统因主网联络线接地故障动作时，110kV 终端站内的故障相电压下降有限，健全相与故障相电压之间的不平衡度较小；而当 110kV 终端站的电源线发生金属性接地故障时，终端站内的故障相电压理论上降为 0，健全相与故障相之间的电压不平衡度理论上为无穷大。

当安稳系统因主网联络线发生相间故障时，110kV 终端站内相电压的幅值及相位变化不大，线电压的不平衡度较小；而当 110kV 终端站的电源线发生相间故障时，故障线相间电压降为 0，故障线相间电压与最大线电压之间的不平衡度较大。

因此，可通过终端站内母线相电压或线电压的不平衡度来区分主网联络线故障与终端站的电源线故障，并且可根据 $3U_0$ 的幅值大小判断系统故障是否为接地故障，当 $3U_0$ 较大时，用相电压的不平衡度作为备自投的开放判据，当 $3U_0$ 较小时，用线电压的不平衡度作为备自投的开放判据。当相电压不平衡度和线电压不平衡度检测元件均未启动时，若母线无压，可以认为是安稳系统切负荷，备自投不开放。

电压不平衡度开放备自投逻辑框图如图 4-27 所示。

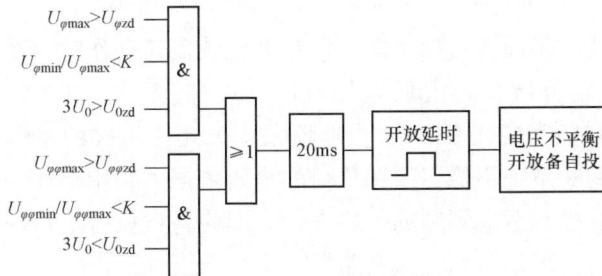

图 4-27 电压不平衡度开放备自投逻辑

$U_{\varphi max}$—最大相电压；$U_{\varphi min}$—最小相电压；$U_{\varphi \varphi max}$—最大线电压；$U_{\varphi \varphi min}$—最小线电压；

$U_{\varphi zd}$—健全相有压定值；$U_{\varphi \varphi zd}$—线电压有压定值；K—不平衡度系数；

$3U_0$—零序电压；U_{0zd}—零序电压定值

(2) 重合闸检测开放备自投判据。当备自投的电源进线重合闸投入时，在

110kV 线路单相经高阻接地的情况下，电压不平衡开放备自投的灵敏度可能不够。此时可参考 110kV 线路重合闸的特征来开放备自投。110kV 线路均采用三相重合闸方式，利用 110kV 线路重合于故障过程中母线电压的变化，即"母线有压－母线无压－母线有压"来判断线路经历的重合闸过程，用于开放备自投，逻辑图如图 4-28 所示。

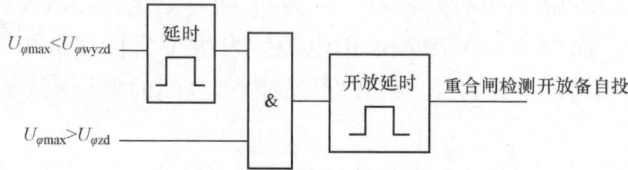

图 4-28　重合闸检测开放备自投逻辑

$U_{\varphi wyzd}$—相电压无压定值

（3）断路器位置不对应开放备自投判据。考虑到断路器偷跳等原因造成母线失电时，相电压的不平衡度及线电压的不平衡度均不满足，重合闸检测开放备自投的条件也无法满足，不能正常开放备自投，可采用断路器位置不对应开放备自投，可确保备自投可靠开放，逻辑图如图 4-29 所示。

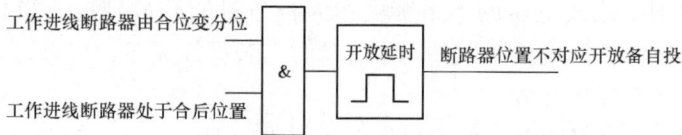

图 4-29　断路器位置不对应开放备自投逻辑

（4）低频低压闭锁备自投功能。低频低压减负荷动作时，系统电压、频率出现异常是其显著特征，由低电压（$U<$）、低频率（$f<$）、电压变化率（dU/dt）超限和频率变化率（df/dt）超限 4 个元件组成的逻辑判据是低频低压减负荷装置判断系统不稳定而切负荷的重要依据。利用上述判据在安稳系统动作时闭锁备自投。考虑到判据一旦失效，即使备自投合上备用断路器后，系统工况仍异常时，再延时切开该断路器。

安稳系统和备自投装置判断系统电压、频率异常的判据相似。因此，在安稳系统动作远切 4QF 时，备自投装置的低频低压判据也能动作，正确闭锁备自投。非安稳系统动作使主供电源失电时，备自投装置的低频低压判据不会动作，备自投正确动作。

备自投装置的低频低压判据取自备用线路侧电压，且在主供电源失电，备自投启动后，投入此判据。因此，在主供电源线发生故障时，首先由线路保护或其他保护切除故障，待故障切除后，备自投才会启动，此时，由于电源线故障造成的备用线路电压、频率异常影响已较小，不会误闭锁备自投。如果主供电源线和备用线路不是取自同一个电源，由于电源线故障造成的备用线路电压、频率异常影响就更小。

（5）适应安稳系统的线路备自投动作过程。适应安稳系统的线路备自投与常规线路备自投充电条件相同。

充电完成后，110kV 1M、2M 母线均无压、UL2 有压且无流，上述的母线电压不平衡度、重合闸检测、断路器位置不对应三种开放备自投的判据条件之一满足开放，备自投启动，延时跳 1QF，此时投入低频低压检测，在备自投延时到之前低频低压动作，表明系统功率缺损、安稳系统已经动作，此时备自投放电返回。在备自投动作延时到之前低频低压未动作，备自投跳 1QF，确认 1QF 跳开后，再经延时发 2QF 合闸脉冲，在合闸延时到之前低频低压动作，备自投不合 2QF，备自投动作停止。在合闸延时到之前低频低压未动作，合 2QF，确认 2QF 合上后，备自投动作成功完成。

3. 备自投应用中的危险点分析及其防范措施

（1）备自投开入量的断路器跳位触点不宜采用保护操作箱的 TWJ 继电器触点。110kV 线路断路器多数采用弹簧储能断路器，断路器的控制回路中的 TWJ 跳位继电器一般设计为监视整个合闸回路，即能监视储能触点、QF 和合闸线圈等元件。如果该站有小电源电厂上网、串供电源等情况，当主供电源线路永久性故障时，本侧保护动作，切开 1QF 断路器，重合闸于故障，保护再次动作，1QF 断路器处于分位，但断路器储能需时约 15s，储能触点未导通，此时监视合闸回路的 TWJ 跳位继电器未动作，备自投的 1QF 跳位开入不能确认，备自投切开 1QF 后就停止，发出备自投切 1QF 拒动告警信息，备自投动作失败。防范措施是，110kV 线路备自投开入量的断路器跳位触点不能采用保护操作箱的 TWJ 跳位继电器触点，要采用断路器机构的辅助触点接入，保证断路器触点变位的实时性。

（2）建议户外敞开式的 110kV 变电站的备自投不接入隔离开关跳位闭锁备自投。对于户外敞开式的 110kV 变电站，特别是运行环境恶劣的地区，110kV 隔离开关辅助触点防水、防锈、防腐蚀等工作难以维护到位，如果隔离开关辅助触点在运行中因此而误闭合，将导致备自投装置的误闭锁。防范措施是，综合考虑运行环境和运行方式，适宜取消隔离开关跳位闭锁备自投的开入接线，防止备自投的误闭锁。

（3）备自投接入断路器控制回路必须保证正确。备自投接入断路器控制回路时，备自投跳运行线路断路器要接在保护跳闸位置处，动作时不能将合后继电器 KKJ 置分位；备自投合备用线路断路器要接在手合位置处，动作时要将合后继电器 KKJ 置合位。如果备自投跳运行线路断路器时把合后继电器 KKJ 置分位，备自投采样到运行线路断路器的合后位置开入消失后，备自投判断是人工操作，导致备自投切运行线路断路器后就停止。

二十四、系统频率变化对某型号微机距离保护装置的影响

距离保护是根据加入其中的电压和电流形成测量阻抗，反映故障点至保护安装地点之间的距离，并根据此距离的远近而确定动作时间的保护装置，以其动作速度快、原理简单、受网络和系统运行方式影响较小等诸多优点，被广泛应用于高压及超高压输电线路的保护上，在某些场合下也可用作变压器的后备保护。以某型号数字式高压线路成套快速保护装置为例，它包括完整的三段相间和接地距离及四段零序方向过流保护，用于无特殊要求的 110kV 高压输电线路。系统频率变化对该微机距离保护有一定的影响。

（一）影响距离保护的因素

尽管距离保护在多年的应用中取得了较好的效果，然而实际经验表明，在一些特殊的情况下，距离保护也容易受到某些因素的影响，导致其选择性和可靠性明显降低，以致发生拒动或者误动。比如短路时在短路点存在的过渡电阻，一般情况下都会使距离保护的保护范围缩短而发生拒动，有时候也能引起保护的超范围动作或反方向误动作；又如在电力系统振荡过程中，由于各点的电压、电流的幅值和相位都会发生周期性变化，使得距离保护的测量阻抗也呈现出周期性的变化，当测量阻抗进入距离保护装置的动作区域时，也会使其发生误动作。此外，输电线路串联补偿电容、电流互感器的过渡过程以及非全相运行状态等对距离保护的影响，也是众多电力界学者和工程技术人员研究的热点。

（二）系统频率变化对距离保护的影响

实际上，在电力系统运行过程中，系统频率会因为过负荷或系统故障等原因发生变化，而系统频率的变化也会对距离保护的动作行为造成一定的影响，更甚者将会导致电力事故的发生。

（1）一起因频率变化引起的微机距离保护拒动事故。某 110kV 变电站的一次接线图如图 4-30 所示。本侧站内的 110kV 线路 1、2、3 均采用某型号微机距离保护。故障发生前，线路 1 连接另一个 110kV 变电站，断路器 1QF 处

于合位；线路 2 连接了一个容量较小的地方电厂，断路器 2QF 处于合位；线路 3 连接某 220kV 变电站，由于该 220kV 变电站负荷较重，所以线路断路器 3QF 处于分位。某时刻，由于线路 1 靠近对侧发生 A 相接地故障，故障点处于对侧的距离 I 段范围内，而处于本侧保护的距离 II 段范围内，于是对侧的距离 I 段率先动作跳开该侧线路断路器，然而对于本侧变电站来说，线路 1 对侧断路器跳开后，故障并未消除，此时理论上应该由本侧保护的距离 II 段经延时（保护定值单上整定为 0.6s）动作，跳开本侧断路器 1QF 切除故障。但在对侧断路器跳开至本侧保护的距离 II 段延时到达之前这一段时间内，地方电厂孤岛运行，向故障点提供短路电流，并提供 110kV 变电站的负荷电流，地方电厂出力严重不足，导致频率出现下滑。这时本侧保护装置的距离 II 段发生拒动，未能及时切除故障。由于故障相为 A 相，与线路 1 对侧断路器检线路 A 相无压重合闸成功，导致地方电厂机组遭受了一次非同期合闸的冲击，线路 1 对侧断路器也因为重合时故障并未消除而后加速再次跳开，此过程对一次设备造成了较大的冲击，最后由电厂机组的保护跳机，导致该 110kV 变电站全站失压。

（2）事故分析。事故发生后，相关的工作人员通过故障录波对整个过程进行了详细的分析，并对该距离保护装置进行了严格的试验，发现频率偏移过大（＞0.5Hz）时，其保护范围出现异常，而当频率偏移达到 1Hz 时，保护无法动作。模拟系统频率变化对距离保护动作统计见表 4-3。

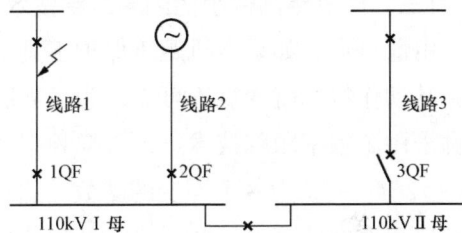

图 4-30 某 110kV 变电站一次接线图

表 4-3　　　　　　　模拟系统频率变化对距离保护动作统计

序　号	系统频率（Hz）	试验次数	正确动作次数	正确率（％）
1	50.0	10	10	100
2	49.8	10	10	100
3	49.6	10	10	100
4	49.4	10	6	60
5	49.2	10	2	20
6	49.0	10	0	0
7	48.8	10	0	0

经与厂方技术人员沟通，得出的结论是该保护装置为 20 世纪 90 年代早期产品，受硬件条件的限制，无法在保护中实现频率跟踪采样功能，在频率偏移过大时，保护的测量阻抗变化较大，导致保护范围出现异常。

实际上，早期的微机距离保护采用与工频 50Hz 相配合的固定的采样频率对电流和电压进行采样，所得采样值经滤波后进行测量阻抗的计算以及相关的逻辑判断。但是，电力系统是一个动态的复杂系统，即使是在正常运行的情况下，由于有功功率的供求关系在不断地发生变化，其频率也不可能完全维持在 50Hz 固定不变，而当系统出现各种故障或不正常运行状态时，系统频率的偏移就会加剧，甚至会因为局部有功功率严重缺额而出现频率的崩溃。这样，对微机距离保护而言，其固定的采样频率就不能保证在一个周期内采样的点数为整数，数字滤波器的输出性能就会变差，夹杂在采样值当中的一些干扰量无法有效地滤除，相应的保护算法也会产生一定的误差，最终导致保护装置不能正确动作。

（三）微机距离保护的频率跟踪技术

由此可见，如果微机距离保护不具备频率跟踪功能，在系统频率发生变化时，其动作特性就变得不可靠。为了克服这一缺陷，现在的微机距离保护装置大都采用了频率跟踪技术，使采样频率 f_s 能够跟踪系统基频 f_1 的变化，始终保持 $f_s/f_1 = N$ 为一个不变的整数。这样，即使在基频偏离工频很大的时候也能够比较准确地测出当时系统的基频分量以及谐波分量、序分量等。目前频率跟踪可以通过硬件和软件两种方式来实现：用硬件实现的频率跟踪方式，由于所有环节全部由硬件来完成，因此速度快，实时性好，但同时也增加了成本和装置硬件的复杂程度；用软件实现的频率跟踪方式，实时性较硬件方式稍差，但由于不增加硬件电路，其结构可以在相当程度上得到简化，将两者结合起来则可达到更为理想的效果。具备了频率跟踪的功能，不管系统频率如何变化，微机距离保护都能获得准确的测量阻抗，从而正确可靠地动作。

（四）防范措施

科技不断发展，许多保护厂家目前的微机距离保护装置都具备了频率跟踪的功能，可以完全避免频率变化时距离保护的不正确动作。另一方面，运行管理规程规定，微机继电保护装置的使用年限一般为 10～12 年。为了迅速切除故障，保障电网的安全稳定运行，避免同类型的电力事故发生，对那些使用早期没有频率跟踪功能、使用年限将至甚至超过使用年限的距离保护装置，应该及早升级或更换保护。

二十五、10kV 零序 TA 的一次地线接线要求

电缆外皮接地线必须采用有外包绝缘多股软铜导线，接地点连接良好。电缆外皮开口在零序 TA 上方的（如图 4-31 所示），电缆外皮接地线应由上向下穿过零序 TA，并与电缆支架绝缘，在穿过零序 TA 前不应有碰地现象，接地点连接良好。

电缆外皮开口在零序 TA 下方的（如图 4-32 所示），电缆外皮接地线可直接接地，不能再穿过零序 TA。

注：为防止电缆头对外皮接地线短路造成分流（短路形成的电弧电流不穿过零序 TA），外皮接地线可加热缩套。

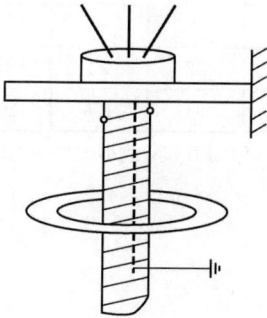

图 4-31　电缆外皮接地
线接地方法 1

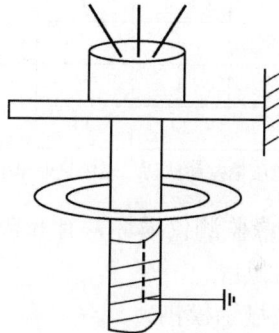

图 4-32　电缆外皮接地
线接地方法 2

二十六、直流绝缘监测装置的安全隐患

（一）湖北省调查结果

2008 年 9 月，由湖北省电科院组织对下属各地市局及超高压公司所辖 110kV 以上变电站 311 套绝缘监测仪的使用现状进行了一次初步的调查，调查是由省电科院设计调查表格测试方法，由各地市局按要求独立完成的。到 2008 年 10 月 10 日止，除超高压公司没有上缴调查报表外，下辖的 12 个地市局已全部上报调查报告，绝缘装置问题见表 4-4。

表 4-4 　　　　　　　　　　绝 缘 装 置 问 题

站名	绝缘装置完全损坏	显示绝缘电阻较低	对地电压偏移大	对地电压波动大	不显示对地电压	不显示绝缘电阻	存在缺陷的装置	装置总数量	故障率（%）
鄂州	1	0	0	9	6	6	12	14	85.7
恩施	0	0	1	1	0	0	2	8	25.0
黄石	1	1	4	2	8	19	25	30	83.3
荆门	0	1	1	0	16	20	21	23	91.3
荆州	0	3	4	0	18	0	19	22	86.3
十堰	2	0	0	0	9	16	18	26	69.2
随州	0	0	0	0	0	0	0	8	0
武汉	3	0	23	0	0	1	27	79	30.3
咸宁	0	0	1	0	5	0	5	11	45.4
襄樊	1	7	1	1	5	6	17	29	58.6
孝感	0	0	3	2	3	4	9	11	81.8
直昌	0	1	2	0	10	22	23	42	54.7
合计	8	14	40	15	80	94	175	303	57.7

注 对地电压偏差和波动，表中只列出了对地电压绝对值大于130V或小于90V的情况。

（1）绝缘监测仪损坏，有8台：

1）3台黑屏；

2）1台显示模糊；

3）2台无工作电源；

4）1台装置系统电压显示390V，正、负极对地电压显示40V；

5）1台装置 V+显示 0V，V−显示 93V，数据明显错误；

6）这类问题占本次调查装置的约 2.6%。

（2）监测仪显示绝缘电阻很低，而不发告警信号，有 14 台，见表 4-5。

表 4-5 　　　　　　　　　　绝 缘 电 阻 低

站名	雁支	重台	杨庄	高新	清河	康佳	潜江	小雁溪	中心站	马家磅	米庄
日期	99	01	07	97	06	01	04	05	03	01	05
正极	0.17	15	16	16	17	17	26.8	36.5	20	OK	75
负极	0.17	10	13	16	14	17	26.8	32.8	—	8	44

（3）对地电压偏差大，有 40 台：

1）表 4-4 中列取部分数据，是上报数据中正负极压差大于和接近 30V 的部分数据；

2）石山变的压差最大，有近 90V；

3）据统计超过 40V 压差的变电站有 7 个；

4）30～40V 之间的变电站有 33 个；

5）需要指出的是武汉局有 26 个站电压压差为 30V，占本次统计变电站总数的 32.5%，虽然没有达到接地处理标准，应该引起运行维护人员的重点关注。

（4）对地电压波动大：

1）从调查数据分析，很多站电压因为装置的影响，产生了较大的电压波动；

2）最严重的恩施鱼泉站电压波动在 0～220V 之间波动；

3）陈家湾有近 100V；

4）鄂州的旭光、吴都等有近 60V 的电压波动；

5）目前系统继电器的动作电压整定值为 50%～70%额定电压，当系统发生一点接地时，极易引起保护的误动、拒动。

（5）绝缘监测仪装置显示值不规范：

1）有很多站的 V＋、V－、R＋、R－显示；

2）"正常"；

3）"OK"；

4）"——K"。

（二）临汾校验结果

此次测试的 18 个变电站中：500kV 站 2 个，220kV 站 11 个，110kV 站 5 个；除两个 500kV 站为 110V 直流系统供电外，其余 16 个站均为 220V 直流系统；微机绝缘检测装置主要为珠海泰坦和深圳奥特讯生产，各有 7 个站；2005 年及以后投运的设备为 14 站；接地告警整定值均设为 20kΩ。

（1）绝缘装置本身存在问题有 8 个站，占 44%。

1）主机工作不正常有 1 个站；

2）部分或全部选线模块损坏有 5 个站；

3）支路电阻测量大 1 倍的 1 个站；

4）TA 编号不对应的有 1 个站。

（2）两极不能正确告警有 14 个站，占 77%。

1）模拟正极 10kΩ、负极 20kΩ 的两极接地故障；

2）显示正极 40～100kΩ，负极为无穷大；

3）两极接地故障，极易造成直流系统烧坏。

（3）电压波动，引起正负极压差超过 40V，有 8 个站，占 44%。

1）有接地故障或绝缘降低时，电压波动，引起正负极压差过大；

2）最高的台头 110kV 站，正负极压差为 170V；

3）其中霍州 500kV 站虽然波动为 37V，因共为 110V 系统，如果转化为 220V 系统，将为 74V。

（4）未达到告警值绝缘降低，引起正负极压差超过 40V，有 17 个站，占 94%。

1）模拟 100kΩ 接地；

2）对地电压差超过 40V；

3）最高达 170V。

（5）对地电容测量，系统分布电容值见表 4-6。

表 4-6　　　　　　　　　　　系统分布电容值

站名	有绝缘监测仪时系统分布电容值（μf）	无绝缘监测仪时系统分布电容值（μf）
安泽站	1.3	1.1
城北站	0.7	0.1
古城站	6.6	6.6
霍州站	1.3	1.1
嘉泉站	6.7	0.1
明姜站	10.7	8.4
台头站	0.2	0.2
壶口站	7.2	4.2
刘村站	7.5	5.6
乔北站	16.4	14.4
寺庄站	32.8	25
维尼纶站	3.9	2.1
西凤站	4.9	3.5
紫金山站	7.2	5
里村站	21.6	7.2
临汾站	262	50
张礼站	8.4	3.6
郑庄站	222	7.5

（6）绝缘装置内，带有较大的对地电容，有 2 个站，占 11％。

1）500kV 临汾、220kV 郑庄两站，绝缘装置本身对地各有近 200μF 的电容。

2）据有关文献报道，直流系统对地电容越大，对出口中间继电器线圈、跳闸线圈及光耦等容易发生接地故障的回路，发生直流系统一点接地故障时，保护误动的机会越大。

二十七、110～500kV 线路光纤通道对调试验报告经验介绍

（一）线路两侧装置采样联调测试

当光纤通道正常时，本侧和对侧分别在××－943A 装置施加二次电流时的电流采样情况如下。

（1）本侧施加二次电流时的电流采样情况见表 4-7。

表 4-7　　　　　　　　　本侧施加二次电流时的电流采样情况

本侧输入量	本侧电流采样模拟量显示精度							
	采样电流显示（A）（变比为 800/1）				差动电流显示（A）（变比为 800/1）			
	A 相	B 相	C 相	误差	A 相	B 相	C 相	误差
A 相加 0.6A	0.60	0	0	0	0.60	0	0	0
B 相加 0.4A	0	0.40	0	0	0	0.40	0	0
C 相加 0.2A	0	0	0.19	1％	0	0	0.20	0
三相加 1A	1.01	1.00	1.00	1％	1.00	1.00	1.01	1％
本侧输入量	对侧电流采样模拟量显示精度							
	采样电流显示（A）（变比为 600/5）				差动电流显示（A）（变比为 600/5）			
	A 相	B 相	C 相	误差	A 相	B 相	C 相	误差
A 相加 0.6A	4.04	0	0	4％	4.01	0	0	1％
B 相加 0.4A	0	2.67	0	0	0	2.67	0	0
C 相加 0.2A	0	0	1.32	1％	0	0	1.33	0
三相加 1A	6.72	6.72	6.68	4％	6.68	6.68	6.67	1％

（2）对侧施加二次电流时的电流采样情况见表 4-8。

表 4-8 对侧施加二次电流时的电流采样情况

对侧输入量	本侧电流采样模拟量显示精度							
	采样电流显示（A）（变比为 800/1）				差动电流显示（A）（变比为 800/1）			
	A 相	B 相	C 相	误差	A 相	B 相	C 相	误差
A 相加 3A	0.45	0	0	0	0.45	0	0	0
B 相加 2A	0	0.30	0	0	0	0.30	0	0
C 相加 1A	0	0	0.14	1%	0	0	0.14	1%
三相加 5A	0.75	0.75	0.75	0%	0.75	0.75	0.75	0

对侧输入量	对侧电流采样模拟量显示精度							
	采样电流显示（A）（变比为 600/5）				差动电流显示（A）（变比为 600/5）			
	A 相	B 相	C 相	误差	A 相	B 相	C 相	误差
A 相加 3A	3.00	0	0	0	3.00	0	0	0
B 相加 2A	0	2.00	0	0	0	2.00	0	0
C 相加 1A	0	0	1.00	0	0	0	1.00	0
三相加 5A	5.00	5.00	5.00	0	5.00	5.00	5.00	0

（二）线路两侧保护逻辑联调测试

（1）本侧断路器在合位，对侧断路器及母线电压在不同状态下，本侧模拟故障，观察两侧收发信机及纵联保护动作情况见表 4-9。

表 4-9 两侧收发信机及纵联保护动作情况

对侧状态	本侧故障情况	纵联保护动作情况	备 注
断路器分位	故障	本侧保护跳闸，对侧保护不动作	两侧的主保护连接片都必须投入，否则两侧保护均不动作
断路器合位，TV 断线	故障	本侧保护跳闸，对侧保护跳闸	
断路器合位，TV 正常	故障	本侧保护不动作，对侧保护不动作	

（2）对侧断路器在合位，本侧断路器及母线电压在不同状态下，对侧模拟故障，观察两侧收发信机及纵联保护动作情况见表 4-10。

表 4-10　　　　　　　　两侧收发信机及纵联保护动作情况

本侧状态	对侧故障情况	纵联保护动作情况	备　注
断路器分位	故障	对侧保护跳闸，本侧保护不动作	两侧的主保护连接片都必须投入，否则两侧保护均不动作
断路器合位，TV 断线	故障	对侧保护跳闸，本侧保护跳闸	
断路器合位，TV 正常	故障	对侧保护不动作，本侧保护不动作	

（三）结论

通道对调试验正确，可投入运行。

二十八、变电站二次设备屏柜接地经验介绍

（1）变电站二次设备屏柜接地铜排按安全接地和工作接地两类考虑。

1）安全接地是将二次屏柜底部铜排（截面积不小于 $100mm^2$）与屏柜壳体直接连接，各屏柜内的接地铜排之间用铜导线首尾连接贯通后，与变电站共用接地网直接连接。控制室二次屏柜内的二次设备外壳接地、控制电缆的屏蔽外皮接地等均属安全接地，应接至该铜排上。

2）工作接地是将二次屏柜底部铜排（截面积不小于 $100mm^2$）与屏柜壳体经绝缘子连接，各屏柜内的接地铜排之间用绝缘铜导线连接贯通后，采用一点接地方式与变电站共用接地网直接连接。控制室二次屏柜内的电压 N600 回路接地、要求在控制室接地的多组电路直接联系的 TA 回路接地、高频电缆在控制室处的屏蔽层接地、计算机系统的逻辑接地等均属工作接地，应接至该铜排上。

（2）以上双接地铜排做法的抗干扰性能优于单接地铜排方式，可在新建、改建工程中推荐使用。鉴于单接地铜排方式已能满足目前的继电保护反措要求，并且变电站目前使用的二次设备尚未有引出逻辑接地的需求，因此对于运行中单接地铜排方式的变电站，或在这些变电站新增的二次屏柜，仍可维持原有模式。

（3）新建变电站二次设备的屏柜内如装设双接地铜排，则应二次施工图的施工说明中明确两接地铜排的接线方式，以规范施工安装。

（4）对于新建的带有抗静电活动地板电缆层的变电站，工作接地建议用绝缘铜排环固定安装于抗静电地板电缆层的方式，代替用绝缘铜导线连接各二次屏柜内绝缘铜排的方式，该电缆层绝缘铜排环以分支线向上的方式与二次屏柜的绝缘铜排连接。二次屏柜内用于安全接地的非绝缘铜排安装接线方式仍按上述第（1）条 1）中规定。

二十九、某保护装置不对称故障相继速动的现场试验方法

不对称故障相继速动的投入有三处控制：一是不对称速动软压板；二是保护定值中的不对称相继速动控制字；三是屏柜正面的投不对称相继速动连接片。三者是"与"的关系，必须全部投入，该保护才投入。

由于不对称故障相继速动需在Ⅱ段距离元件动作不返回且非故障相任一相突然变为无流，则不经Ⅱ段延时即跳闸，所以要将"接地或相间距离Ⅱ段时间"整定长一些（一般取 5s），然后退出可能先动的"Ⅲ段距离保护"和"零序保护"，在进入Ⅱ段接地距离故障态前，通入正常态的电流电压，相电流的大小应大于 $0.06I_N$，对于模拟单相接地故障前的正常负荷电流大于 0.5A（对于 TA 二次为 5A 的电流），对于模拟相间故障前的正常负荷电流大于 0.8A，然后进入"Ⅱ段接地或相间距离"的故障态，在整定的时限内拔去继电保护调试仪上的任一非故障相电流插头，"不对称故障相继速动"即可动作。若是 A 相接地故障，拔 B 或 C 相电流，若是 B、C 相间故障，拔 A 相电流，以此类推。

三十、现场调试某型号主变压器保护装置实例

（1）对三相平衡电压，采样值与外加一致，通过采样值不能判断电压回路 N 是否接入。对三相不平衡电压，采样值与外加不一致，通过采样值能判断电压回路 N 是否接入。投运后可通过打印三相电压波形的方法确定电压回路 N 是否接入：若 N 未接，则打印出的波形是尖顶波；若 N 接入，则打印出的波形是正弦波。

（2）对于自耦变压器 220kV 侧空投时，可以通过打印出的高压侧与公共绕组电流的波形确定公共绕组 TA 极性的正确性，若高压侧与公共绕组电流的波形反相则极性正确。

（3）零序过流Ⅰ、Ⅱ段经谐波闭锁，电流必须为外加，二次谐波系数为 7%。

（4）差动经五次谐波闭锁为 25%，当涌流经浮动门槛闭锁投入时，对于 220kV，三次谐波固定为 5%，对于 500kV，三次谐波为 8% 左右，不受定值的影响。

（5）工频变化量比率差动启动固定门槛除 I_{dth} 固定为 $0.2I_e$ 外，有些型号装置固定门槛中增加了 I_{cdqd}（稳态差动启动值相关部分，工频变化量比率差动启动值约为 $0.9I_{cdqd}$）。

（6）工频变化量比率差动和稳态比率差动高值不经三次谐波闭锁，只经二

次谐波闭锁。稳态比率差动低值经三次谐波闭锁和二次谐波闭锁。

三十一、LFP/RCS−900系列分相电流差动线路保护装置调试及通道联调实例

(一) 保护装置自环调试

首先用 FC 接头单模尾纤将保护的光发与光收短接，将保护装置定值按自环整定。LFP−900 系列 CPU1 定值中 TA 变比系数 Kct＝1、TEST＝1；RCS−900 系列定值中"投纵联差动保护"、"专用光纤"、"通道自环试验"均置为 1。

1. LFP−900 系列保护装置

(1) 将电容电流整定为 0，模拟任一相故障，在 10s 时间内缓慢将电流从 0 增加，直至跳闸为止，此时动作电流即为启动电流值，允许误差为 10%。

(2) 将启动元件定值，电容电流整定为 0.5A 以上，但启动电流定值应小于 2 倍电容电流整定值。由任一相缓慢将电流从 0 增加，监视 CPU1 状态菜单中相应的相差动继电器动作标记 DIF，直至由 0 变为 1，此时所加电流的一半即为电容电流整定，允许误差为 10%。

2. RCS−900 系列保护装置

(1) 加入 1.05 倍 $I_{h/2}$ 单相电流，保护选相单跳，动作时间 30ms 以内，此时为稳态一段差动继电器。I_h 为"差动电流高定值"与"$4U_n/X_{cl}$"中的高值。

(2) 加入 1.05 倍 $I_{m/2}$ 单相电流，保护选相单跳，动作时间 60ms 左右，此时为稳态二段差动继电器。I_m 为"差动电流低定值"与"$1.5U_n/X_{cl}$"中的高值。

(3) 零序差动较复杂一点，不满足补偿条件时，零差灵敏度同相差 Ⅱ 段灵敏度一样。

满足补偿条件后，只要差流＞max（零序启动电流，$0.6U/X_{cl}$，0.6 实测差流），零差即能动作。

因此，若要单独做零差，需满足以下条件：

(1) 需将"差动电流高定值"，"差动电流低定值"整定到 $2.0I_n$，降低相差灵敏度；

(2) 通道自环，再加负荷电流等于 $U/2X_{cl}$（＞0.05I_n），并且超前于电压 90°的三相电流（模拟电容电流），以满足补偿条件。

(3) 改变单相电流，满足差流＞max（零序启动电流，$0.6U/X_{cl}$，0.6 实测差流），零差即能动作，动作时间大于 100ms。

(二) 两侧保护通道对调

将两侧保护接入通道，假设 M 侧 TA 变比为 1500/1，N 侧 TA 变比为 1200/5。

1. LFP—900 系列保护装置

(1) 跳线及定值整定。通道采用专用光纤时要将通道板上的 JP1 跳线的 1 和 2 短接；通道为复用 PCM 通道时要将通道板上的 JP1 跳线的 2 和 3 短接。两侧 TEST＝0，MAST 一侧设为"1"另一侧设为"0"。

(2) 联调试验。M 侧整定 K_{ct}＝1500/1200＝1.25，N 侧整定 K_{ct}＝1200/1500＝0.8。

1) 在 M 侧 A 相加入 1A 电流，N 侧显示的对侧电流为 (1/1) ×1.25×5 ＝6.25A。B、C 相试验同 A 相；

2) 在 N 侧 A 相加入 1A 电流，M 侧显示的对侧电流为 (1/5) ×0.8×1 ＝0.16A。B、C 相试验同 A 相。

(3) 跳闸校验。不论对侧断路器位置，本侧加入 4 倍的本侧电容电流定值，本侧保护可选相跳闸。

2. RCS—900 系列保护装置

通道采用专用光纤时"专用光纤"控制字整定为"1"，采用 PCM 复用通道时"专用光纤"控制字整定为"0"，"主机方式"控制字一侧置"1"，另一侧置必需"0"。

(1) 联调试验。以 M 侧为基准，M 侧"TA 变比系数"整定为"1"，则 N 侧"TA 变比系数"整定为"1200/1500＝0.8"。在 M 侧加入 1A 电流，N 侧显示 (1/1) ×5＝5A；在 N 侧加入 1A 电流，M 侧显示 (1/5) ×0.8×1 ＝0.16A。

(2) 跳闸校验。

1) 将 N 侧断路器分位，M 侧加入单相电流 I_h，M 侧保护可选相动作动作时间为 30ms 左右。

2) 将 M 侧断路器分位，N 侧加入单相电流 I_h，M 侧保护可选相动作动作时间为 30ms 左右。

3) 两侧断路器均在合位，M 侧加入电流 I_h，要有 5V 零序电压，故障时间 140ms 以上，两侧保护选相动作 M 侧动作时间为 120ms 左右，N 侧为 10ms 左右。实际 N 侧在 M 侧动完后才动。N 侧试验方法相同。

4) 两侧断路器均在合位，M 侧加入电流 I_h，N 侧加大于 33.5V 小于 35V (防止 TV 断线) 的三相电压，M 侧保护可选相动作，动作时间为 30ms 左右，

N 侧保护也能动作。

三十二、主变压器差动保护相位调整原理的分析及调试实例

差动保护由于不平衡电流的存在而引起误动和降低灵敏度，在稳态下，不平衡电流主要由变压器变比、TA 变比及误差、变压器接线方式等因素造成。下面集中讨论由变压器接线方式造成的误差，其误差体现在相位上，因此差动保护必须具备相位调整的功能。

当主变压器接线方式为Υ—△或△—Υ时，一次、二次电流必然相差 30°。为消除此相位差给差动保护带来的影响，微机保护采用软件换算的方法，这样 TA 均采取Υ—Υ接线，减少了二次回路的复杂性。以下通过对两种常用的微机保护的比较分析，展开讨论相位调整的原理和调试要领。

（1）RCS—9671/9679 保护差动归算思路分析。当接线组别设置为 Yd11，程序对Υ侧电流采样数据首先进行相角调整，如图 4-33 所示。

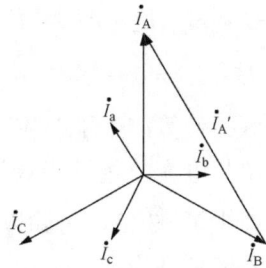

图 4-33　Υ—△折算相量图

$$\dot{I}'_A = (\dot{I}_A - \dot{I}_B)/\sqrt{3}$$
$$\dot{I}'_B = (\dot{I}_B - \dot{I}_C)/\sqrt{3}$$
$$\dot{I}'_C = (\dot{I}_C - \dot{I}_A)/\sqrt{3}$$

$\dot{I}'_A$、$\dot{I}'_B$、$\dot{I}'_C$ 电流相位前移了 30°，完成相位的归算，同时幅值增大了 $\sqrt{3}$ 倍。程序里对相量相减得到的值同时除以 $\sqrt{3}$，以保证只调整相位，不改变大小。对 Yd1 的处理过程一样，只是相量相减的相别发生以下变化：$\dot{I}_{ah} = \dot{I}_a - \dot{I}_c$（相量相减）、$\dot{I}_{bh} = \dot{I}_b - \dot{I}_a$、$\dot{I}_{ch} = \dot{I}_c - \dot{I}_b$，也要对幅值除以 $\sqrt{3}$。

对接线组别Υ—Υ的变压器，程序对两侧均作了Υ→△变换，目的是消除高压侧 TA 中可能流过的零序电流对差流的影响，确保高压侧发生区外接地故障时差动保护不误动。

设主接线为 Yd11，TA 为Υ—Υ接线。

1）在保护装置高压侧输入三相对称电流 $\dot{I}_e$，相角差 120°，程序按照整定的接线组别，首先进行相角归算（相量相减），因为三相都有电流，且相角差 120°，得到 $\dot{I}_{ah} = \dot{I}_a - \dot{I}_b = \sqrt{3} \times \dot{I}_a \times \angle{30}$；$\dot{I}_{bh} = \dot{I}_b - \dot{I}_c = \sqrt{3} \times \dot{I}_b \times \angle{30}$；$\dot{I}_{ch} =$

$\dot{I}_c - \dot{I}_a = \sqrt{3} \times \dot{I}_c \angle 30$。幅值增大了$\sqrt{3}$，相角逆时针旋转了$30°$。相位归算后的相量，程序会再除以$\sqrt{3}$，以消除因为相量相减而导致幅值增大$\sqrt{3}$倍。再除以本侧$I_e$值，把有名值换算成标幺值（注：实际程序是乘以平衡系数，内部计算按相对于$5A$的标幺值计算）。因为△侧无电流输入，故装置显示A、B、C相差流分别为I_e。

2）在保护装置高压侧输入单相电流$I_A = I_e$，装置显示A、C两相有差流，差流$I_{acd} = 0.577 I_e$；$I_{ccd} = 0.577 I_e$。原因是：程序同样首先进行相角归算，即相量相减。$\dot{I}_{ah} = \dot{I}_a - \dot{I}_b = \dot{I}_a (\dot{I}_b = 0)$；$\dot{I}_{bh} = \dot{I}_b - \dot{I}_c = 0 (\dot{I}_b = 0, \dot{I}_c = 0)$；$\dot{I}_{ch} = \dot{I}_c - \dot{I}_a = 0 - \dot{I}_a = -\dot{I}_a$。虽然只有A相电流，但经过这一步处理后，在C相也因为计算产生了差流。程序固定对相位归算后的相量再除以$\sqrt{3}$，但因为只有单相电流，相量相减并没有改变相位和大小，所以经过这一步骤后，电流幅值减少了$\sqrt{3}$倍。再除以本侧I_e，把有名值换算成标幺值，故装置显示A、C相差流分别为$0.577 I_e$。

因为程序对△侧不进行相位调整，直接与本侧I_e电流值相除，换算成标幺值。不管是输入单相I_A或A、B、C对称三相电流，输入低压侧I_e，都会显示差流等于I_e。

由于调整接线组别造成相位差，而程序的相位调整是按三相对称电流来考虑的，即使输入的是单相电流，程序还是按同一思路来处理。

现场有时也会碰到外部TA采用丫—△接线。如电磁式差动继电器改造成微机保护，但TA及控制电缆都未更换。在差动保护装置系统参数中设置相应的接线组别参数。对于各侧I_e值的内部计算，由于相角调整已由外部TA接线实现，程序不再进行相量相减。考虑到外部TA采用丫—△接线后，TA二次电流增大了$\sqrt{3}$倍，程序会除以$\sqrt{3}$。从调试相位出发，差动保护相位和幅值归算的基本流程示意如图4-34所示。

（2）RCS—978保护差动保护的归算分析。RCS—978对相位的归算调整，采用的是由△侧向丫侧归算（外部TA采用丫—丫接线）。因为丫侧绝大部分情况下都是电源侧，而只有电源侧才会产生励磁涌流，在初期往往会偏于时间轴的一侧，很多情况下会有两相励磁涌流相位基本相同。当采取丫侧向△侧归算方式，丫侧电流相量相减调整相角，励磁涌流相位基本相同的两相电流在相量相减时，就会消掉一部分励磁涌流从而降低二次谐波制动的灵敏度。RCS—978采用由△侧向丫侧归算后，丫侧不再进行相电流之间的相量相减，这样相

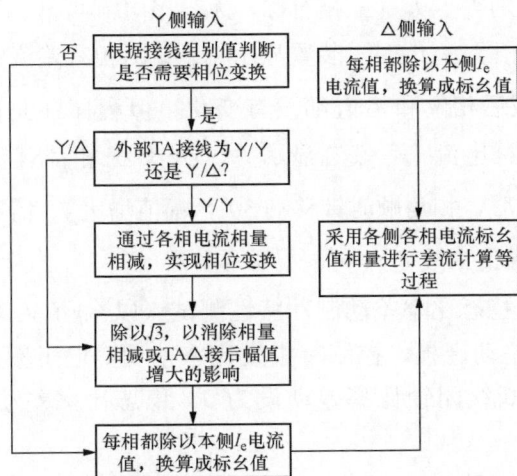

图 4-34   差动保护相位和幅值归算的基本流程示意

对提高了励磁涌流的幅值，使励磁涌流和故障特征更加明显，程序分辨能力会进一步加强，制动更可靠。RCS—978 采用由△侧向丫侧归算后，必须要考虑到丫侧可能流过的零序电流对差流的影响。为此，RCS-978 采取对丫侧每相电流都减去零序电流的方式（该零序电流为三相合成自产），由于二次谐波分量基本不通过零序回路，因此滤过零序电流的方式并不减少励磁涌流分量，不会降低二次谐波制动的灵敏度。△侧的相位调整如图 4-35 所示。

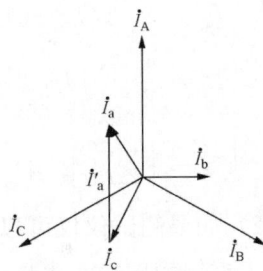

图 4-35   △-丫折算相量图

△侧

$$\begin{cases} \dot{I}'_a = (\dot{I}_a - \dot{I}_c)/\sqrt{3} \\ \dot{I}'_b = (\dot{I}_b - \dot{I}_a)/\sqrt{3} \\ \dot{I}'_c = (\dot{I}_c - \dot{I}_b)/\sqrt{3} \end{cases}$$

丫侧

$$\dot{I}'_A = \dot{I}_A - \dot{I}_0$$
$$\dot{I}'_B = \dot{I}_B - \dot{I}_0$$
$$\dot{I}'_C = \dot{I}_C - \dot{I}_0$$

$\dot{I}'_a$、$\dot{I}'_b$、$\dot{I}'_c$ 同时需除以 $\sqrt{3}$，以消除相量相减对幅值增大的影响。但应注意相减的相别及现场做调试时，不要把丫侧需减去的零序电流误认为 $3I_0$，这一点一定要注意。

举例说明：220kV 侧（丫侧）输入单相 $I_A = I_e$ 时，装置中 A 相差流值等于 $2/3\ I_e$（因为零序电流等于 $1/3$ 的 I_A，I_A 需减去 I_0），同时可见 B 相及 C 相的差流值均为 $1/3I_e$。当该侧输入三相对称电流 I_e，装置显示 A、B、C 三相都有差流，差流值分别等于 I_e（三相对称，无零序电流）。10kV 侧（△侧）$I_e=I_e$，当该侧输入单相 $I_A=I_e$ 时，装置显示 A、B 两相有差流；差流值分别等于 $0.577I_e$（相量相减后相位和幅值都没有变化，但程序还是固定的除以 $\sqrt{3}$）。当该侧输入三相对称电流 I_e，装置显示 A、B、C 三相都有差流，差流值分别等于 I_e（相量相减后，相角顺时针移动 30°，幅值增大 $\sqrt{3}$ 倍后，程序又固定的除以 $\sqrt{3}$，保证原幅值未改变）。

1）RCS－978 稳态比率差动制动特性测试（以 $Y_0/Y_0/\triangle-11$ 接线方式为例）。在定值中投差动压板，控制字中投比率差动，退工频变化量比率差动，退差动速断，TA 断线闭锁比率差动设为 0，稳态比率差动制动特性动作方程为

$$
\begin{cases}
I_d > 0.2I_r + I_{cdqd} & (I_r \leqslant 0.5I_e) \\
I_d > K_{bl}(I_r - 0.5I_e) + 0.1I_e + I_{cdqd} & (0.5I_e \leqslant I_r \leqslant 6I_e) \\
I_d > 0.75(I_r - 6I_e) + K_{bl}(5.5I_e) + 0.1I_e + I_{cdqd} & (I_r > 6I_e) \\
I_r = \dfrac{1}{2}\sum\limits_{i=1}^{m} |I_i| \\
I_d = \left| \sum\limits_{i=1}^{m} I_i \right|
\end{cases}
$$

2）如果测试仪仅可以提供 3 个电流，在 Y、△侧检验稳态比率差动制动特性，采用的接线方式为：Y 侧电流从 A 相极性端进入，流出后进入 B 相非极性端，由 B 相极性端流回试验仪器，△侧电流从 A 相极性端进入，由 A 相非极性端流回试验仪器，两侧加入的电流相相角为 180°。

3）试验步骤。

第 1 步：制动电流为 I_e 的差动电流计算值与实测值（即 $I_r=I_e$）。

第 2 步：制动电流为 $2I_e$ 的差动电流计算值与实测值（即 $I_r=2I_e$）。

第 3 步：通过试验验证 K 值。计算如下。

将 $I_r=I_e$ 代入 $I_d = K_{bl}[I_e - 0.5I_e] + 0.1I_e + 0.4I_e = 0.75I_e$

因为 $I_d = |I_1 - I_2| = 0.75I_e \rightarrow I_1 = 0.75I_e + I_2$

又因为 $I_r = 0.5 |I_1 + I_2| = I_e$

$\rightarrow 0.75I_e + 2I_2 = 2I_e \rightarrow I_2 = 0.625I_e \rightarrow I_1 = 1.375I_e$

将 $I_r = 2I_e$ 代入 计算出 $I_d = 1.25I_e$，$I_2 = 1.375I_e$，$I_1 = 2.625I_e$

$I_{cdqd} = 0.4I_e$，$K_{bl} = 0.5$，Ⅰ侧 $I_e = 0.787A$　　Ⅲ侧 $I_e = 2.474A$

序号	电流 I_1			电流 I_2			制动电流 标幺值 ｜I_1+I_2｜/2	差动电流 标幺值
	标幺值	有名值（A）		标幺值	$\sqrt{3}$有名值（A）			
		计算	实测		计算	实测		
1	$1.375I_e$	1.082	1.09	$0.625I_e$	2.678	2.69	I_e	$0.75I_e$
2	$2.625I_e$	2.066	2.07	$1.375I_e$	5.892	5.91	$2I_e$	$1.27I_e$
K值	2−1：$(I_{cd2}-I_{cd1})/(I_{r2}-I_{r1})=(1.27I_e-0.75I_e)/(2I_e-I_e)=0.52$							

第 4 步：如果测试仪可以提供 6 个电流，在丫、△侧检验稳态比率差动制动特性，采用的接线方式为：丫侧、△侧三相以正极性接入，丫的电流应超前△侧的对应相电流 150°，在 Y 侧加入电流 I_e＝0.787A 三相电流，△侧加入电流 I_e＝2.474A 三相电流，装置应无差流。

把第 1 步、第 2 步的计算值三相输入测试仪，即可测出稳态比率差动制动特性。

值得注意：提供 3 个电流时，两侧加入的电流相相角差为 180°，△侧加入电流为 $\sqrt{3}I_e$；而提供 6 个电流时，两侧加入的电流相相角差为 150°，△侧加入电流为 I_e。

第五章

继电保护事故缺陷预防管理

要全面了解现场继电保护及自动装置故障缺陷的类型，掌握事故缺陷分析、查找的方法，灵活运用事故缺陷处理的基本原则，快速准确地处理好设备存在的缺陷。学习电力系统知识，研究继电保护的原理，掌握故障的特点，提高分析和解决问题的技巧能力，其根本目的是减少继电保护的事故缺陷发生。虽然继电保护及其自动装置运行环境的恶劣，维护人员技术素质的参差不齐，但只要加强继电保护的管理，做到设计合理、安装工艺精良、调试正确、验收严格把关、监督到位，就能提高继电保护的正确动作率。

以下从管理角度介绍减少继电保护事故缺陷，提高继电保护的正确动作率的关键点。

第一节 继电保护设计审查

在工程设计中，由于设计人员的疏误，出现的设计错误如果不及时查处，很难保证在以后的运行环节将缺陷处理完善，从而引起事故发生的可能。组织运行、继电保护、生技、基建技术专责人员进行设计审查，从严把关，对每一个环节、每一个功能都认真检查、仔细核对，确保设计正确。现以 10kV 母联断路器控制回路为例，做具体分析。

有缺陷的 10kV 母联断路器控制回路如图 5-1 所示。

1. TWJ 监视合闸回路的错误设计

审核图纸和工程验收时，对 HWJ 监视跳闸回路功能都有统一要求，进行把关验收。但一直以来对 TWJ 监视合闸回路功能就没统一要求。图 5-1 中，TWJ 跳位监视回路取用了 QF 辅助触点，只能反映断路器位置，而不能监视合闸回路是否正常。

《电力系统继电保护规定汇编》规定："断路器控制回路应监视断路器跳

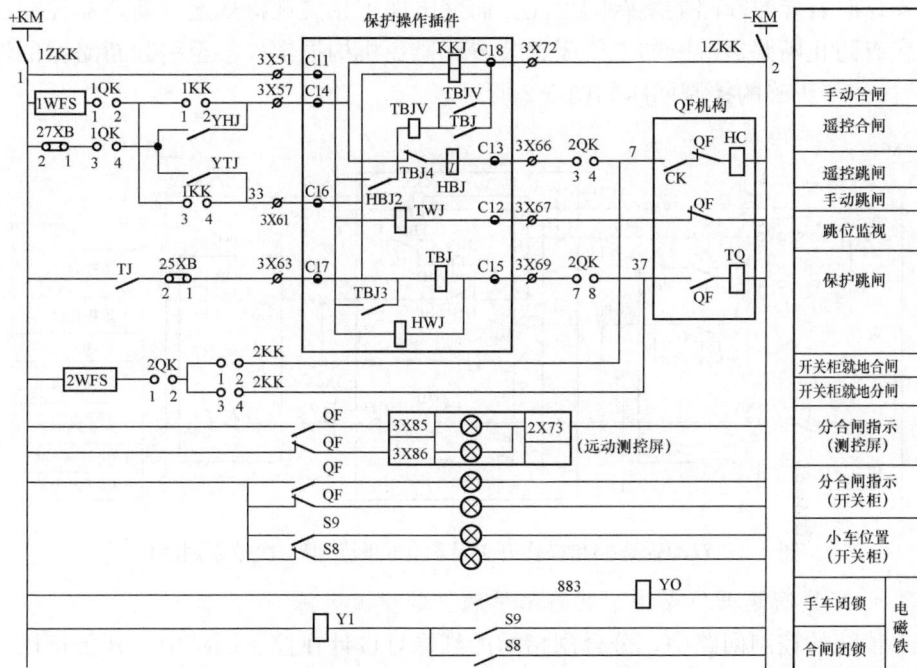

图 5-1　10kV 母联断路器控制回路图

闸、合闸回路的完好性。当跳闸或合闸回路故障时，应发出断路器控制回路断线信号"。建议将图 5-1 中 3X66 和 3X67 短接，使 TWJ 能监视储能触点 CK、QF、HC 的整个合闸回路，如图 5-2 所示。

2. 双配置的选控和操作开关的错误设计

部分 10kV 综合自动化系统改造采用集中组屏的模式（即保护安装在继电保护室）或者新建变电站的分段保护安装在继电保护室等情况，不可避免地在继电保护室远动测控屏和 10kV 高压室的开关柜上安装五防锁 WFS、选控开关 QK 和控制把手 KK。如果按图 5-1 设计将会导致缺陷存在。2QK 和 2KK 是开关柜上的转换、操作把手，1QK 和 1KK 是主控室保护屏上的转换、操作把手，2QK3－4 和 2QK7－8 分别串接在合闸和分闸回路中，此 2 触点在选控开关 2QK 在远方位置时导通，但从运行角度看，串接该 2 触点增加了元器件触点缺陷时导致控制回路断线的几率。

另一方面，由于目前的 10kV 开关柜出厂协议中都要求取消机构内部防跳（由于不能使用双重防跳回路，要求只使用保护操作插件的 TBJ 防跳回路）。所以图 5-1 开关柜就地操作过程中是不经 TBJ 防跳回路的。在开关柜前进行就

217 ⟶

地操作时有导致断路器跳跃的可能。而继电保护相关规程规定"断路器控制回路应有防止断路器跳跃的电气闭锁装置，避免机构损伤，甚至引起断路器的爆炸"。建议正确的控制回路如图 5-2 所示。

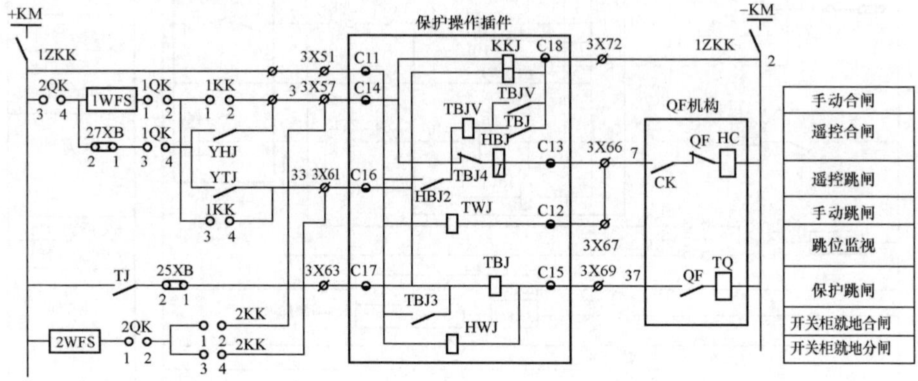

图 5-2　双配置选控和操作开关及简化的断路器二次控制回路图

3. 建议断路器位置指示回路采用独立的直流电源

传统的控制回路中，分合闸指示的红绿灯设计在控制回路中，开关柜以及远动测控屏的分合闸指示都是与断路器操作共用直流电源，设计在控制回路中。

《电力系统继电保护规定汇编》中要求"控制回路接线简单，采用的设备和使用的电缆最少"。断路器控制回路尽量简化，应该尽量减少控制回路所经的地点，避免不相关的元器件故障时导致的控制回路断线的发生。采用独立直流电源的断路器位置指示回路如图 5-3 所示。

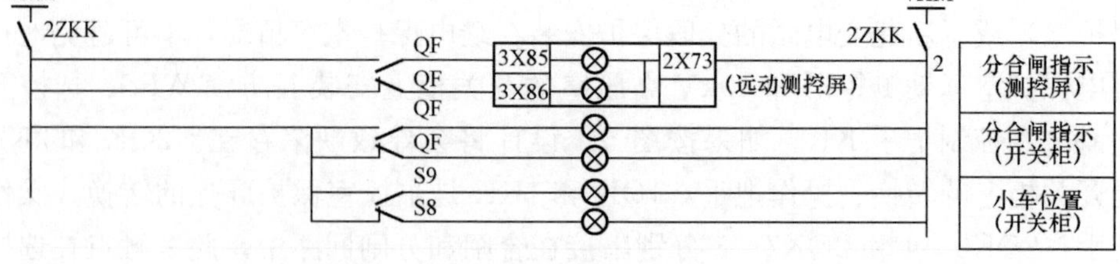

图 5-3　采用独立直流电源的断路器位置指示回路图

4. 建议闭锁电磁铁回路采用独立的直流电源

目前的新站建设或者 10kV 工程改造中，断路器具有手车位置闭锁和合闸位置闭锁的功能，但很多设计都是把这部分回路设计在控制回路中，同样考虑到简化二次回路。另一方面，这类闭锁回路应该属于五防，建议使用独立的直流电源，不得与控制回路电源共用，避免闭锁回路故障时造成控制回路断线和断路器拒动。电磁铁闭锁回路如图 5-4 所示。

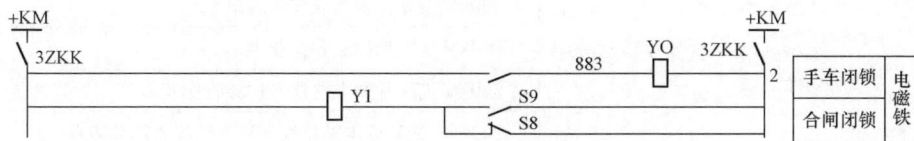

图 5-4　电磁铁闭锁回路图

第二节　继电保护验收调试

验收调试是新设备投入运行前的重要工作，是保证继电保护少出事故缺陷的有力的把关措施，目的在于从管理角度解决由于安装质量、安装工艺不当而造成的遗留问题。下面介绍新安装设备的交接验收的注意事项。

为了提高验收质量，编制了《保护验收作业表单清单》，统一验收作业表格，确保验收到位，见表 5-1。

表 5-1　　　　　　　　××供电局继电保护验收作业表单清单

序号	8 大类验收作业表单项目	验收作业表单具体名称
1	220～500kV 元件保护验收作业表单	500kV 主变压器保护验收作业表单
		500kV 母差保护验收作业表单
		220kV 主变压器保护验收作业表单
		220kV 母差及失灵保护验收作业表单
		220kV 母联（分段）保护验收作业表单
2	10～110kV 元件保护验收作业表单	110kV 变压器保护验收作业表单
		110kV 母差保护验收作业表单
		110kV 母联（分段）保护验收作业表单
		35kV 母差保护验收作业表单
		35kV 电容器保护验收作业表单
		35kV 电抗器保护验收作业表单
		35kV 站用变压器保护验收作业表单
		10kV 电容器保护验收作业表单
		10kV 站用变压器保护验收作业表单
		10kV 母联保护验收作业表单

序号	8大类验收作业表单项目	验收作业表单具体名称
3	220~500kV线路保护验收作业表单	500kV线路保护验收作业表单
		220kV线路保护验收作业表单
		500kV高压并联电抗器保护验收作业表单
		220~500kV变电站母线TV回路验收作业表单
4	10~110kV线路保护验收作业表单	110kV线路保护验收作业表单
		10kV馈线保护验收作业表单
		110kV线路备自投验收作业表单
		10kV备自投验收作业表单
		110kV变电站母线TV回路验收作业表单
5	PWU装置验收作业表单	PMU装置验收作业表单
6	故障录波器验收作业表单	故障录波器验收作业表单
7	继电保护故障及信息系统验收作业表单	继电保护故障及信息系统验收作业表单
8	交直流电源系统验收作业表单	站用交流电源系统验收作业表单
		直流电源系统验收作业表单

1. 保护配置检查

保护型号、保护装置版本、保护装置校验码应符合设计要求。

2. 图纸资料检查

厂家出厂图纸、资料、记录，工程设计图纸资料，调试报告及安装记录应齐全。

3. 外部检查

(1) 二次回路接线检查。

(2) 设备外观检查。

(3) 保护屏标识检查。

(4) 跳合闸回路端子排检查。

4. 电流、电压回路检查

(1) TA、TV极性、变比正确，TA伏安特性试验合格，电流、电压回路接线正确，电流、电压回路应执行符合《电力系统继电保护及安全自动装置反事故措施》相关反措要求；TA二次绕组组别配置、选择正确。电流互感器的二次回路必须有且只有1个接地点。专用接地线截面积不小于2.5mm²。

(2) 电压切换检查，实际模拟隔离开关合上、断开，检查切换继电器动作情况、220kV 母差失灵保护开入情况。当保护屏的电压切换回路采用双位置继电器触点时，切换继电器同时动作信号应采用双位置继电器触点，以便监视双位置切换继电器工作状态。电压互感器的二次回路必须有且只有 1 个接地点。经控制室零相小母线（N600）连通的多组电压互感器的二次回路必须在控制室 1 点接地。各电压互感器的中性线不得接有可能断开的断路器或接触器等。

5. 直流电源回路检查

（1）检查直流自动空气开关要求及级差配合。

（2）保护装置及控制直流供电电源及其直流断路器配置检查。

6. 二次回路绝缘检查

（1）TA 回路绝缘检查。

（2）交流电压回路绝缘。

（3）直流回路绝缘。

（4）交直流之间绝缘检查。

（5）信号回路绝缘检查。

（6）均使用 1000V 绝缘电阻表，阻值大于 2MΩ。

7. 操作箱及相关继电器检查

（1）检查继电器的动作特性，包括 TBJ、HBJ、TJR、TJQ、TJF 等继电器。

（2）跳闸出口继电器的启动电压不宜低于直流额定电压的 50%。

（3）TBJ 动作电流小于跳闸电流的 50%，线圈压降小于额定值的 5%，TBJ 的电流启动线圈与电压自保持线圈的相互极性关系正确。

（4）非电量保护的重动继电器选用启动功率不小于 5W、动作电压介于（55%～65%）U_e、动作时间不小于 10ms 的中间继电器。

8. 保护装置试验

（1）核对保护版本。

（2）保护装置电源检查。

（3）保护装置零漂及采样精度检查。

（4）保护装置开入、出量检查。

（5）保护装置功能试验（模拟各种故障，检验保护装置的所有功能、信号及出口是否正确）。

9. 寄生回路检查

试验前所有保护、操作、信号直流电源和交流电源均投入，断开某路电源自动空气开关，分别测试自动空气开关后端子对地直流电压、交流电压，应为 0V。

10. 二次回路试验

(1) 断路器操作回路检查。

(2) 断路器防跳跃检查。

(3) 断路器操作回路闭锁情况检查。

(4) 断路器本体三相不一致保护试验。

(5) 断路器失灵启动回路试验。

(6) 旁路代路回路试验。

(7) 保护跳闸矩阵试验。

(8) 安稳二次回路试验。

(9) 闭锁重合闸回路试验。

(10) 闭锁自投回路试验。

(11) 断路器手合同期回路试验。

(12) 线路 CVT 二次回路加电压检查。

11. 重要信号试验

(1) 断路器本体告警信号。

(2) SF_6、TA、TV 本体告警信号。

(3) GIS 气室告警信号。

(4) 保护动作、异常告警信号。

(5) 回路异常告警信号。

(6) 跳、合闸监视回路。

(7) 其他告警信号。

12. 与自动化系统及保护信息系统联调

(1) 保护装置与监控系统、保护信息系统联调。

(2) 遥控量、遥测量、遥信量试验。

(3) 保护 GPS 对时。

13. 五防联锁回路检查

配合试验电气五防闭锁二次回路正确。

14. 录波回路试验

(1) 电压回路检查。

(2) 电流回路检查。

(3) 开关量回路检查。

15. 整组传动试验

按照定值单，模拟各种故障保护动作，进行断路器传动试验。

16. 投运前检查

（1）状态检查。

（2）核对定值。

（3）恢复所有安全措施及试验接线。

17. 带负荷测试

测量电压、电流的幅值及相位关系。对于电流回路的 $3I_0$ 也应进行幅值测量（测量流过中性线的不平衡电流）。

第三节 继电保护定检调试

继电保护的定检调试是设备运行后，按规定的运行时间进行的检验。做好保护定检调试是减少事故缺陷，使设备以良好的状态投入运行的关键环节。把好定检调试关，不仅可以避免保护装置误动或拒动的发生，而且在故障出现时，因为有完善的正确的信息，使故障缺陷的查找分析变得简单明了。

按照统一的现场检验规程，针对各种各样保护装置，广东电网公司编制了《继电保护、安全自动装置及电源类设备定检作业表单》，统一检验表格，提高检验质量。

表 5-2　　　　继电保护、安全自动装置及电源类设备定检作业表单

编　　号	作业表单名称
一、安自装置类定检作业表单	
EC—DJ—2—001—1	安全稳定控制系统单站检验作业表单
EC—DJ—2—002—1	220kV 线路备自投装置定检作业表单
EC—DJ—2—003—1	低频低压减载装置定检作业表单
EC—DJ—2—004—1	110kV 线路备自投装置定检作业表单
EC—DJ—2—005—1	10kV 分段备自投装置检验作业表单
二、站用直流系统类检验作业表单	
EC—DJ—2—006—1	变电站站用直流电源系统定期检验作业表单（单充单电）
EC—DJ—2—007—1	变电站站用直流电源系统定期检验作业表单（双充双电）

编　　号	作业表单名称
三、继电保护类定检作业表单	
EC—DJ—2—008—1	10（35）kV 电抗器保护定检作业表单
EC—DJ—2—009—1	10（35）kV 电容器保护定检作业表单
EC—DJ—2—010—1	10kV 分段保护定检作业表单
EC—DJ—2—011—1	10kV 接地变压器保护定检作业表单
EC—DJ—2—012—1	10（35）kV 线路保护定检作业表单
EC—DJ—2—013—1	10（35）kV 站用变保护定检作业表单
EC—DJ—2—014—1	500kV 变电站 35（66）kV 母线保护定检作业表单
EC—DJ—2—015—1	110kV 线路保护定检作业表单
EC—DJ—2—016—1	110kV 主变压器保护定检作业表单
EC—DJ—2—017—1	110kV 母线保护定检作业表单
EC—DJ—2—018—1	110kV 母联保护定检作业表单
EC—DJ—2—019—1	220kV 线路保护定检作业表单
EC—DJ—2—020—1	220kV 主变压器保护定检作业表单
EC—DJ—2—021—1	220kV 母线保护定检作业表单
EC—DJ—2—022—1	220kV 独立失灵保护定检作业表单
EC—DJ—2—023—1	220kV 母联保护定检作业表单
EC—DJ—2—024—1	500kV 线路保护定检作业表单
EC—DJ—2—025—1	500kV 主变压器保护定检作业表单
EC—DJ—2—026—1	500kV 母线保护定检作业表单
EC—DJ—2—027—1	（EC—DJ—2—027—1）录波装置定检作业表单
四、数字化变电站继电保护定检作业表单	
EC—DJ—2—028—1	数字化变电站 220kV 线路保护定检作业表单
EC—DJ—2—029—1	数字化变电站 220kV 主变压器保护定检作业表单
EC—DJ—2—030—1	数字化变电站 220kV 母线保护定检作业表单
EC—DJ—2—031—1	数字化变电站 220kV 母联保护定检作业表单
EC—DJ—2—032—1	数字化变电站 110kV 线路保护定检作业表单
EC—DJ—2—033—1	数字化变电站 110kV 主变压器保护定检作业表单
EC—DJ—2—034—1	数字化变电站 10kV 线路保护定检作业表单
EC—DJ—2—035—1	数字化变电站 110kV 母联保护定检作业表单
EC—DJ—2—036—1	数字化变电站 10kV 备自投定检作业表单

继电保护定检作业时注意事项及定检内容如下。

1. 作业前准备

（1）出发前准备仪器、工具、图纸资料。

（2）风险评估。

（3）办理作业许可手续。

（4）作业前安全交底。

2. 记录仪表规范

保护测试仪、万用表、光功率计、绝缘电阻表的检查。

3. 作业过程

（1）安全措施确认。

1）一次设备状态。

2）隔离与对侧关联的通道。

3）断开与安稳等其他运行设备关联的电流、电压回路。

4）隔离失灵联跳回路。

5）各装置的定值区号记录。

6）相关保护屏的重合闸、通道等方式选择转换开关、自动空气开关及连接片记录。

7）确认各工作地点已有明显标识。

（2）保护设备定检前后状态的对照，并确认做好记录。

1）保护屏已退出的连接片。

2）保护屏已断开的自动空气开关。

3）保护屏装置定值区号。

4）保护屏断路器运行状态切换把手。

5）保护屏通道投退切换把手。

6）保护屏已断开的尾纤。

7）保护屏重合闸切换把手。

（3）外观检查。

1）检查保护柜体及端子箱、机构箱内无烧伤痕迹、无积尘、标识、接地正确。端子、螺钉无氧化锈蚀情况。

2）检查保护屏、端子箱、机构箱电缆空洞封堵情况，检查箱门密封性。

（4）保护定值核对。装置执行的定值与最新定值单要求一致，并记录因运行方式变更而更改定值情况。

（5）回路绝缘电阻检查。

1）绝缘检查前断开保护装置 CPU、AD、开入等弱电插件与外部联系。

2）认真核对图纸，不得进行母差保护、安稳装置、与运行有关的和电流回路及运行回路的绝缘检查，用绝缘胶布封好至运行设备侧的端子。

3）拆解接地线应记录二次设备及回路工作安全技术措施单，并用万用表对地测量对地直阻为 0Ω。

4）TA 回路绝缘检查、交流电压回路绝缘、交直流之间绝缘检查、信号回路绝缘检查，均使用 1000V 绝缘电阻表，阻值大于 $1M\Omega$。

（6）保护屏寄生回路检查。

1）只投入第一组操作电源，确认第二组操作回路及出口连接片对地没有电压。

2）只投入第二组操作电源，确认第一组操作回路及出口连接片对地没有电压。

3）投入本线路的所有交直流电源自动空气开关，逐个拉合每个直流电源自动空气开关，分别测量自动空气开关负荷侧两极对地、两极之间的交、直流电压，确认没有寄生回路。

（7）结合定检执行反措。按照反措要求进行反措整改。

（8）保护装置检查。

1）装置软件版本检查。核对装置版本与相关调度机构发布版本一致。

2）装置 CPU、DSP 零漂检查。电流零漂值应小于 $0.01I_n$，电压零漂值应小于 $0.01U_n$。

3）交流采样检查。加入模拟量，查看采样是否符合要求。

4）开入量检查。采用投退连接片或接通对应开关量输入端子的方法改变装置的开入量状态，检查装置的状态显示是否正确。

5）信号检查。结合逻辑试验及整组传动试验进行检查。检查各开出触点正常闭合，检查监控系统、保信系统以及故障录波器相关信息的正确性。

6）逻辑试验。按照定值单，模拟各种故障，检查保护动作逻辑是否正确。

（9）断路器、操作箱及二次回路检查。

1）SF_6 压力低告警。

2）断路器油压泄漏低告警。

3）汇控柜交、直流电源消失。

4）隔离开关 SF_6 压力低告警。

5）就地操作。

6）解除联锁。

7）控制回路断线。

8）SF₆压力低闭锁操作。

9）油压低闭锁合闸、跳闸。

10）油泵过负荷、油泵运转超时。

11）断路器三相不一致。

12）压力低禁止重合闸。

（10）失灵及其他关联回路检查。

1）断开联跳运行断路器及失灵启动远跳发信、失灵启动母差至稳控回路连接片，用绝缘胶布封好连接片开口带电端及对应回路端子排。保护动作，投入相关启动断路器失灵回路连接片，检查断路器保护开入。

2）闭锁重合闸回路试验正确，认真核对图纸。保护动作，投入相关闭锁重合闸回路连接片，检查断路器保护开入。

（11）保护通道联调。两侧保护装置同时退出进行定检，相关的联跳失灵或启失灵连接片断开。

1）"通道告警"指示灯检查。

2）本侧光发功率，与投产时变化不超过±3dBm。

3）本侧光收功率，与投产时相比不低于5dBm。

4）对侧光发功率。

5）对侧光收功率。

6）故障模拟逻辑试验，注意两侧通道、连接片的一致性。

7）远跳功能联调：①保护动作，投入相关发信回路压板，检查光纤接口装置及对侧装置开入情况。

②保护失灵动作，投入相关发信回路压板，检查光纤接口装置及对侧装置开入情况。

（12）整组传动试验。

1）单相瞬时故障，模拟单跳单重是否正确。相别检查一致，录波、后台变位正确。

2）单相永久故障，单跳，单合，三跳，断路器动作相别检查一致，录波、后台变位正确。

3）三相瞬时、永久故障，跳三相断路器，断路器动作，录波、后台变位正确。

4）三相不一致，A（B、C）任一相偷跳，三相不一致保护动作，断路器A（B、C）相跳开后，经延时另外两相同时跳开。

5）防跳试验。合上断路器，满足合闸脉冲长期输出条件，保护动作跳三相断路器后跳闸命令随即返回，断路器由防跳回路闭锁不能合闸。现场检查断路器只有一次分闸动作。

（13）端子紧固。

1）防止误碰，接线正确，防止力度过大，注意随身金属器件，螺丝刀使用绝缘材料包扎好，只能外露刀口部分。

2）特别针对电流、电压、跳合闸、操作电源等回路重点紧固。

4. 作业终结

（1）恢复现场。

（2）清理现场。

（3）工作终结。

5. 作业结论

（1）发现问题及处理结果。

（2）新增风险及其控制措施。

（3）定检结论。

第四节　继电保护运行管理

加强继电保护的运行管理，发挥监督体系的作用，是保证继电保护设备及自动装置不出或少出问题及故障、缺陷的重要环节，从事继电保护管理工作的人员应充分认识到这一点。

一、目前继电保护管理中存在的问题和对策

1. 继电保护工作队伍的水平、相对稳定性有待提高

（1）继电保护人员应掌握设备原理、性能等。

（2）继电保护队伍有许多新参加工作的人员，由于专业涉及的范围非常广泛，设备的结构复杂不易掌握，继电保护工作责任重大、运行管理部门必须作出努力，保持继电保护队伍的相对稳定性，提供良好的外部学习环境，加强专业培训，如以旧带新，建立一对一的培训机制，每季进行一次技能考评；鼓励或奖励员工参加技能培训鉴定；建立培训基地，让员工进行实操训练，提高事故、缺陷、测试的实际操作水平；进行技能比赛。

2. 提高运行人员的水平

电力系统继电保护的许多事故是由于运行人员对继电保护装置及二次回路的熟悉程度不够而人为造成的。比如对连接片、联跳的二次回路不熟悉，误操

作而造成事故。因此，运行管理部门应加强运行人员的培训。

3. 运行规程的制订应与继电保护设备运行同步

随着电网的迅速发展，大量的新型保护及自动化装置投入系统运行，有关部门应及时健全继电保护的管理规章制度，使工作标准化、规范化，做到有章可循，有据可依。

4. 加强设备改造

对于不适应电力系统运行的继电保护设备，如电磁型、整流型及晶体管型保护装置等，存在设备元件严重老化，备品备件短缺和原理性缺陷，甚至有些生产厂家倒闭或转型做其他设备的生产，使继电保护的售后服务面临严峻的问题，若不能解决这些问题，电网运行安全将难以得到保证。早期投入运行的集成电路型线路保护、整流型母差保护及进口的系统保护在运行中出现许多问题，对这些保护应制订计划，尽快逐步更换。

5. 对已出现的故障清查力度不够

对出现的故障，坚决执行"四不放过"的原则进行清查，但有的继电保护设备出现故障后，没有查清其根本原因，分析如下：

（1）技术问题。由于录波设备配置不全或录波波形没有正确反映系统的状况，或工作人员技术水平不够，使保护动作行为的分析受到限制。

（2）人为问题。由于考核办法的实施，有的保护动作的因素明知不报或报告带有水分，对正确原因的分析，动作行为的评价设置了障碍。

（3）故障没有根除。保护动作后没有查清原因就投入运行，为保护再次故障留下了祸根。

从目前继电保护存在的问题来看，继电保护人员必须统一思想、统一认识、统一步调，严格管理规程、标准，科学地统计分析，杜绝同类事故、缺陷的发生，彻查故障原因，并采取相应的有效的防范措施。

二、充分发挥继电保护技术监督的作用

为了加强继电保护及自动装置的监督工作，提高继电保护运行的可靠性，继电保护人员应加强《电力系统继电保护技术监督规定》的学习，运用此监督条例来提高继电保护的运行管理工作。

1. 继电保护技术监督工作的基本原则

继电保护技术监督遵循行业归口、依法、分级、专业监督和群众监督相结合的原则，及时反馈的原则。

继电保护技术监督工作执行监督报告、签字验收、缺陷汇总分析和事故处理制度。

监督机构分为省级监督部门和各发供电单位、基建管理部门、设计部门均设有监督小组。

省级监督部门负责贯彻执行南方电网、省电网公司制订的有关技术监督方针、标准、规程、规定和制度，监督继电保护的反事故措施、重大技术措施及技术改造方案的编制并监督实施落地情况；监督继电保护运行规程、检验规程的修编及实施；评价新设备、新装置的运行状况，提出处理缺陷、事故的处理意见；组织研究推广新技术、新材料、新设备运用，开展技术、信息交流。

发、供电单位继电保护监督小组负责本年度的工作计划制定；参加本单位的继电保护不正确动作事件的调查分析；对本单位的新上项目从工程设计、设备选型、安装、调试、运行维护、动作统计分析评价等环节实行全过程监督；建立技术监督档案；掌握本单位的继电保护运行状况，对存在的问题提出改进意见并监督实施。

设计部门的监督小组负责系统保护、元件保护、自动装置等设计的全过程技术监督。

基建部门的监督小组负责系统保护、元件保护、自动装置等施工的全过程技术监督。

2. 明确各监督单位的分工

省级技术监督部门应着重抓好技术监督的管理工作如下：

（1）监督继电保护的反事故措施、重大技术措施及技术改造方案的编制并监督实施落地情况；监督继电保护运行规程、检验规程的修编及实施。

（2）做好各发、供电单位继电保护技术监督小组的考核工作。

（3）组织研究推广新技术、新材料、新设备运用，开展技术、信息交流。

（4）组织修改继电保护技术监督条例，使之符合电网发展的需要。

（5）组织重大事故处理，研究现场存在的重大技术难题。

各发、供电单位监督小组应做好以下基础工作：

（1）成立以生产厂长、局长为核心的技术监督小组。

（2）设有生产技术部、车间、继电保护班各一名的监督专责人员。

（3）充分发挥技术监督小组的专责作用，对生产管理、交接验收、异常分析、事故处理等环节的基础工作进行全过程的监督。

3. 协调好各监督单位的工作关系

虽然各监督单位均在一个系统内部，但各单位的处境不同、工作范围不同、管理工作内容不同，所以必须统一工作的认识，将各部门的监督行动均统一到继电保护监督条例的规定上来，做到分工明确、责任到位，使继电保护技术监督工作步入正常的运转轨道。

三、提高运行管理水平

继电保护运行管理工作与调试定检工作一样，目的是提高继电保护的正确动作率。因此，管理人员需要具备必要的继电保护知识，熟悉一次、二次系统。

继电保护人员应尽职尽责，在具体工作中努力把好设计审查关、调试关、验收关、运行管理关，以提高运行管理水平。

参 考 文 献

[1] 广东省电力调度中心．广东省电力系统继电保护反事故措施及释义．北京：中国电力出版社，2008.
[2] 邹森元．电力系统继电保护及安全自动装置反事故措施要点条例分析．北京：中国电力出版社，2005.
[3] 苏文博，李鹏博，张高峰．继电保护事故处理技术与实例．北京：中国电力出版社，2002.